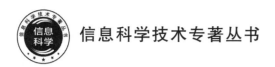

信息科学技术专著丛书

开放量子点系统中的近藤效应及量子输运

程永喜 著

U0282483

北京邮电大学出版社
www.buptpress.com

内 容 简 介

开放量子点系统是当前介观物理中重要的研究领域之一,对该系统的深入研究不仅会促进基于量子点的新型纳米器件革命性应用的实现,而且会推动量子信息和量子计算的发展。量子点系统也是深入研究量子多体问题的良好切入点,将会导致重费米子和量子磁性理论的重大突破。本书将概要性地介绍量子杂质问题和近藤效应的一般理论以及涉及的相关凝聚态理论基础,同时以安德森(Anderson)杂质模型为基本模型,来展示量子点系统的近藤物理的基本规律。求解开放量子系统的级联运动方程组方法以及单量子点系统、双量子点系统和三量子点系统的近藤效应及其关联的量子输运特性是本书的主要内容,本书还将介绍关于这些模型问题的前沿研究。

本书可以作为学者关于量子多体问题和强关联电子体系研究的学术参考书,也可以作为凝聚态物理专业研究生学习固体理论和介观量子输运等课程的参考书,或者物理学类本科生学习固体物理课程的拓展读物。

图书在版编目（CIP）数据

开放量子点系统中的近藤效应及量子输运 / 程永喜著. -- 北京：北京邮电大学出版社,2022.12
ISBN 978-7-5635-6830-7

Ⅰ. ①开… Ⅱ. ①程… Ⅲ. ①量子力学-近藤效应 Ⅳ. ①O413.1②O482.6

中国版本图书馆 CIP 数据核字(2022)第 240439 号

策划编辑:马晓仟 **责任编辑**:满志文 **责任校对**:张会良 **封面设计**:七星博纳

出版发行:北京邮电大学出版社
社 址:北京市海淀区西土城路 10 号
邮政编码:100876
发 行 部:电话：010-62282185 传真：010-62283578
E-mail:publish@bupt.edu.cn
经 销:各地新华书店
印 刷:唐山玺诚印务有限公司
开 本:787 mm×1 092 mm 1/16
印 张:12.75
字 数:319 千字
版 次:2022 年 12 月第 1 版
印 次:2022 年 12 月第 1 次印刷

ISBN 978-7-5635-6830-7 定 价:52.00 元

· 如有印装质量问题,请与北京邮电大学出版社发行部联系 ·

序　言

　　本书是作者在介观量子输运和强关联电子体系领域研究近十年工作的积累。作者对完成的"Time-dependent transport through quantum-impurity systems with Kondo resonance""Study the mixed valence problem in asymmetric Anderson model：Fano－Kondo resonance around Fermi level""Transient dynamics of a quantum-dot：From Kondo regime to mixed valence and to empty orbital regimes""Kondo resonance assistant thermoelectric transport through strongly correlated quantum dot""Kondo-peak splitting and resonance enhancement caused by interdot tunneling in coupled double quantum dots""Thermoelectric transport through strongly correlated double quantum dots with Kondo resonance""Magnetic field dependent Kondo transport through double quantum dots system""Reappearance of Kondo effect in serially coupled symmetric triple quantum dots""Long-range overlapping of Kondo clouds in open triple quantum dots"和"Long-range exchange interaction in triple quantum dots in the Kondo regime"等发表在 Phys. Rev. B；Sci.China-Phys. Mech. Astron.；New J. Phys.；J. Chem. Phys 和 Phys. Lett. A 等期刊上的一系列学术成果进行了总结。同时,本书也是作者主持完成的国家自然科学基金项目"开放三量子点系统中 Kondo 效应的动力学研究"(项目批准号：11747098)、博士后基金项目"多轨道杂质系统中多体效应依赖的热电输运特性"(项目批准号：2019M660431)和国家自然科学基金项目"开放量子点系统中的多体效应及其动力学演化"(项目批准号：11804245)等项目研究结晶的凝练。

　　本书的内容紧紧围绕开放量子点系统,重点在于向读者系统介绍量子点系统中的近藤效应及其关联的量子输运特性,全书共分 8 章。第 1 章概括介绍了凝聚态物理学、介观体系以及介观输运问题。第 2 章介绍了研究量子点系统的多体理论基础知识,包括数学框架的量子力学基础知识以及凝聚态物理中的固体理论知识。第 3 章介绍了介观体系中一些经典的量子效应,既包括读者熟知的量子隧穿效应、库仑阻塞效应等,也包括一些典型的法诺效应、近藤效应和散粒噪声等内容。第 4 章重点讲述了求解开放量子系统的级联运动方程组方法,呈现了级联运动方程组的整个理论框架、参数化方案,并给出了级联运动方程组线性空间中相应物理量的计算结果以及收敛性测试和正确性验证等内容。第 5 到第 7 章详细讲述了开放量子点系统的近藤物理及其量子输运特性。第 5 章讲述了单量子点系统中的近藤效应及其动力学,给出了单量子点中的近藤效应及其系统中的近藤输运特性,特别是时间依赖的动力学输运行为。进而讲述了非对称情况下单量子点系统中的法诺-近藤共振和关联的输运行为以及系统中近藤效应依赖的热电输运特性。第 6 章系统讲述了双量子点系统的近藤效应及其动力学,给出了串联双量子点系统中的近藤效应及其含时输运特性,重点讲述了双量子点系统中近藤共振和磁场调控下的热电输运特性。第 7 章讲述了三量子点系统中的近藤效应和输运特性,给出了串联三量子点系统中的重现近藤效应、近藤云的交叠及其相关的热力学和动力学输运特性。第8章讲述了三量子点系统中长程关联相互作用及其对近藤物理的影响,提出三量子点系统中的长程有效反铁磁相互作用的公式,并得到了级联运动方程组方法的验证,进而给出了长程交换相互作用下的热力学特性和近藤输运特性等内容。另外,本书中还包括了目前研究开放量子点系统的强关联问题以及量子输运问题的热点和难点的前沿问题。

本书在撰写过程中得到了中国人民大学魏建华教授、中国科学技术大学严以京教授、复旦大学郑晓教授、浙江大学林海青院士、兰州大学罗洪刚教授、山西大学聂一行教授、兰州大学李振华研究员和中国科学院大学朱振刚教授等师长前辈的大力支持。

本书在撰写过程中得到了太原工业学院博士启动基金、国家自然科学基金、太原工业学院青年学术带头人基金、中国博士后基金和兰州理论物理中心/甘肃省理论物理重点实验室开放课题基金的大力支持。

书中的不足之处,敬请读者批评指正!

程永喜

目　录

第1章　引　言

1.1　凝聚态物理学简介

20 世纪初,随着量子力学的建立和发展,固体物理学领域的发展也非常迅速。固体物理学(Solid State Physics)是依据物质的电子结构和原子结构来理解固体物质的各种性质和规律,主要内容包括结构晶体学、晶格动力学、固体能带理论、固体磁性理论等,涉及力学、热学、声学、光学以及电磁学等学科内容。固体物理学研究的对象是固态物质,包括晶体、非晶体、准晶体、纳米材料、团簇材料和超晶格等。固体物理学的发展推动了材料学科的发展,不同的新型材料被不断发现和合成研制出来。固体物质既可以看成是力学系统又可以看成是热学系统或者电磁系统。特别地,组成固体的微观粒子(原子)又必须服从量子力学的基本规律。固体物质中拥有的电性质、光性质、热性质和磁性质等各种物理性质对于社会的发展起到了重要的作用。

20 世纪 70~80 年代,特别是 80 年代之后,凝聚态物理学(Condensed Matter Physics)作为固体物理学的向外延拓逐渐发展起来。作为研究对象的凝聚态物质不仅包括固体物质,还包括如液态金属、液晶等液态物质以及玻色-爱因斯坦凝聚的玻色气体和量子简并的费米气体等气体物质,涵盖了行空间和动量空间两个子空间的凝聚态[1,2]。凝聚态物理学是通过研究构成凝聚态物质的电子、离子、原子及分子的运动形态和规律,从而认识其物理性质的学科,涵盖了实验、理论和计算等方向。在凝聚态物理学发展的过程中,许多的物理学家如郎道尔(Landau)、安德森(Anderson)、费米(Fermi)、海森伯(Heisenberg)、近藤(Kondo)、威尔逊(Wilson)等都在相关领域做出了较大贡献。许多的基本概念被澄清和提炼,并论述了新的重要的凝聚态物理概念,如对称破缺、元激发、绝热连续等。

凝聚态物理的发展也推动了材料科学、量子化学和生物科学等学科领域的发展。在交叉学科领域中,比较复杂也富有成效的研究成果和重大进展也逐步吸引了物理学家、化学家、生物学家和材料科学家们的高度关注。通过物质结构的微观研究来揭示凝聚态物质的相关特性和规律。由描述微观粒子的量子力学和统计物理相结合是链接复杂宏观和微观凝聚态物质的有效手段。凝聚态物质因其涉及从米到纳米的长度范围,涌现出许多新奇的物理现象和相关物理规律,如高温超导、巨磁阻效应、纳米介观输运和新型纳米半导体材料等正在被逐渐探索和发现。

1.2 介观体系简介

1.2.1 介观体系

20 世纪 40 年代末,肖克利(W.B.Shockley)、约翰·巴丁(John. Bardeen)和沃尔特·布拉顿(Walter.Brattain)发明了半导体晶体管,引发了半导体器件的巨大革命。到了 80 年代,人们已经可以将器件做到一微米以内。当系统的尺度小到能与电子的德布罗意波长或者电子的相位相干长度相当的时候,系统的行为将由量子力学规律所主导。系统在这个尺度以内将表现出各种不同于经典物理的特征,被称为介观(Mesoscopic)体系。"介观"的概念由范坎彭(Van Kampen)于 1981 年提出,是一个与宏观和微观概念相对应的概念。介观体系是指尺度介于微观和宏观之间的体系,介观体系的尺度是载流子保持相位记忆的长度,一般在纳米和毫米之间[3,4]。

介观体系是一种表征粒子量子行为的特征长度的系统,表现出的物理现象包括两类:一类是与波函数相位有关的量子力学效应。介观体系呈现明显的波动性,不再具有其物理量相对涨落的大小随着体系尺度的增大而趋于零的性质。另一类是与小的样品尺寸及非弹性散射减弱、热平衡变慢有关的统计物理效应。电子被视为经典粒子的经典输运理论,只考虑了电子间的库仑相互作用所导致的电子间的散射、声子对电子的散射以及杂质对电子的散射等效应,而忽略了表征电子量子相干性的相位。在介观体系中,系统的尺寸与电子的相位相干长度可比拟。此时,电子的量子相干性对于介观体系就变得很重要,经典输运理论就不再适用,必须用量子力学的基本原理处理该体系中的电子输运问题。

1.2.2 量子点体系

自 20 世纪 80 年代以来,随着分子束外延技术的进步及光学和电子束纳米微刻技术的发展,实验工作者们已经能够基于半导体异质结制造出具有高电子迁移率的亚微米尺度的器件。在毫开尔文(milli kelvins)的低温下,结构中电子的相位相干长度可达到微米级以上,这些结构已经超过了微观结构的尺度,即进入介观系统。在这些低维介观体系中由于维度和尺寸的减小,电子的性质完全由量子力学规律来支配。特别是 90 年代以来,人们对低维介观量子点体系(Quantum Dots)中相关特性的实验和理论研究取得了一系列重要进展,这极大地深化了人们对相互作用介观体系的相关性质和行为的认识。

自从量子点设备在二维电子气上成功制备以来,就逐渐成了介观物理世界中重要的研究对象之一[5,6]。由于具有纳米级的物理尺度,量子点中发现的新奇的量子物理现象和特性被广泛地应用于光电子技术、信息科学、记忆存储和量子计算等现代高科技领域。目前,量子点结构作为研究强关联多体问题的理想平台逐渐受到实验和理论工作者的关注。特别是随着半导体器件加工工艺和技术的快速发展,实验学家逐渐在半导体异质结上成功制备了可调控参数的多量子点体系。这为实验上深入研究强关联多体问题提供了可能,同时也为纳米尺度的元器件的开发提供了基础。

1982 年,坂木(H. Sakaki)与其合作者荒川(Y. Arakawa)提出量子点的思想,里德(Reed)等人于 1990 年利用光刻蚀技术在二维电子气结构的量子阱上得到了一个边长为

250 nm 的正方形的量子点,这是最早的量子点结构,如图 1.1(a)所示。量子点作为典型的低维介观体系逐渐得到广泛的关注和研究[5]。紧接着,其他构型的量子点相继在实验上被制备成功,比如贝尔实验室和贝尔通讯有限公司制造的直径为 30~45 nm 的球形量子点等。由半导体材料构筑尺寸在几个纳米到几个微米之间,通过隧道结与外部电极耦合,量子点的尺寸及含有的电子数都可精确调控。量子点的尺寸一般来说为 10 nm~1 μm 量级,其中的电子数目大都在 10^1 量级,从而会导致量子点系统具有能量量子化的特点。因此,量子点也被称之为人造原子(Artificial Atom)、纳米微粒(Nanoscale Droplet)和纳米颗粒(Nanoscale Particle)等。并且,量子点是在三个方向上都受到限制的准零维结构体系,量子点中的电子在三个方向上都不能自由运动,从而有限尺寸效应导致体系中的电子能级类似原子的分立状态,且电子的填充服从洪德(Hund)规则。而且,量子点很容易与外部电极成功地进行连接,形成量子开放体系。通过测量开放量子点系统中的电荷传输,可以精确确定该量子点的"元素序列"。通过控制量子点系统的电子进出,可以研究电子与电子之间的相互作用。特别是在多量子点系统中,电子的隧穿可以选择不同的费曼(Feynman)路径而且能够很好地保持量子相干性[6]。这种独特的电子传输特性和量子相干性为实验上设计和制造新型的量子效应原理性器件和纳米器件提供了新的领域。量子点纳米材料在 21 世纪的纳米电子学中具有极大的应用潜力。近年来,发现在零维量子点结构中具有较大的光学非线性和独特的光致发光性质,从而使得量子点能够有效地应用在制造超小型的、低阈值的激光器和其他光电方面。此外,量子点作为生物探针和纳米标签在生物学领域也有较大的应用。

目前,实验上制备量子点的方法已经很多且很成熟,其主要的工业化方法有以下几种:(1)利用刻蚀量子阱结构的方法来生成量子点,即首先将电子的运动限制在半导体量子阱中,然后再利用气体腐蚀的办法得到量子点。(2)二维电子气体＋调制电极,即对半导体异质结构(如 GaAs/AIGaAs)形成的二维电子气施加负电压,令栅极下面的电子耗尽,使得被栅极包围的区域和二维电子气隔开,从而形成孤立的二维量子点结构,如图 1.1(b)所示。(3)利用分子束外延技术(MBE)自组织生长、液滴外延生长、化学溶胶法和激光烧蚀沉淀方法等都可以制备出来不同的量子点结构。

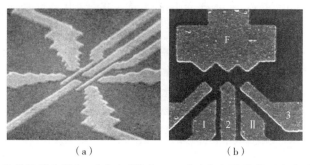

(a)　　　　　　　　　　(b)

图 1.1　(a)水平结构的单量子点设备(引自文献[5]);(b)多电极调控的量子点实验设备(引自文献[6])

由于量子点系统理论上可以用安德森(Anderson)杂质模型描述,所以量子杂质系统中的多体问题如:自旋单态、近藤(Kondo)单态、非费米(Non-Fermi)液体行为和动力学量子相变等都可以通过量子点系统进行深入地、系统地研究。目前,实验和理论已经对这些新奇的多体行为开展了较多的研究,包括库仑阻塞、量子相变、铁磁和反铁磁近藤(Kondo)效应以及非费米(Non-Fermi)液体行为等[7-9]。

1.3　介观输运问题

在固体材料中,电子会受到体系中晶格振动和晶格缺陷的散射,可以用半经典分布函数来描述体系中电子的运动过程。分布函数满足的玻尔兹曼(Boltzmann)方程是半经典的理论,可以用于包含外加电场、磁场和温度梯度场的电子输运和热输运过程。对于半导体材料,导带中的电子和空穴近似满足半经典的玻尔兹曼(Boltzmann)分布。因此,半导体体系中的输运特性,如:热导率、电导率、温差电系数等都可以通过玻尔兹曼(Boltzmann)方程求解。

蓬勃兴起的量子信息是量子物理与信息科学相结合形成的交叉学科,受到了世界各国科学家与研究机构的高度重视,量子信息在计算、通信和密码等各领域都具有非常大的应用前景。于是作为信息传递和处理的量子输运理论受到广泛关注,特别是当人们发现电子的自旋自由度可以用来作为信息载体后,各种半导体纳米结构中自旋相关的量子输运与传统的电荷输运相结合成为量子调控科学的前沿方向。

介观系统的电子输运与经典的电子输运不同,表现出许多新的量子现象和效应,如量子隧穿、库仑阻塞、负微分电导等。研究这些效应和现象产生的物理机制,将为新型纳米半导体材料的制备提供有利的理论基础[10-12]。近年来,介观量子系统中的电子输运,特别是半导体异质结系统的电子输运成为人们关注的热点。对于介观体系的输运问题,半经典的玻尔兹曼(Boltzmann)方程将不再适用于描述电子的输运过程,单粒子散射理论(Single Particle Scattering Theory)作为主要的理论方法能够求解和解释大部分的输运特性。对于纳米体系,虽然是缩小版的介观体系,但其输运问题还是比较复杂的。对于研究介观体系的一些物理的假设和近似不再适用于纳米体系。通过实验观测到了纳米体系中出现了一系列更为新奇的输运行为和输运特性。目前,国内外研究纳米体系输运的理论方法也在逐步地发展过程中。当纳米系统对于外场(如电场)的响应比较弱时,线性响应理论(Linear Response Theory)是一个不错的选择,可以较好地求解系统的动力学物理量。

对于任意相互作用的量子多体系统,输运行为和特性的研究仍是一个开放问题。目前非常合适的理论或者方法来求解具有相互作用的开放量子体系还较少。理论学者逐渐提出了解析和数值方法来求解此问题,比较常用的有微扰理论(Perturbation Theory)、朗道理论(Landauer Approach)、主方程方法(Master Equation Method)、动力学密度泛函理论(Dynamic Density Functional Theory)、非平衡格林函数方法(Non-Equilibrium Green Function)等方法。

输运问题是贯穿于凝聚态领域中的重要问题,特别是纳米介观体系中的含时动力学一直是物理学家研究的热点问题。含时动力学特性不仅更接近实验实际情况,能够为集成电路提供理论基础[13];而且对量子点等纳米器件中的量子计算和量子调控都有非常重要的意义。近年来,随着实验条件和半导体工业技术的发展,纳米器件越来越多地取代经典元器件,特别是在大集成元器件中占据主导地位。含时介观系统的量子输运问题已经成为半导体电子学中一个重要的研究领域。所以,对量子点等介观体系的动力学输运性质的研究将会带来纳米器件的跨越式发展。

本章参考文献

［1］ 冯端，金国钧.凝聚态物理学(上卷)［M］.北京:高等教育出版社,2003.

［2］ 冯端，金国钧.凝聚态物理学(下卷)［M］.北京:高等教育出版社,2013.

［3］ IMRY Y. 介观物理导论［M］.北京:科学出版社,2008.

［4］ ARAKAWA Y,SAKAKI H. Multidimensional quantum well laser and temperature dependence of its threshold current［J］.Applied Physics Letters，1982，40：939.

［5］ REED M A. Quantum dots nanotechnologists can now confine electrons to pointlike structures. Such "designer atoms"may lead to new electronic and optical devices［J］. Scientific American January,1993，268：118-123.

［6］ WIEL W G V D, FRANCESCHI S D, ELZERMAN J M，et al. Electron transport through double quantum dots［J］.Reviews of Modern Physics，2003，75：1.

［7］ JEONG H，CHANG A M，MELLOCH M R. The Kondo effect in an artificial quantum dot molecule［J］.Science，2001，293：2221-2223.

［8］ GAUDREAU L，STUDENIKIN S A，SACHRAJDA A. S.，et al. Stability diagram of a few-electron triple dot［J］.Physical Review Letters，2006，97：036807.

［9］ SCHROER D，GREENTREE A D，GAUDREAU L，et al. Electrostatically defined serial triple quantum dot charged with few electrons［J］.Physical Review B，2007，76：075306.

［10］ AMAHA S，HATANO T，KUBO T，et al. Stability diagrams of laterally coupled triple vertical quantum dots in triangular arrangement［J］.Applied Physics Letters，2009，94：092103.

［11］ ANDERSON P W.Localized magnetic states in metals［J］.Physical Review，1961，124(1)：41.

［12］ MCEUEN P L. Artificial atoms：New boxes for electrons［J］.Science，1997,278：1729-1730.

［13］ FUJISAWA T，HAYASHI T，SASAKI S. Time-dependent single-electron transport through quantum dots ［J］.Reports on Progress in Physics，2006,69：759-796.

第 2 章　量子点系统的多体理论基础

2.1　全同粒子

全同粒子的概念是描述多粒子体系的基本概念,根据全同性原理可以给出描述全同粒子体系的波函数,并进而利用二次量子化方法讨论和求解多粒子体系问题。静质量、电荷、自旋和磁矩等固有性质完全相同的微观粒子称为全同粒子。例如,电子、质子、中子等每一类都是全同粒子。在量子力学中,微观全同粒子的状态是用波函数来描述,每个粒子的波函数弥散于整个空间。每个粒子都处在相同的地位,具有不可区分性,这是微观粒子全同粒子的基本性质[1-7]。

在全同粒子体系中,由于全同粒子具有不可区分性,任意两个全同粒子相互交换后并不会引起整个体系物理状态的改变,即不会出现任何可观测的物理效应,称为量子力学中的全同性原理。

2.1.1　全同粒子波函数的交换对称性

考虑 N 个全同粒子组成的体系,q_i 表示第 i 个粒子的全部坐标,包括空间坐标 r_i 与自旋变量 s_i 等,则该 N 个全同粒子体系可以用波函数 $\Phi(q_1,q_2,\cdots,q_i,\cdots,q_j,\cdots,q_N)$ 描述。由全同性原理可知,全同粒子的波函数对于粒子交换具有一定的对称性,交换其中粒子的坐标 q_i,可以得到新的基矢波函数。任何两个粒子(如第 i 个与第 j 个)相互交换后,波函数表示为

$$\hat{P}_{ij}\Phi(q_1,q_2,\cdots,q_i,\cdots,q_j,\cdots,q_N)=\Phi(q_1,q_2,\cdots,q_j,\cdots,q_i,\cdots,q_N) \tag{2.1}$$

$\hat{P}_{ij}(i\neq j=1,2,\cdots)$ 称为交换算符,它同时交换两个粒子全部坐标 q_i。由于所有粒子的内禀属性完全相同,$\hat{P}_{ij}\Phi$ 与 Φ 所描述的是同一量子态,它们之间最多可以相差一个常数因子 λ,即

$$\hat{P}_{ij}\Phi=\lambda\Phi \tag{2.2}$$

式(2.2)用 $\hat{P}_{ij}$ 再作用一次,相当于 Φ 中的交换复原,即

$$\hat{P}_{ij}^{2}\Phi=\lambda\,\hat{P}_{ij}\Phi=\lambda^{2}\Phi=\Phi \tag{2.3}$$

由此得 $\lambda^2=1$,所以交换算符的本征值为

$$\lambda=\pm1 \tag{2.4}$$

当 $\lambda=+1$ 时,则 $\hat{P}_{ij}\Phi=\Phi$,表示交换两个粒子后波函数不变,称为对称波函数。

当 $\lambda=-1$ 时,则 $\hat{P}_{ij}\Phi=-\Phi$,表示交换两个粒子后波函数变号,称为反对称波函数。

所以,描述全同粒子体系的波函数对于任何两个粒子的交换,结果是对称或者是反对称,这一性质称为全同粒子波函数的交换对称性。

2.1.2 哈密顿算符 $\hat{H}$ 的交换对称性

对 N 个全同粒子组成的体系,设 $u(q_i,t)$ 表示第 i 个粒子在外场中的能量,$w(q_i,q_j)$ 表示第 i、j 粒子的相互作用能量,则体系的哈密顿量 $\hat{H}$ 写为[1,2]

$$\hat{H}(q_1,q_2,\cdots,q_i,\cdots,q_j,\cdots,q_N) = \sum_i \left[-\frac{\hbar^2}{2\mu}\nabla_i^2 + u(q_i,t) \right] + \sum_{i<j} w(q_i,q_j) \quad (2.5)$$

任何两个粒子(如第 i 个与第 j 个)相互交换后,体系的哈密顿量 $\hat{H}$ 也是不变的,记为

$$\hat{P}_{ij}\hat{H}(q_1,q_2,\cdots,q_i,\cdots,q_j,\cdots,q_N)$$
$$=\hat{H}(q_1,q_2,\cdots,q_j,\cdots,q_i,\cdots,q_N) \quad (2.6)$$
$$=\hat{H}(q_1,q_2,\cdots,q_i,\cdots,q_j,\cdots,q_N)$$

哈密顿量的这种交换对称性又可记为

$$[\hat{P}_{ij},\hat{H}]=0 \quad (2.7)$$

可见 $\hat{P}_{ij}$ 是守恒量,即全同粒子体系波函数的交换对称性不随时间变化,如果体系在某一时刻处于对称(或反对称)态上,则它将永远处于对称(或反对称)态上,或者说全同粒子的统计性是不变的。

2.1.3 全同粒子的分类

实验表明,全同粒子体系波函数的交换对称性与粒子的自旋有确定的联系。凡是自旋为 $\hbar$ 整数倍($s=0,1,2,\cdots$)的粒子,波函数对于交换两个粒子总是对称的,例如,π 介子($s=0$)、α 粒子($s=0$)、光子($s=1$)。它们在统计物理中遵从玻色(Bose)-爱因斯坦(Einstein)统计规律,称为玻色(Bose)子。凡是自旋为 $\hbar$ 半奇数倍($s=1/2,3/2,\cdots$)的粒子,波函数对于交换两个粒子总是反对称的,例如,电子、质子、中子等。它们在统计物理中遵从费米(Fermi)-狄拉克(Dirac)统计规律,称为费米(Fermi)子。由全同性概念可知,对于一类全同粒子,如果它们是由玻色子组成,则仍为玻色子;如果它们是由奇数个费米子组成,则仍为费米子;如果它们是由偶数个费米子组成,则为玻色子[3,4]。

2.1.4 全同粒子体系的波函数

1. 两个全同粒子体系的波函数

假设两个全同粒子组成的体系,其中单粒子部分的哈密顿量为 $\hat{H}_0$,$\phi_i(q_i)$ 表示相应的归一化单粒子函数,i 代表一组完备的量子数,ε_i 为单粒子本征能量,则应有

$$\hat{H}_0(q_1)\phi_i(q_1)=\varepsilon_i\phi_i(q_1)$$
$$\hat{H}_0(q_2)\phi_j(q_2)=\varepsilon_j\phi_j(q_2) \quad (2.8)$$

对于全同粒子体系,$\hat{H}_0(q_1)$ 和 $\hat{H}_0(q_2)$ 在形式上是完全相同的,只不过系统中粒子的坐标指标 q_1 和 q_2 互换而已。不考虑两粒子的相互作用时,两个粒子体系的哈密顿量为

$$\hat{H} = \hat{H}_0(q_1) + \hat{H}_0(q_2) \tag{2.9}$$

相应的本征方程为

$$\hat{H}\Phi(q_1, q_2) = E\Phi(q_1, q_2) \tag{2.10}$$

式(2.10)中的波函数 $\Phi(q_1, q_2)$ 可以分离成两个单粒子体系波函数的乘积。

当其中一个粒子处于 i 态,另一个粒子处于 j 态时,波函数可表示为 $\Phi(q_1, q_2) = \varphi_i(q_1)\varphi_j(q_2)$ 或 $\Phi(q_1, q_2) = \varphi_j(q_1)\varphi_i(q_2)$,对应的本征能量都是 $E = \varepsilon_i + \varepsilon_j$。这种与交换相联系的简并称为交换简并。但是,两个波函数不一定具有这种交换简并。当 $i = j$ 时,$\Phi(q_1, q_2)$ 具有交换对称,对应玻色子。当 $i \neq j$ 时,玻色子体系要求波函数对于交换两个粒子是对称的,归一化的对称波函数可构造如下形式:

$$\Phi_S(q_1, q_2) = \frac{1}{\sqrt{2}}[\varphi_i(q_1)\varphi_j(q_2) + \varphi_i(q_2)\varphi_j(q_1)] \tag{2.11}$$

费米子体系要求波函数对于交换两个粒子是反对称的,归一化的反对称波函数可构造如下形式:

$$\Phi_A(q_1, q_2) = \frac{1}{\sqrt{2}}[\varphi_i(q_1)\varphi_j(q_2) - \varphi_i(q_2)\varphi_j(q_1)]$$
$$= \frac{1}{\sqrt{2}}\begin{vmatrix} \varphi_i(q_1) & \varphi_i(q_2) \\ \varphi_j(q_1) & \varphi_j(q_2) \end{vmatrix} \tag{2.12}$$

由式(2.12)可以看出,当 $i = j$ 时,有 $\Phi_A = 0$,即这样的状态是不存在的。这就是著名的泡利(Pauli)不相容原理:不允许有两个全同的费米子处于同一个单粒子态。

2. N 个全同粒子体系的波函数

对 N 个全同粒子体系,设粒子间相互作用可以忽略,单粒子哈密顿量 $\hat{H}_0$ 不显含时间,以 ε_i 和 φ_i 分别表示 $\hat{H}_0$ 的第 i 个本征值和本征函数,则 N 个全同粒子体系的哈密顿量为

$$\hat{H} = \hat{H}_0(q_1) + \hat{H}_0(q_2) + \cdots + \hat{H}_0(q_N) = \sum_{i=1}^{N} \hat{H}_0(q_i) \tag{2.13}$$

对应本征值 $E = \varepsilon_i + \varepsilon_j + \cdots + \varepsilon_N$ 的本征态为

$$\Phi(q_1, q_2, \cdots, q_N) = \varphi_i(q_1)\varphi_j(q_2)\cdots\varphi_k(q_N) \tag{2.14}$$

体系的本征方程为

$$\hat{H}\Phi = E\Phi \tag{2.15}$$

由此可见,在粒子无相互作用的情况下,只要求得单粒子的本征值和本征函数,多粒子体系的问题就可以迎刃而解了。但 $\Phi(q_1, q_2, \cdots, q_N)$ 并不满足全同粒子体系波函数交换对称性的要求,还须作变换。

(1) 对于 N 个玻色(Bose)子,假定每个粒子都处于不同的单粒子态,则组合中的每一项都是 N 个单粒子态的一种排列,用 $\sum_P P$ 来表示这些所有可能的排列之和,总项数应该为 $N!$,所以玻色子系统的对称波函数是

$$\Phi_S(q_1, q_2, \cdots, q_N) = \frac{1}{\sqrt{N!}} \sum_P P\varphi_i(1)\varphi_j(2)\cdots\varphi_k(N) \tag{2.16}$$

但若单粒子态的个数小于粒子数,譬如有 n_1 个粒子处于 i 态,n_2 个粒子处于 j 态,n_l 个粒子处于 k 态,且 $n_1+n_2+\cdots+n_l=N$,则因相同单粒子态的交换不会产生新的结果,故所有可能排列的总项数等于下列组合数:

$$C_N^{n_1} C_{N-n_1}^{n_2} \cdots C_{N-n_1-\cdots-n_{l-1}}^{n_l}$$

$$= \frac{N!}{n_1!(N-n_1)!} \cdot \frac{(N-n_1)!}{n_2!(N-n_1-n_2)!} \cdots \frac{(N-n_1-\cdots-n_{l-1})!}{n_l!(N-n_1-\cdots-n_{l-1}-n_l)!}$$

$$= \frac{N!}{n_1!\, n_2!\cdots n_l!} = \frac{N!}{\prod_l n_l!} \tag{2.17}$$

所以 N 个玻色子体系的对称波函数为

$$\Phi_S = \sqrt{\frac{\prod_l n_l!}{N!}} \sum_P P[\varphi_i(q_1)\cdots\varphi_i(q_{n_1})][\varphi_j(q_{n_1+1})\cdots\varphi_j(q_{n_1+n_2})]\cdots[\cdots\varphi_k(q_N)] \tag{2.18}$$

这里的 P 称为置换,表示只对处于不同状态的粒子进行对换。

(2) 对于 N 个费米(Fermi)子,若它们分别处于 $i, j, \cdots, k$ 态,则反对称的波函数为

$$\Phi_A = \frac{1}{\sqrt{N!}} \begin{vmatrix} \varphi_i(q_1) & \varphi_i(q_2) & \cdots & \varphi_i(q_N) \\ \varphi_j(q_1) & \varphi_j(q_2) & \cdots & \varphi_j(q_N) \\ \vdots & \vdots & & \vdots \\ \varphi_k(q_1) & \varphi_k(q_2) & \cdots & \varphi_k(q_N) \end{vmatrix} \tag{2.19}$$

$$= \frac{1}{\sqrt{N!}} \sum_P (-1)^P P[\varphi_i(q_1)\varphi_j(q_2)\cdots\varphi_k(q_k)]$$

式(2.19)称为斯莱特(Slater)行列式,式中 $(-1)^P$ 规定了求和号下每一项的符号,若把 $\varphi_i(q_1)\varphi_j(q_2)\cdots\varphi_k(q_N)$ 作为基本排列,则任一种排列都是基本排列经过每两个粒子的若干次对换而得到,对于偶次对换 $(-1)^P$ 为正,奇次对换 $(-1)^P$ 为负。在 $N!$ 项中,奇偶次对换各占一半。

由此可得,对于费米子体系,如果 N 个粒子中有两个粒子处于相同的状态,如 $i=j$,则行列式两行相同,因而值为零,此即泡利不相容原理。当任何两列交换时,相当于两个粒子进行交换,上述行列式将变号,表示是交换反对称。

2.2　态矢量表示

2.2.1　自旋与矩阵表示

在 1921—1922 年所做的斯特恩-盖拉赫(Stern-Gerlach)实验表明:电子的自旋角动量 S 沿空间某一个固定方向(假设为 z 轴方向)只有两个可能的投影值[5-7]

$$S_z = \frac{\hbar}{2} \tag{2.20}$$

或者

$$S_z = -\frac{\hbar}{2} \tag{2.21}$$

自旋角动量是纯量子概念,该力学量与电子的坐标和动量无关,是电子内部状态的表征,是描写电子状态的另外一个自由度。自旋角动量 S 满足:

$$S \times S = i\hbar S \tag{2.22}$$

在空间坐标上表示为

$$\begin{cases} [S_x, S_y] = i\hbar S_z \\ [S_y, S_z] = i\hbar S_x \\ [S_z, S_x] = i\hbar S_y \end{cases} \tag{2.23}$$

式中,S_x, S_y, S_z 的本征值都是 $\pm \hbar/2$。

自旋体系是一个最简单的二态体系,把对应于以上 $\pm \hbar/2$ 两个投影值的两个态可以通过引入两行一列的列矩阵表示,分别记为

$$\alpha = \begin{pmatrix} 1 \\ 0 \end{pmatrix}, \beta = \begin{pmatrix} 0 \\ 1 \end{pmatrix} \tag{2.24}$$

电子的任意自旋状态 $|\varphi(t)\rangle$ 都可以表示成以上两列矩阵的线性组合:

$$|\varphi(t)\rangle = C_1(t)\alpha + C_2(t)\beta \tag{2.25}$$

式中,$C_1(t), C_2(t)$ 分别是时间 t 的任意复数函数,两个参数受到归一化条件的限制:

$$|C_1(t)|^2 + |C_2(t)|^2 = 1 \tag{2.26}$$

自旋状态 $|\varphi(t)\rangle$ 的厄米共轭表示为

$$\langle \varphi(t)| = C_1^*(t)\alpha^+ + C_2^*(t)\beta^+ \tag{2.27}$$

式中,$\alpha^+ = (1,0)$,$\beta^+ = (0,1)$ 为两列一行的行矩阵。

电子的两个自旋态还可以通过以下的泡利矩阵表示为

$$\begin{cases} \sigma_x = \begin{pmatrix} 0 & 1 \\ 1 & 0 \end{pmatrix} \\ \sigma_y = \begin{pmatrix} 0 & -i \\ i & 0 \end{pmatrix} \\ \sigma_z = \begin{pmatrix} 1 & 0 \\ 0 & -1 \end{pmatrix} \end{cases} \tag{2.28}$$

满足:$\sigma_z \alpha = \alpha$,$\sigma_z \beta = -\beta$,α 和 β 是 σ_z 的本征态。

泡利算符满足以下不可对易性:

$$\begin{cases} \sigma_x \sigma_y - \sigma_y \sigma_x = 2i\sigma_z \\ \sigma_y \sigma_z - \sigma_z \sigma_y = 2i\sigma_x \\ \sigma_z \sigma_x - \sigma_x \sigma_z = 2i\sigma_y \end{cases} \tag{2.29}$$

从自旋算符和泡利矩阵的对比,可以得到自旋算符的矩阵表示为

$$\begin{cases} S_x = \dfrac{\hbar}{2}\begin{pmatrix} 0 & 1 \\ 1 & 0 \end{pmatrix} \\[2mm] S_y = \dfrac{\hbar}{2}\begin{pmatrix} 0 & -i \\ i & 0 \end{pmatrix} \\[2mm] S_z = \dfrac{\hbar}{2}\begin{pmatrix} 1 & 0 \\ 0 & -1 \end{pmatrix} \end{cases} \tag{2.30}$$

2.2.2　态矢量与矩阵表示

只有两个基态 α 和 β 的自旋体系，α 和 β 构成一个二维的希尔伯特(Hilbert)空间。对于这个抽象的复函数空间，可以转换成一个矢量空间，自旋体系一切可能的量子态 $|\varphi(t)\rangle$ 都可以表示成 α 和 β 的线性组合，组合系数一般是时间 t 的函数。对于一般情形，为了使讨论更具有普遍性，假设有一个不显含时间的算符 $\hat{A}$，其一个本征态记为 $|\alpha\rangle$，即

$$\hat{A}|\alpha\rangle = a|\alpha\rangle \tag{2.31}$$

本征值 a 是一个数，可以取 $a_1, a_2, a_3, \cdots, a_N$，共 N 个值，相应的 $|a_1\rangle, |a_2\rangle, |a_3\rangle, \cdots, |a_N\rangle$ 构成一个 N 维的希尔伯特空间。因此，称态矢量 $|\alpha\rangle$ 为右态矢(或刃矢量)，符号 $|\rangle$ 称为右矢，代表系统所处的状态，对任意右态矢可以表示为

$$|\alpha\rangle = \sum_i C_i |a_i\rangle \tag{2.32}$$

式中，C_i 为复数形式的系数。

算符作用于态矢量 $|\alpha\rangle$ 上，是将态矢量按照算符的规则进行运算。例如，将所有 $|\alpha\rangle$ 变成 0 的算符，称为 0 算符，记为

$$\hat{0}|\alpha\rangle = 0 \tag{2.33}$$

将任意一个 $|\alpha\rangle$ 变为 $|\alpha\rangle$ 自身的算符称为单位算符或恒等算符，记为

$$\hat{I}|\alpha\rangle = |\alpha\rangle \tag{2.34}$$

如果对任意 $|\alpha\rangle$，有

$$\hat{Q}|\alpha\rangle = \hat{P}|\alpha\rangle \tag{2.35}$$

则称算符 $\hat{Q}$ 与 $\hat{P}$ 相等，记为 $\hat{Q} = \hat{P}$。

同时，我们可以相应地引入与右态矢对应的左态矢，定义为 $\langle\alpha|$，两者的映照关系为

$$C_i|\alpha\rangle + C_j|\beta\rangle \longleftrightarrow C_i^*\langle\alpha| + C_j^*\langle\beta| \tag{2.36}$$

式中，系数 C_i^* 为系数 C_i 的复共轭。

由 $\langle\alpha|$ 到 $|\alpha\rangle$ 和由 $|\alpha\rangle$ 到 $\langle\alpha|$ 的运算称为共轭运算，记为

$$|\alpha\rangle^\dagger \equiv \langle\alpha| \tag{2.37}$$
$$\langle\alpha|^\dagger \equiv |\alpha\rangle$$

显然两次共轭计算之后将还原为态本身。

可以定义左态矢和右态矢的内积为

$$\langle\beta|\alpha\rangle = \langle\alpha|\beta\rangle^* \tag{2.38}$$

则内积有如下性质：

①$\langle\alpha|\alpha\rangle \geqslant 0$，当且仅当 $\alpha = 0$ 时，等号才成立。

②如果两个右态矢 $|\alpha\rangle$ 和 $|\beta\rangle$ 满足 $\langle\alpha|\beta\rangle=0$，则称两个右态矢 $|\alpha\rangle$ 和 $|\beta\rangle$ 彼此正交。

对于希尔伯特空间中的任意态矢量 $|\alpha\rangle$，总可以用一系列本征值 $\{|a\rangle\}$ 展开：

$$|\alpha\rangle=\sum_i C_i|a\rangle \tag{2.39}$$

式(2.39)左乘 $\langle a'|$，由态矢归一化条件可得展开系数为

$$C_i=\langle a'|a\rangle \tag{2.40}$$

代入态矢量表达式，可得

$$|\alpha\rangle=\sum_a |a\rangle\langle a|\alpha\rangle \tag{2.41}$$

可以定义算符

$$P_a=|a\rangle\langle a| \tag{2.42}$$

为投影算符，满足 $\sum_a P_a=\sum_a |a\rangle\langle a|=1$，称为投影算符的完备性关系。

把投影算符作用到任意一个态矢量 $|\alpha\rangle$ 上，会把 $|\alpha\rangle$ 所包含的 $|a\rangle$ 成分投影出来：

$$P_a|\alpha\rangle=|a\rangle\langle a|\alpha\rangle=C_a|\alpha\rangle \tag{2.43}$$

对于任意算符 $\hat{A}$，利用态矢量表示成 N 维矩阵：

$$\hat{A}=\sum_i\sum_j |a_i\rangle\langle a_i|\hat{A}|a_j\rangle\langle a_j| \tag{2.44}$$

分别以 a_i 为行指标，a_j 为列指标，算符的矩阵可表示为

$$\begin{pmatrix} \langle a_1|\hat{A}|a_1\rangle & \langle a_1|\hat{A}|a_2\rangle & \cdots \\ \langle a_2|\hat{A}|a_1\rangle & \langle a_2|\hat{A}|a_2\rangle & \cdots \\ \vdots & \vdots & \end{pmatrix} \tag{2.45}$$

2.2.3　厄米算符及其性质

一般情况下算符 $\hat{F}^\dagger$ 与 $\hat{F}$ 是不同的，如果

$$\hat{F}^\dagger=\hat{F} \tag{2.46}$$

则称算符 $\hat{F}$ 是厄米算符。对于厄米算符有

$$\langle\alpha|\hat{F}|\beta\rangle^\dagger=\langle\beta|\hat{F}|\alpha\rangle \tag{2.47}$$

厄米算符具有以下性质。

①实数性：厄米算符的本征值和平均值都是实数。

假设 $\hat{F}$ 是厄米算符，则有

$$\langle\alpha|\hat{F}|\beta\rangle^\dagger=\langle\beta|\hat{F}|\alpha\rangle \tag{2.48}$$

令 $|\alpha\rangle=|\beta\rangle$，则式(2.48)变化为

$$\langle\alpha|\hat{F}|\alpha\rangle^\dagger=\langle\alpha|\hat{F}|\alpha\rangle \tag{2.49}$$

$\langle\alpha|\hat{F}|\alpha\rangle$ 表示算符 $\hat{F}$ 的平均值，即为实数。如果 $\hat{F}|\alpha\rangle=f|\alpha\rangle$，则有

$$f^*\langle\alpha|\alpha\rangle=f\langle\alpha|\alpha\rangle \tag{2.50}$$

对任意态矢量，$\langle\alpha|\alpha\rangle\neq0$，则有 $f^*=f$，即 f 也为实数。

②正交性:属于不同本征值的本征态,彼此正交。

对厄米算符 $\hat{F}$ 有

$$\langle\alpha|\hat{F}|\beta\rangle^{\dagger}=\langle\beta|\hat{F}|\alpha\rangle \tag{2.51}$$

假设算符 $\hat{F}$ 的本征态为 $|\alpha\rangle=|a\rangle,|\beta\rangle=|b\rangle$ 满足

$$\hat{F}|a\rangle=f_a|a\rangle,\hat{F}|b\rangle=f_b|b\rangle \tag{2.52}$$

则有

$$f_b\langle a|b\rangle^{\dagger}=f_a\langle b|a\rangle \tag{2.53}$$

式(2.53)可以改写为

$$(f_b-f_a)\langle b|a\rangle=0 \tag{2.54}$$

如果 $f_b-f_a\neq0$,则有 $\langle b|a\rangle=0$,即属于不同本征值的本征态必正交。如果 $f_b=f_a$,且无简并,则 $|a\rangle$ 与 $|b\rangle$ 是同一个态,适当选取常数可使其归一化,即 $\langle a|a\rangle=1$ 或 $\langle b|a\rangle=\delta_{ab}$。如果 $f_b=f_a$,且有简并,则仍可以将线性无关的本征态重新组合成彼此正交且归一化的本征态,即 $\langle b|a\rangle=\delta_{ab}$[2,5,6]。

③完备性:本征态的全体,构成一个完备集。

完备性是指厄米算符 $\hat{F}$ 的本征态的全体张满整个态空间,任意态都可以表示线性无关本征态的线性组合,即:

$$|\alpha\rangle=\sum_i C_i|a\rangle \tag{2.55}$$

由态矢量的投影算符满足的关系 $\sum_a P_a=\sum_a|a\rangle\langle a|=1$,即投影算符的完备性关系。将投影算符作用在任意态矢量 $|b\rangle$ 上,则有

$$|b\rangle=\sum_a P_a|b\rangle=\sum_a|a\rangle\langle a|b\rangle \tag{2.56}$$

令 $C_b=\langle a|b\rangle$,则有

$$|b\rangle=\sum_a P_a|b\rangle=\sum_a|a\rangle C_b \tag{2.57}$$

从式(2.57)可以看出,以 $\sum_a|a\rangle\langle a|$ 乘以态矢量 $|b\rangle$,就是将态矢量 $|b\rangle$ 表示为 $|a\rangle$ 的叠加。

2.3 费米子系统二次量子化

二次量子化是处理多粒子体系的有力工具,可以描写粒子产生、湮灭和相互转化的过程。由量子论的基本概念可知,一切微观粒子都具有"波粒二象性"。比如静质量为零的光子,人们先认识它的波动性后认识它的粒子性,即电磁场的量子化。对于有静质量的微观粒子,如电子,人们先是认识它的粒子性后认识它的波动性,即薛定谔(Schrödinger)方程的波函数。然而,微观粒子的粒子性还表现在"产生"和"湮灭"的转化过程中。这里可以引入产生算符和湮灭算符来表示此过程。对于任一多粒子体系,其完备基矢可以由单粒子完备基矢给出[2,3,5]:

$$|\alpha_1\alpha_2\cdots\alpha_N\rangle\equiv|\alpha_1(1)\rangle|\alpha_2(2)\rangle\cdots|\alpha_N(N)\rangle \tag{2.58}$$

对于费米子,其完备基矢为

$$|\Psi\rangle = \sqrt{\frac{1}{N!}} \sum_P \pm P \mid \alpha_1 \alpha_2 \cdots \alpha_N \rangle \tag{2.59}$$

式(2.59)中的"±由 P 是偶置换还是奇置换而定,α_i 均不相同,否则对于费米子基矢为 0。

对于全同粒子可以用粒子数表象表示,将单粒子的完备基矢统统排列起来,上面的基矢可以改写为

$$|\Psi\rangle = |n_1 n_2 \cdots n_N\rangle \tag{2.60}$$

表示在第一个态上有 n_1 个粒子,第二个态上有 n_2 个粒子,……对于费米子系统,由于泡利不相容原理,n_i 只能是 1 或者 0。

当讨论粒子数变化的问题时,引入能够改变粒子数的产生算符和湮灭算符,定义如下:

$$b_\alpha = \langle \alpha(N) \mid \frac{1}{\sqrt{N}} \sum_{i=1}^N \pm P_{Ni} \tag{2.61}$$

为 α 态粒子的湮灭算符,它减少一个 α 态粒子,使系统由 N 个粒子变为 $N-1$ 个粒子,即

$$b_\alpha |n_1 n_2 \cdots n_N\rangle = n_\alpha |\cdots n_\alpha - 1 \cdots\rangle \tag{2.62}$$

$$b_\alpha^+ = [b_\alpha]^+ = \frac{1}{\sqrt{N}} \sum_{i=1}^N \pm P_{Ni} \mid \alpha(N)\rangle \tag{2.63}$$

为 α 态粒子的产生算符,它增加一个 α 态粒子,使系统由 $N-1$ 个粒子变为 N 个粒子,即

$$b_\alpha^+ |n_1 n_2 \cdots n_N\rangle = (1 - n_\alpha) |\cdots n_\alpha + 1 \cdots\rangle \tag{2.64}$$

以上引入费米子(如电子)的产生算符为 $\hat{b}_\alpha^+$,湮灭算符为 $\hat{b}_\alpha$,其中下角标 α 表示某种确定的态。产生算符和湮灭算符满足如下的反对易关系:

$$\begin{cases} \{\hat{b}_\alpha, \hat{b}_\beta^+\} \equiv [\hat{b}_\alpha, \hat{b}_\beta^+]_+ = \hat{b}_\alpha \hat{b}_\beta^+ + \hat{b}_\beta^+ \hat{b}_\alpha = \delta_{\alpha\beta} \\ \{\hat{b}_\alpha, \hat{b}_\beta\} = \{\hat{b}_\alpha^+, \hat{b}_\beta^+\} = 0 \end{cases} \tag{2.65}$$

由泡利不相容原理可知,任何态上没有两个粒子(电子),也不能同时放入两个粒子(电子),因此

$$\hat{b}_\alpha^2 = (\hat{b}_\alpha^+)^2 = 0 \tag{2.66}$$

粒子数算符可定义为

$$\hat{n}_\alpha = \hat{b}_\alpha^+ \hat{b}_\alpha \tag{2.67}$$

由反对易关系,容易证明

$$(\hat{n}_\alpha)^2 = \hat{b}_\alpha^+ \hat{b}_\alpha \hat{b}_\alpha^+ \hat{b}_\alpha = \hat{b}_\alpha^+ (1 - \hat{b}_\alpha^+ \hat{b}_\alpha) \hat{b}_\alpha = \hat{n}_\alpha \tag{2.68}$$

式(2.68)保证了粒子数算符 $\hat{n}_\alpha$ 的本征值不是 1 就是 0。

对于费米子体系必存在真空态 $|0\rangle$,对任意湮灭算符 $\hat{b}_\alpha$ 有

$$\hat{b}_\alpha |0\rangle = 0 \tag{2.69}$$

系统的任意态可表示为

$$|\cdots 1_\alpha \cdots 1_\beta \cdots 1_\gamma \cdots\rangle = \hat{b}_\alpha^+ \hat{b}_\beta^+ \hat{b}_\gamma^+ \cdots |0\rangle \tag{2.70}$$

用式(2.70)来表示费米系统的态,由于反对易关系,交换任意一对因子,将改变一次符号,这保证了费米系统的反对称态,比用反对称波函数表示要方便很多。

下面进而定义场算符为

$$\begin{cases} \hat{\psi}^+(r) = \sum_\alpha \langle \varphi_k | r \rangle \hat{b}_\alpha^+ \\ \hat{\psi}(r) = \sum_\alpha \langle r | \varphi_k \rangle \hat{b}_\alpha \end{cases} \tag{2.71}$$

分别表示在位置 r 处产生和湮灭一个粒子。利用反对易关系很容易证明

$$\{\hat{\psi}(r), \hat{\psi}^\dagger(r')\} = \delta(r - r') \tag{2.72}$$

$$\{\hat{\psi}(r), \hat{\psi}(r')\} = \{\hat{\psi}^\dagger(r), \hat{\psi}^\dagger(r')\} = 0$$

海森伯绘景中,利用场算符可以给出单粒子数密度算符为

$$\hat{n}(r) = \hat{\psi}^\dagger(r) \hat{\psi}(r) \tag{2.73}$$

以及电流密度算符为

$$\hat{j}(r, t) = \frac{\hbar}{2im} \lim_{r \to r'} (\nabla_r - \nabla_{r'}) \hat{\psi}^\dagger(r', t) \hat{\psi}(r, t) \tag{2.74}$$

全同粒子的力学量也可以通过产生算符和湮灭算符表示。费米算符的所有性质全部包括在算符的反对易关系中。在具体的求解过程中,只通过哈密顿量和反对易关系就能够导出费米系统的全部性质。系统的波函数 $\psi(r)$ 也可以看成是一个场算符在真空态和一粒子态之间的矩阵元。只要将单粒子的普通波函数看成是满足适当对易关系的算符,那么便可以从普通的单粒子理论过渡到以产生算符和湮灭算符表示的多粒子理论。这时,单粒子的力学量公式将自动给出全同粒子系的总力学量。与对易关系对应的是玻色子系统,与反对易关系对应的是费米子系统。在整个过程中,首先将经典力学量变为算符,进行了一次量子化;又进一步把波函数变成算符,进行了二次量子化。在讨论和求解多体问题时,采用这种粒子的产生和湮灭算符的方法称为"二次量子化方法"。此时,从单粒子理论过渡到了多粒子理论。

在非相对论量子力学中,"二次量子化方法"不包含新的基本原理和物理假设,只是一种新的数学框架和数学技巧,用来十分巧妙地、简洁地讨论粒子数可变的问题,发现更多物理现象。

2.4　量子力学的三种绘景

量子力学的各种关系式可以用薛定谔(Schrödinger)绘景、海森伯(Heisenburg)绘景和相互作用绘景等这三种绘景来表述。同一个量子力学关系式在不同绘景中的形式是完全平行和等价的。在不同的绘景中,任意时刻的力学量在态中的平均值,总是要保持一样的。改变绘景的目的是选择适当的幺正变换,使得在新的绘景中解决问题更方便。由此,这里分别介绍上述三种不同的绘景以及物理量算符之间的关系[5,6,8]。

2.4.1　薛定谔(Schrödinger)绘景

一个由微观粒子组成的系统是用哈密顿量来描述的,设体系的哈密顿量由两部分组成:

$$\hat{H}(t) = \hat{H}_0 + \hat{H}'(t) \tag{2.75}$$

式中，$\hat{H}_0$ 表示不含时间部分哈密顿量，$\hat{H}'(t)$ 表示含时间部分哈密顿量。该系统的波函数满足薛定谔（Schrödinger）方程：

$$i\hbar \frac{\partial}{\partial t}\psi_S(t) = \hat{H}(t)\psi_S(t) \tag{2.76}$$

式中，用下标符号 S 表示薛定谔（Schrödinger）绘景。在此绘景中，所关注的力学量与时间无关，系统随时间的演化完全由态矢量 $|\psi_S(t)\rangle$ 的时间行为给出。把初始时刻定为 t_0 对式（2.76）进行积分，可以在形式上将这种演化表述为

$$|\psi_S(t)\rangle = e^{-i\hat{H}(t-t_0)/\hbar}|\psi_S(t_0)\rangle \tag{2.77}$$

先积分一次，

$$\psi_S(t) = \psi_S(t_0) + \frac{1}{i\hbar}\int_{t_0}^t dt_1 \hat{H}(t_1)\psi_S(t_1) \tag{2.78}$$

对式（2.78）逐次迭代就可以得到级数形式为

$$\psi_S(t) = \psi_S(t_0) + \frac{1}{i\hbar}\int_{t_0}^t dt_1 \hat{H}(t_1)\left[\psi_S(t_0) + \frac{1}{i\hbar}\int_{t_0}^t dt_2 \hat{H}(t_2)\psi_S(t_2)\right] + \cdots \tag{2.79}$$

将式（2.79）记为

$$\psi_S(t) = U_S(t,t_0)\psi_S(t_0) \tag{2.80}$$

式中，

$$U_S(t,t_0) = 1 + \frac{1}{i\hbar}\int_{t_0}^t dt_1 \hat{H}(t_1) + \left(\frac{1}{i\hbar}\right)^2 \int_{t_0}^t dt_1 \int_{t_0}^{t_1} dt_2 \hat{H}(t_1)\hat{H}(t_2) + \cdots \tag{2.81}$$

被称为薛定谔（Schrödinger）绘景中的时间演化算符，常简称为时间演化算符。算符 $U_S(t,t_0)$ 的作用是把在 t_0 时刻的态矢量 $\psi_S(t_0)$ 转变为任意时刻的态矢量 $\psi_S(t)$，并且具有如下性质：

$$\begin{cases} \hat{U}_S(t,t_0) = \hat{U}_S(t,t')\hat{U}_S(t',t_0) & (t>t'>t_0) \\ \hat{U}_S^\dagger(t,t_0) = \hat{U}_S(t_0,t) \\ \hat{U}_S(t_0,t_0) = 1 \end{cases} \tag{2.82}$$

时间演化算符 $U_S(t,t_0)$ 满足的运动方程为

$$i\hbar \frac{\partial \hat{U}_S(t,t_0)}{\partial t} = \hat{H}(t)U_S(t,t_0) \tag{2.83}$$

在此薛定谔（Schrödinger）绘景中，已经明确力学量与时间无关，不随时间变化，对任意力学量算符 $\hat{A}_S$ 则意味着：

$$i\hbar \frac{\partial}{\partial t}\hat{A}_S = 0 \tag{2.84}$$

力学量算符 $\hat{A}_S$ 在状态 $\psi_S(t)$ 中的平均值为

$$\langle A_S \rangle = \langle \psi_S(t)|\hat{A}_S|\psi_S(t)\rangle \tag{2.85}$$

式（2.85）的物理意义为：系统从初始时刻的状态遵循式（2.80）演化到时刻 t 的状态，力学量 $\hat{A}_S$ 在时刻 t 的状态中求平均值。

2.4.2 海森伯绘景

系统随时间的变化也可以通过另外一种观点来描述,即系统的态矢量是不变的,所有的演化规律由力学量的时间演化行为来描述,称之为海森伯(Heisenburg)绘景,用下标 H 表示。海森伯绘景与薛定谔绘景之间可以用含时幺正变换相互联系:

$$|\psi_H\rangle = e^{i\hat{H}t/\hbar}|\psi_S(t)\rangle \tag{2.86}$$

可以证明海森伯绘景的态矢量 $|\psi_H\rangle$ 与时间无关,即

$$i\hbar\frac{\partial}{\partial t}|\psi_H\rangle = 0 \tag{2.87}$$

相应的力学量 $\hat{A}$ 在两种绘景之间的变换关系为

$$\hat{A}_H(t) = e^{i\hat{H}t/\hbar}\hat{A}_S e^{-i\hat{H}t/\hbar} \tag{2.88}$$

力学量 $\hat{A}$ 随时间的变化

$$
\begin{aligned}
i\hbar\frac{\partial}{\partial t}\hat{A}_H(t) &= i\hbar\frac{\partial}{\partial t}(e^{i\hat{H}t/\hbar}\hat{A}_S e^{-i\hat{H}t/\hbar})\\
&= -e^{i\hat{H}t/\hbar}\hat{H}\hat{A}_S e^{-i\hat{H}t/\hbar} + e^{i\hat{H}t/\hbar}\hat{A}_S\hat{H}e^{-i\hat{H}t/\hbar}\\
&= -\hat{H}_H\hat{A}_H(t) + \hat{A}_H(t)\hat{H}_H
\end{aligned}
\tag{2.89}
$$

于是得到海森伯绘景中的运动方程为

$$i\hbar\frac{\partial}{\partial t}\hat{A}_H(t) = -[\hat{H}_H, \hat{A}_H(t)] = [\hat{A}_H(t), \hat{H}_H] \tag{2.90}$$

式(2.90)描述了算符 $\hat{A}_H(t)$ 随时间的变化规律,称之为海森伯方程。海森伯绘景中的哈密顿量与薛定谔绘景中的哈密顿量是一致的,即

$$\hat{H}_H = e^{i\hat{H}t/\hbar}\hat{H}e^{-i\hat{H}t/\hbar} = \hat{H}e^{i\hat{H}t/\hbar}e^{-i\hat{H}t/\hbar} = \hat{H} \tag{2.91}$$

海森伯绘景中,体系一直保持初始时刻 t_0 的状态不变化,力学量从初始时刻演化到任意时刻 t,并在初始时刻的状态中求平均。如果力学量 A 在海森伯绘景中的算符 $\hat{A}_H$ 不随时间变化,则称力学量 A 为守恒量。力学量 A 为守恒量的条件为

$$[H, \hat{A}_H] = 0 \tag{2.92}$$

守恒量在含时态中取各值的概率与时间无关,在系统任意状态中的平均值不随时间变化。

2.4.3 相互作用绘景

如果体系随时间的演化可以由态矢量和力学量的时间行为来分担,则称为相互作用绘景,用下标符号 I 表示。它与薛定谔绘景之间可以用如下幺正变换相互联系:

$$
\begin{cases}
|\psi_I(t)\rangle = e^{i\hat{H}_0 t/\hbar}|\psi_S(t)\rangle\\
\hat{A}_I(t) = e^{i\hat{H}_0 t/\hbar}\hat{A}_S e^{-i\hat{H}_0 t/\hbar}
\end{cases}
\tag{2.93}
$$

式(2.93)分别给出了态矢量和力学量算符随时间的变化的表达式,它们都是从初始时刻 t_0 开始演化的算符。容易证明态矢量和力学量算符分别满足如下的运动方程:

$$i\hbar \frac{\partial}{\partial t}|\psi_I(t)\rangle = \hat{H}'_I(t)|\psi_I(t)\rangle \tag{2.94}$$

$$i\hbar \frac{\partial \hat{A}_I(t)}{\partial t} = [\hat{A}_I(t), \hat{H}_0]$$

其中定义相互作用绘景中的算符为

$$\hat{H}'_I(t) = e^{i\hat{H}_0 t/\hbar} \hat{H}'(t) e^{-i\hat{H}_0 t/\hbar} \tag{2.95}$$

在相互作用绘景中,力学量的时间行为仅由不含时间部分哈密顿量 $\hat{H}_0$ 决定。因此,相互作用所带来的复杂性不会出现在算符的变化中。相互作用对系统的影响出现在态矢量的时间行为上,可以把相互作用绘景的态矢量写为

$$|\psi_I(t)\rangle = U_I(t, t_0)|\psi_I(t_0)\rangle \tag{2.96}$$

算符 $U_I(t, t_0)$ 同样表示把 t_0 时刻的态矢量 $\psi_I(t_0)$ 转变为任意时刻的态矢量 $\psi_I(t)$,与薛定谔(Schrödinger)绘景中的时间演化算符 $U_S(t, t_0)$ 的关系为

$$U_I(t, t_0) = e^{iH_0 t/\hbar} U_S(t, t_0) \tag{2.97}$$

用式(2.94)可以得到算符 $U_I(t, t_0)$ 满足的运动方程为

$$i\hbar \frac{\partial \hat{U}_I(t, t_0)}{\partial t} = H'_I(t) U_I(t, t_0) \tag{2.98}$$

由此可以得到

$$\begin{aligned}|\psi_I(t)\rangle &= e^{i\hat{H}_0 t/\hbar} e^{-i\hat{H}(t-t_0)/\hbar}|\psi_S(t_0)\rangle \\ &= e^{i\hat{H}_0 t/\hbar} e^{-i\hat{H}(t-t_0)/\hbar} e^{-i\hat{H}_0 t_0/\hbar}|\psi_I(t_0)\rangle\end{aligned} \tag{2.99}$$

算符 $U_I(t, t_0)$ 仍是幺正变换且满足

$$\hat{U}_I(t, t_0) = e^{i\hat{H}_0 t/\hbar} e^{-i\hat{H}(t-t_0)/\hbar} e^{-i\hat{H}_0 t/\hbar} \tag{2.100}$$

并进而推导出

$$\hat{U}_I(t, t_0) = \hat{U}_I(t, t')\hat{U}_I(t', t_0)$$

$$\hat{U}_I^\dagger(t, t_0) = \hat{U}_I(t_0, t) \tag{2.101}$$

薛定谔绘景、海森伯绘景和相互作用绘景在 $t=0$ 时刻是等同的,即

$$|\psi_I(0)\rangle = |\psi_S(0)\rangle = |\psi_H\rangle$$

$$A_I(0) = A_S(0) = A_H \tag{2.102}$$

于是相互作用绘景与海森伯绘景的关系为

$$|\psi_I(t)\rangle = \hat{U}_I(t, 0)|\psi_I(0)\rangle = \hat{U}_I(t, 0)|\psi_H\rangle$$

$$\hat{A}_I(t) = \hat{U}_I(t, 0)\hat{A}_H(t)\hat{U}_I^\dagger(t, 0) \tag{2.103}$$

所以相互作用绘景中所讨论的时间变化问题归结为寻求算符 $\hat{U}_I(t, t_0)$,其满足的积分方程为

$$\hat{U}_I(t, t_0) = 1 - \frac{i}{\hbar} \int_{t_0}^t dt_1 \hat{H}'_I(t_1)\hat{U}_I(t_1, t_0) \tag{2.104}$$

逐次迭代就可以得到式(2.104)级数形式的解为

$$\hat{U}_I(t,t_0) = 1 + \left(-\frac{i}{\hbar}\right)\int_{t_0}^t dt_1 \hat{H}_I'(t_1) + \left(-\frac{i}{\hbar}\right)^2 \int_{t_0}^t dt_1 \int_{t_0}^{t_1} dt_2 \hat{H}_I'(t_1)\hat{H}_I'(t_2)\hat{U}_I(t_2,t_0) = \cdots$$

$$= 1 + \sum_{n=1}^{\infty} \left(-\frac{i}{\hbar}\right)^n \int_{t_0}^t dt_1 \int_{t_0}^{t_1} dt_2 \cdots \int_{t_0}^{t_{n-1}} dt_n \hat{H}_I'(t_1)\hat{H}_I'(t_2)\cdots\hat{H}_I'(t_n)$$

$$(2.105)$$

式(2.105)中,各个积分中的变量 $t_1,t_2,\cdots,t_n$ 必须满足:

$$t \geqslant t_1 \geqslant t_2 \geqslant \cdots \geqslant t_{n-1} \geqslant t_n \geqslant t_0 \tag{2.106}$$

下面引入符号 $\theta(t-t')$,其定义为

$$\theta(t-t') = \begin{cases} 1, & t>t' \\ 0, & t<t' \end{cases} \tag{2.107}$$

式(2.105)中可以把积分上限全部改写为 t,则有

$$\hat{U}_I(t,t_0) = 1 + \sum_{n=1}^{\infty} \left(-\frac{i}{\hbar}\right)^n \int_{t_0}^t dt_1 \int_{t_0}^{t_1} dt_2 \cdots \int_{t_0}^{t_n} dt_n \theta(t-t_1)\theta(t_1-t_2)\cdots \times$$

$$\theta(t_{n-1}-t_n)\hat{H}_I'(t_1)\hat{H}_I'(t_2)\cdots\hat{H}_I'(t_n)$$

$$(2.108)$$

基于此,可以定义一个时序算符 C,它作用在一系列时间函数的乘积上,使这个乘积的次序重新排列,时间大的因子排在前面(左边),按时间依次排列,时间最小的因子排在最右边,即

$$C[\hat{H}_I'(t_1)\hat{H}_I'(t_2)\cdots\hat{H}_I'(t_n)] = \sum \theta(t_1-t_2)\theta(t_2-t_3)\cdots\theta(t_{n-1}-t_n)$$

$$\hat{H}_I'(t_1)\hat{H}_I'(t_2)\cdots\hat{H}_I'(t_n)$$

$$(2.109)$$

式(2.109)中的求和符号表示对 $t_1,t_2,\cdots,t_n$ 的一切排列进行求和,右边共有 $n!$ 项。可以发现对于每一组 $t_1,t_2,\cdots,t_n$ 的值,只有一项不为零。因此,可以将式(2.109)两边对 $t_1,t_2,\cdots,t_n$ 积分,右边 $n!$ 项中的每一项都给出相同的贡献,于是时间演化算符式(2.108)写成

$$\hat{U}_I(t,t_0) = 1 + \sum_{n=1}^{\infty} \frac{1}{n!} \left(-\frac{i}{\hbar}\right)^n \int_{t_0}^t dt_1 \int_{t_0}^{t_1} dt_2 \cdots \int_{t_0}^{t_n} dt_n C[\hat{H}_I'(t_1)\hat{H}_I'(t_2)\cdots\hat{H}_I'(t_n)]$$

$$(2.110)$$

简记为

$$\hat{U}_I(t,t_0) = 1 + \sum_{n=1}^{\infty} \frac{1}{n!} \left(-\frac{i}{\hbar}\right)^n \int_{t_0}^t (\hat{H}_I'(t_1)dt_1)^n \tag{2.111}$$

2.5　含时薛定谔方程

从量子力学可知,输运问题是非平衡统计问题。对于介观系统最初的多体态 $|\Psi_0\rangle$ 的时间演化可由多体态算符 $|\Psi(t)\rangle$ 的含时薛定谔方程描述:

$$i\hbar \frac{d|\Psi(t)\rangle}{dt} = \hat{H}(t)|\Psi(t)\rangle, \quad |\Psi(t_0)\rangle = |\Psi_0\rangle \tag{2.112}$$

此时,$\hat{H}$ 是研究体系的哈密顿量。式(2.112)可求解为

$$|\Psi(t)\rangle = \hat{U}(t,t_0)|\Psi_0\rangle \tag{2.113}$$

时间演化算符为

$$\hat{U}(t,t_0) = T\left\{\exp\left[-\frac{\mathrm{i}}{\hbar}\int_{t_0}^{t}\mathrm{d}t'H(t')\right]\right\} \tag{2.114}$$

表示初态 $|\Psi_0\rangle$ 传播到时间 t 时刻的 $|\Psi(t)\rangle$ 态。

算符 T 为编时算符,表示"过去"的时间出现在"右边",如 $T[\hat{H}(t_1),\hat{H}(t_2)]=\hat{H}(t_1)\hat{H}(t_2)$,此时 $t_1 > t_2$,$T[\hat{H}(t_1),\hat{H}(t_2)]=\hat{H}(t_2)\hat{H}(t_1)$,此时 $t_2 > t_1$。

由薛定谔方程(2.112)和(2.113),时间演化算符的运动方程为

$$\mathrm{i}\hbar\frac{\partial\hat{U}(t,t_0)}{\partial t}=\hat{H}(t)\hat{U}(t,t_0) \tag{2.115}$$

伴随的边界条件为 $\hat{U}(t_0,t_0)=1$。

如果系统的哈密顿量 $\hat{H}$ 不含时间,则式(2.115)时间演化算符为

$$\hat{U}(t,t_0)\equiv\hat{U}(t-t_0)=\mathrm{e}^{-\mathrm{i}\hat{H}(t-t_0)/\hbar} \tag{2.116}$$

2.5.1 系统的密度算符

对于输运体系,一般不会知道全部自由度的含时演化。此时,系统的一个多体态算符 $|\Psi(t)\rangle$ 的量子力学演化并不能提供系统的所有态的所有信息。此时,可以用量子力学中统计的固有属性和经典的统计方法。下面给出统计算符或者密度算符的概念。

如果系统的量子力学全部的态是不知道的,可以只考虑系统在时间 t 时刻处于态 $|\Psi_i(t)\rangle$ 的概率 p_i,可以定义混合态密度算符(统计算符):

$$\hat{\rho}(t)=\sum_i p_i|\Psi_i(t)\rangle\langle\Psi_i(t)| \tag{2.117}$$

此时,统计概率 $p_i=\langle\Psi_i|\hat{\rho}|\Psi_i\rangle$。所有可能微观态 $|\Psi_i(t)\rangle$ 的集合 $\{|\Psi_i\rangle,p_i\}$ 被称为系统的宏观态。对于给定算符 $\hat{A}$ 的期望值可定义为

$$\langle\hat{A}\rangle_t=\sum_i p_i\langle\Psi_i(t)|\hat{A}|\Psi_i(t)\rangle=\mathrm{Tr}\{\hat{\rho}(t)\hat{A}\} \tag{2.118}$$

式中,符号 Tr 表示对给定算符从基矢中获得的矩阵求迹。

密度算符具有以下特征[5,6]:

①密度算符满足归一化条件,即 $\mathrm{Tr}\{\hat{\rho}(t)\}=\sum_i p_i=1$。

②密度算符是厄米算符,即,$\hat{\rho}=\hat{\rho}^\dagger$。

③密度算符是非负的,即 $\langle\Psi|\hat{\rho}|\Psi\rangle\geqslant 0$。

④密度算符具有"幂零性",即 $\hat{\rho}^2=\hat{\rho}$。

⑤$\mathrm{Tr}(\hat{\rho}^2)$ 是恒正的不大于 1 的实数,即

$$\mathrm{Tr}(\hat{\rho}^2)\begin{cases}=1, & \text{纯粹系综} \\ <1, & \text{混合系综}\end{cases}$$

在具体表象下,与量子态 $|\Psi(t)\rangle$ 对应的密度算符,可以表示成密度矩阵

$$\rho_{nn'}(t)=\sum_i P_i\langle n|\Psi_i(t)\rangle\langle\Psi_i(t)|n'\rangle \tag{2.119}$$

对角元 ρ_{nn} 表示混合态下量子态 $|n\rangle$ 的布局,即混合态下测得体系处于 $|n\rangle$ 的概率。非对角元 $\rho_{nn'}$ 则表示混合态下量子态 $|n\rangle$ 和量子态 $|n'\rangle$ 的相干,特别当 $\rho_{nn'}=0$,则表示混合态下 $|n\rangle$ 与 $|n'\rangle$ 不相干。下面给出系统处于热平衡态的密度矩阵,设 $|n\rangle$,$|n=1,2,\cdots\rangle$ 是系统处于热平衡的能量本征态,则有

$$H|n\rangle=E_n|n\rangle \tag{2.120}$$

处于态 $|n\rangle$ 的概率为

$$P_n=\frac{1}{\sum_n \mathrm{e}^{-\beta E_n}}\mathrm{e}^{-\beta E_n} \tag{2.121}$$

式中,$\beta=1/(kT)$,系统的能量平均值为

$$\overline{E}=\mathrm{Tr}(H\rho_\mathrm{T})=\sum_n P_n E_n=\sum_n \frac{1}{\sum_n \mathrm{e}^{-\beta E_n}}\mathrm{e}^{-\beta E_n}E_n \tag{2.122}$$

可得系统在热平衡态的密度矩阵为

$$\rho_\mathrm{T}=\sum_n \frac{1}{\sum_n \mathrm{e}^{-\beta E_n}}\mathrm{e}^{-\beta E_n}|n\rangle\langle n|=\frac{1}{\sum_n \mathrm{e}^{-\beta E_n}}\mathrm{e}^{-\beta H} \tag{2.123}$$

2.5.2 密度算符的运动方程

通过含时薛定谔方程〔式(2.112)〕,很容易求得密度算符 $\hat{\rho}$ 所满足的动力学运动方程,假设统计概率 p_i 不随时间变化,密度算符 $\hat{\rho}$ 的变化完全来自态矢的演化,则

$$
\begin{aligned}
\mathrm{i}\hbar\frac{\mathrm{d}\hat{\rho}(t)}{\mathrm{d}t}&=\mathrm{i}\hbar\sum_i p_i\frac{\mathrm{d}|\Psi_i(t)\rangle\langle\Psi_i(t)|}{\mathrm{d}t}\\
&=\sum_i p_i[\hat{H}(t)|\Psi_i(t)\rangle\langle\Psi_i(t)|-|\Psi_i(t)\rangle\langle\Psi_i(t)|\hat{H}(t)]\\
&=\hat{H}(t)\Big(\sum_i p_i|\Psi_i(t)\rangle\langle\Psi_i(t)|\Big)-\Big(\sum_i p_i|\Psi_i(t)\rangle\langle\Psi_i(t)|\Big)\hat{H}(t)\\
&=\hat{H}(t)\hat{\rho}(t)-\hat{\rho}(t)\hat{H}(t)
\end{aligned}
\tag{2.124}
$$

对任意两个算符 $\hat{A}$ 和 $\hat{B}$,有 $[\hat{A},\hat{B}]=\hat{A}\hat{B}-\hat{B}\hat{A}$,式(2.124)可以写为

$$\mathrm{i}\hbar\frac{\mathrm{d}\hat{\rho}(t)}{\mathrm{d}t}=[\hat{H}(t),\hat{\rho}(t)] \tag{2.125}$$

该方程就是刘维尔-冯·诺依曼(Liouville-Von Neumann)方程,对应了经典力学中的刘维尔(Liouville)方程,描述了封闭量子体系的动力学。利用时间演化算符 $\hat{U}(t,t_0)$ 的定义式(2.114)和给定的初始条件 $\hat{\rho}(t_0)$,刘维尔-冯·诺依曼方程的求解公式为

$$\hat{\rho}(t)=\hat{U}(t,t_0)\hat{\rho}(t_0)\hat{U}^\dagger(t,t_0) \tag{2.126}$$

2.5.3 约化密度矩阵

设有复合体系是由子体系 A 和 B 组成,子体系 A 的量子态的一组完备集设为 $|\alpha\rangle_\mathrm{A}$,子体系 B 的量子态的一组完备集设为 $|\beta\rangle_\mathrm{B}$,则整个体系的完备集在非耦合表象中可以表示为

$$|\alpha\rangle_A \otimes |\beta\rangle_B = |\alpha\rangle_A |\beta\rangle_B = |\alpha_A \beta_B\rangle \tag{2.127}$$

体系的态矢量为

$$|\psi\rangle_{AB} = \sum_{\alpha\beta} P_{\alpha\beta} |\alpha\rangle_A |\beta\rangle_B \tag{2.128}$$

密度矩阵可写为

$$\rho_{AB} = |\psi\rangle_{AB\,AB}\langle\psi| = \sum_{\alpha\beta ij} P_{\alpha\beta}^* P_{ij} |\alpha\rangle_A |\beta\rangle_{B\,A}\langle i|_B\langle j| \tag{2.129}$$

这里关注于体系的可观测量,设 W_A 为子体系 A 的任意可观测量,则在整个体系中可观测量表示为

$$W = W_A \otimes I_B \tag{2.130}$$

式中, I_B 为子体系 B 的单位算符,在整个体系态矢量 $|\psi\rangle_{AB}$ 下可观测量 W 的平均值为

$$\langle W\rangle = \mathrm{Tr}_{AB}(\rho_{AB}W) = {}_{AB}\langle\psi| W_A \otimes I_B |\psi\rangle_{AB} \tag{2.131}$$

$$= \sum_{ij} P_{ij}^* {}_A\langle i|_B\langle j| W_A \otimes I_B \sum_{\alpha\beta} P_{\alpha\beta} |\alpha\rangle_A |\beta\rangle_B$$

式(2.131)可以改写为

$$\langle W\rangle = \sum_{i\alpha\beta} P_{i\beta}^* P_{\alpha\beta\,A}\langle i| W_A |\alpha\rangle_A \tag{2.132}$$

令 $\rho_A = \sum_{i\alpha\beta} P_{\alpha\beta} P_{i\beta}^* |\alpha\rangle_{AA}\langle i| = \mathrm{Tr}_B(\rho_{AB})$ 称为约化密度矩阵,则式(2.132)可简写为

$$\langle W\rangle = \mathrm{Tr}_A(\rho_A W_A) \tag{2.133}$$

2.5.4 开放量子体系

当所研究的物理体系与环境(如费米子库等)发生耦合时,整个系统便形成开放量子体系。体系的总哈密顿量可以分成不同的子系统的哈密顿量

$$\hat{H} = \hat{H}_{\mathrm{sym}} + \hat{H}_e + \hat{H}_{\mathrm{sym\text{-}e}} \tag{2.134}$$

式中, $\hat{H}_{\mathrm{sym}}$ 为所要研究的物理体系的哈密顿量, $\hat{H}_e$ 为环境部分的哈密顿量, $\hat{H}_{\mathrm{sym\text{-}e}}$ 为物理体系和环境之间的相互作用部分的哈密顿量。物理体系密度算符的运动方程可表示为

$$\frac{\mathrm{d}\hat{\rho}_{\mathrm{sym}}(t)}{\mathrm{d}t} = -\frac{\mathrm{i}}{\hbar}[\hat{H}_{\mathrm{sym}}(t), \hat{\rho}_{\mathrm{sym}}(t)] - \frac{1}{2}\hat{V}^\dagger\hat{V}\hat{\rho}_{\mathrm{sym}}(t) - \frac{1}{2}\hat{\rho}_{\mathrm{sym}}(t)\hat{V}^\dagger\hat{V} + \hat{V}\hat{\rho}_{\mathrm{sym}}(t)\hat{V}^\dagger$$

$$\tag{2.135}$$

式中, $\hat{V}$ 是来源于物理体系和环境之间耦合哈密顿量 $\hat{H}_{\mathrm{sym\text{-}e}}$ 的算符,一般称为林布拉德(Lindblad)算符。这里将运动方程写为

$$\frac{\mathrm{d}\hat{\rho}_{\mathrm{sym}}(t)}{\mathrm{d}t} = \mathcal{L}\hat{\rho}_{\mathrm{sym}}(t) \tag{2.136}$$

式(2.136)即为著名的量子主方程。更为普遍地,开放量子体系密度算符 $\hat{\rho}_{\mathrm{tot}}$ 的运动方程写为

$$\frac{\mathrm{d}\hat{\rho}_{\mathrm{tot}}(t)}{\mathrm{d}t} = -\frac{\mathrm{i}}{\hbar}[\hat{H}_{\mathrm{tot}}, \hat{\rho}_{\mathrm{tot}}(t)] = \mathcal{L}_{\mathrm{tot}}\hat{\rho}_{\mathrm{tot}}(t) \tag{2.137}$$

基于此,系统相关输运物理量的期望值为

$$\langle\hat{A}\rangle_{\mathrm{tot}} = \mathrm{Tr}\{\hat{\rho}_{\mathrm{tot}}(t)\hat{A}\} \tag{2.138}$$

这里以电流为例:

$$I(t) = e\langle\hat{I}\rangle_{\mathrm{tot}} = e\mathrm{Tr}\{\hat{\rho}_{\mathrm{tot}}(t)\hat{I}\} \tag{2.139}$$

2.6 路径积分

从经典力学过渡到量子力学,存在三种等价的不同形式途径,包括薛定谔波动力学、海森伯矩阵力学和费曼的路径积分。薛定谔波动力学重视描述粒子"波粒二象性"运动的波函数。体系的波函数满足薛定谔方程,通过求解薛定谔方程获得波函数对应的力学量。

海森伯矩阵力学重视描述可观测量,把可观测量和算符建立了一一对应的关系,通过研究算符的运动方程来求任意时刻的可观测量的平均值。第三种形式是由狄拉克(Dirac)和费曼(Feynman)提出的路径积分,考虑经典力学量和量子力学中相位之间的关系,重视传播函数(传播子)的作用。路径积分的基本思想是:一个粒子在某一时刻的运动状态取决于它过去所有可能的历史。路径积分用传播子来演化任意初态波函数,此时波函数相位的变化则包含在传播子当中。这里现以一维坐标为例来描述路径积分具体内容。将 t_a 时刻的波函数记为 $\psi(x_a, t_a)$,则之后的 t_b 时刻的波函数可写为[1,2,4]

$$\psi(x_b, t_b) = \int K(b,a)\psi(x_a, t_a)\mathrm{d}x_a \tag{2.140}$$

此时,在式(2.140)中引入传播函数 $K(b,a)$。式(2.140)中对空间坐标 x_a 积分,固定点 x_a 到点 x_b 的可能路径有无限多条,每一条路径对最后概率幅 $\psi(x_b, t_b)$ 都有贡献,需要对所有路径彼此线性叠加。

费曼假定:

$$K(b,a) = C \sum_{\substack{a \to b \text{所有} \\ \text{路径} x(t)}} \text{const } \mathrm{e}^{\mathrm{i}\frac{1}{\hbar}S[x(t)]} \tag{2.141}$$

式中,C 为适当的归一化常数,$S[x(t)]$ 是粒子沿路径 $x(t)$ 从点 x_a 到点 x_b 的经典作用量:

$$S[x(t)] = \int_{t_a}^{t_b} L(\dot{x}, x, t)\mathrm{d}t \tag{2.142}$$

式中,$L(\dot{x}, x, t)$ 是粒子体系的拉格朗日(Lagrange)函数。$S[x(t)]$ 是函数 $x(t)$ 的函数,称为泛函。对于广义坐标 $q = \{q_i, i=1,2,3\cdots\}$ 和广义动量 $\dot{q} = \{\dot{q}_i, i=1,2,3\cdots\}$,泛函 $S[x(t)]$ 表示为

$$S[q(t)] = \int_{t_a}^{t_b} L(q, \dot{q}, t)\mathrm{d}t \tag{2.143}$$

这里可以发现泛函具有与普朗克(Planck)常量一样的量纲,使得 $S/\hbar$ 成为无量纲的指数函数的幂。在费曼假定中只有一项的贡献是决定性的,即使得泛函 $S[x(t)]$ 取极值的经典轨道 $x_{\mathrm{CL}}(t)$ 的贡献,由变分条件给出

$$\delta S[x_{\mathrm{CL}}(t)] = 0 \tag{2.144}$$

此即最小作用原理,由此可以导出经典力学的拉格朗日方程

$$\frac{\mathrm{d}}{\mathrm{d}t}\left(\frac{\partial L}{\partial \dot{x}}\right) - \frac{\partial L}{\partial x} = 0 \tag{2.145}$$

$$\frac{\mathrm{d}}{\mathrm{d}t}\left(\frac{\partial L}{\partial \dot{q}_i}\right) - \frac{\partial L}{\partial q_i} = 0, \quad i = 1,2,3,\cdots$$

费曼构造传播函数 $K(b,a)$ 的方法称为泛函积分或者路径积分,其在凝聚态物理中起到了重要的作用。在海森伯绘景中,费曼传播函数 K 就是坐标算符本征矢在不同时刻 t 和 t' 间的转换矩阵元:

$$K(x',t'|x,t) = \langle x',t'|x,t\rangle \tag{2.146}$$

取初始时刻的 $|x,t_0\rangle$ 与薛定谔绘景中的坐标本征矢 $|x\rangle$ 重合,则有自由粒子的传播子为

$$K(x',t'|x,t) = \langle x'|e^{\frac{-i}{\hbar}H(t'-t)}|x\rangle \tag{2.147}$$

对式(2.147),采用多边折线道计算方案,把时间间隔分割成 N 段等间隔的小的区间,且令 $N \to \infty$ 就可以证明:

$$K(x',t'|x,t) = \int \mathscr{D}x \int \frac{\mathscr{D}p}{2\pi\hbar} e^{\frac{i}{\hbar}S[p,x]} \tag{2.148}$$

式中,

$$\int \mathscr{D}x \int \frac{\mathscr{D}p}{2\pi\hbar} = \lim_{N\to\infty} \prod_{n=1}^{N-1}\left[\int_{-\infty}^{+\infty}\mathrm{d}x_n\right]\prod_{n=1}^{N}\left[\int_{-\infty}^{+\infty}\frac{\mathrm{d}p_n}{2\pi\hbar}\right] \tag{2.149}$$

是路径积分的定义,对端点固定,中间坐标(动量)取全空间积分。该积分过程涵盖了量子力学的本质,正确描述了路径积分的思想:对无限多可能的路径求和。泛函 $S[p,x]$ 在薛定谔绘景中具体表达式为

$$S[p,x] = \int_{t}^{t'}\mathrm{d}t[p(t)\dot{x}(t) - H(p,x)] \tag{2.150}$$

其不再是经典力学中的作用量。原因是量子力学中粒子无确定的轨迹,两个端点只能确定固定空间坐标,而不能限定其动量。

费曼传播函数 $K(b,a)$ 在能量表象中的表达式为

$$K(b,t;a,t') = \langle x_b|e^{-\frac{i}{\hbar}H(t-t')}|x_a\rangle = \sum_n e^{-\frac{i}{\hbar}E_n(t-t')}\psi_n(x_b,t)\psi_n^*(x_a,t') \tag{2.151}$$

式中,E_n 为哈密顿量 H 的能量本征值。

以上态矢量的演化对应的是单路的路径积分。双路的路径积分对应着密度矩阵的演化。对具有哈密顿量 H 的开放量子系统,密度矩阵随时间的演化可表示为

$$\rho_T(t) = e^{-iHt}\rho_0 e^{iHt} \tag{2.152}$$

系统的自由度用 q 来表示,环境(或库)的自由度用 x 来表示。则开放量子系统的密度矩阵表示为

$$\langle x,q|\rho_T(t)|q',x'\rangle$$
$$= \int \mathrm{d}q_0 \mathrm{d}q_0' \mathrm{d}x_0 \mathrm{d}x_0' \langle x,q|e^{-iHt}|q_0,x_0\rangle\langle x_0,q_0|\rho_T(0)|q_0',x_0'\rangle\langle x_0',q_0'|e^{iHt}|q',x'\rangle \tag{2.153}$$

将环境(或库)的自由度求迹,得到约化密度矩阵,表示为

$$\langle q|\rho_T(t)|q'\rangle$$
$$= \int \mathrm{d}q_0 \mathrm{d}q_0' \mathrm{d}x_0 \mathrm{d}x_0' \mathrm{d}x\langle x,q|e^{-iHt}|q_0,x_0\rangle\langle x_0,q_0|\rho_T(t=0)|q_0',x_0'\rangle\langle x_0',q_0'|e^{iHt}|q',x\rangle \tag{2.154}$$

设与开放量子系统对应的作用量为

$$S_T = S_{sym}[q] + S_e[x] + S_{sym\text{-}e}[x,q] \tag{2.155}$$

则由单路的路径积分的传播子定义,可得

$$\langle q \mid \rho(t) \mid q' \rangle = \int dq_0 dq'_0 dx_0 dx'_0 dx \int_{q_0}^{q} \mathcal{D}q \int_{x_0}^{x} \mathcal{D}x \int_{q'_0}^{q'} \mathcal{D}^* q' \int_{x'_0}^{x'=x} \mathcal{D}^* x' \cdot$$

$$\exp[i(S_{sym}[q] + S_e[x] + S_{sym\text{-}e}[x,q]) - i(S_{sym}[q'] + S_e[x'] + S_{sym\text{-}e}[x',q'])] \langle x_0, q_0 \mid \rho_T(t=0) \mid q'_0, x'_0 \rangle$$

$$\tag{2.156}$$

此时,仍然假设初始时刻系统和环境(或库)没有相互作用,即

$$\rho_T(t=0) = \rho(t=0) \otimes \rho_e \tag{2.157}$$

因此,有

$$\langle q \mid \rho(t) \mid q' \rangle$$

$$= \int dq_0 dq'_0 \langle q_0 \mid \rho(t=0) \mid q'_0 \rangle \int_{q_0}^{q} \mathcal{D}q \int_{q'_0}^{q'} \mathcal{D}^* q' \cdot \tag{2.158}$$

$$\exp[i(S_{sym}[q] - S_{sym}[q'])] \mathcal{F}[q(t'), q'(t')]$$

式中,$\mathcal{F}[q(t'), q'(t')]$ 称为影响泛函,其表达式为

$$\mathcal{F}[q(t'), q'(t')]$$

$$= \int dx_0 dx'_0 dx \langle x_0 \mid \rho_e \mid x'_0 \rangle \int_{x_0}^{x} \mathcal{D}x \int_{x'_0}^{x'=x} \mathcal{D}^* x' \cdot \tag{2.159}$$

$$\exp[i(S_e[x] + S_{sym\text{-}e}[x,q]) - i(S_e[x'] + S_{sym\text{-}e}[x',q'])]$$

环境(或库)对量子系统自由度的全部作用都包含在影响泛函中,描述了环境(或库)对系统约化密度矩阵随时间演化的影响。当环境(或库)与量子系统的相互作用为 0 时,$\mathcal{F}[q(t'), q'(t')] = 1$ 表示系统自由演化。根据影响泛函的定义,可进一步将式(2.159)改写成算符形式:

$$\mathcal{F}[q(t'), q'(t')]$$

$$= \int dx_0 dx'_0 dx \langle x_0 \mid \rho_e \mid x'_0 \rangle \int_{x_0}^{x} \mathcal{D}x \exp[i(S_e[x] + S_{sym\text{-}e}[x,q])] \cdot \tag{2.160}$$

$$\int_{x'_0}^{x'=x} \mathcal{D}^* x' \exp[-i(S_e[x'] + S_{sym\text{-}e}[x',q'])]$$

$$= Tr_e(\rho_e U_e^\dagger(q') U_e(q))$$

式中,$U_e(q)$ 是含有环境(或库)自由度部分哈密顿量的演化算符。从上述路径积分的推导过程可以看出,环境(或库)对量子系统的影响都包含在影响泛函中。这种处理方法是严格和普适的,对于任何类型的库与量子系统的耦合都成立。当系统和多个环境(或库)耦合时,并且环境(或库)与环境(或库)之间的相互作用可以忽略不计,那么总的影响泛函将是每一个环境(或库)的影响泛函的线性叠加,即

$$\mathcal{F}[q(t'), q'(t')] = \sum_{i=1}^{N} \mathcal{F}_i[q(t'), q'(t')] \tag{2.161}$$

2.7 介观体系输运理论

郎道尔-比蒂克(Landauer-Büttiker)公式是介观系统领域广泛使用的量子输运理论,是

用介观系统的散射来表示电导。不同材料和不同几何形状的导体连接在一起,所形成的系统电导比较适合用该方法来处理。量子输运的郎道尔-比蒂克公式可以用来分析介观系统零磁场点接触的量子化电阻、窄通道的霍尔电阻淬灭、弱磁场下弹道电子的聚焦以及量子霍尔电阻值等实验现象,并给出介观体系的输运行为直观物理图像[9,10]。郎道尔-比蒂克(Landauer-Büttiker)公式可以用来研究两端单通道、两端多通道、多端单通道和多端多通道等不同情形,下面给出量子输运的郎道尔-比蒂克公式的简介。

讨论一根理想的无限长导体内电荷的流动,假设正电荷均匀分布在导体中,这时可以忽略正离子实的晶格状分布,在无磁场的情况下,导体中准自由电子的哈密顿量为

$$H = \frac{p^2}{2m} + V(x,y) \tag{2.162}$$

式中,$V(x,y)$ 是导线内的横向限制势。相应的本征函数为

$$\Psi_{ak}(x,y,z) = \frac{1}{\sqrt{2\pi}} \exp(\mathrm{i}kz) \Phi_{ak}(x,y) \tag{2.163}$$

式中,k 为导体内沿纵向方向的波失,相应的本征值为 $E_{ak} = E_a + \hbar\omega/(2m)$。$E_a$ 可由分离变量后的薛定谔方程求得

$$\left[\frac{1}{2m}(p_x^2 + p_y^2) + V(x,y) \right] \Phi_{ak}(x,y) = E_a \Phi_{ak}(x,y) \tag{2.164}$$

下面用方势阱模型来描述导线的势函数 $V(x,y)$,导线的宽度可以用阱宽 W 表示,则电子在导体纵向方向的运动视为是量子化的,并且量子化的横向能级 E_a 可表示为 $E_a = (h\pi n)^2/(2mW^2)$(n 为整数),m 是电子的有效质量,哈密顿量的能谱由一系列能级分离的抛物线组成,如图 2.1 所示,曲线的极小值为能级 E_a。每条曲线称为一个容许模式,代表着一个横向子能带。

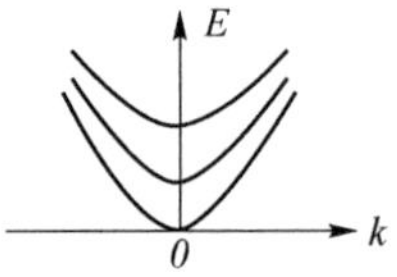

图 2.1 能级示意图

当温度 $T = 0$ K 时,导线中第 α 个通道的电流表示为

$$
\begin{aligned}
I_a &= \frac{1}{2\pi} \int_0^{k_{\max}} (ev_{ak}) \mathrm{d}k = \frac{1}{2\pi} \int_{E_a}^{\mu} (ev_{ak}) \frac{\mathrm{d}k}{\mathrm{d}E_{ak}} \mathrm{d}E_{ak} \\
&= \frac{1}{2\pi} \int_{E_a}^{\mu} (ev_{ak})(1/\hbar v_{ak}) \mathrm{d}E_{ak} = \frac{e}{h}(\mu - E_a)
\end{aligned} \tag{2.165}
$$

式中,μ 为化学势,$v_{ak} = \frac{1}{h}\frac{\mathrm{d}E_{ak}}{\mathrm{d}k}$ 为电子的群速度。

两端为单通道器件时,我们考虑认为导线的宽度非常小以至于可以被忽略,各个子能带之间的能量差将趋于无穷大。此时,电子只在能量最低的一个电子通道(容许通道)内运动。电子从 1 导线运动到 2 导线产生的电流可以写成

$$I = I_1 - I_2 = T(e/h)\mu_1 - T(e/h)\mu_2 = T(e^2/h)(V_1 - V_2) \tag{2.166}$$

由此导出电导为

$$G = \frac{I}{V_1 - V_2} = \frac{e^2}{h} T \tag{2.167}$$

当考虑自旋简并时,电导为

$$G = \frac{2e^2}{h} \frac{T}{R} \tag{2.168}$$

式中,T 为导电区域的透射率。

当两端为多通道器件时,连接的导线会有一定的宽度。这时,假设电子填充了 N 个通道,并且在通道内的占据概率为 $f(E)$,则电流为

$$
\begin{aligned}
I &= \frac{e}{h} \int_0^\infty \mathrm{d}E \left[f_1(E) \sum_i T_i(E) - f_2(E) \sum_i T_i{}'(E) \right] \\
&\approx \frac{e}{h} \sum_i T_i(E_F) \int_0^\infty \mathrm{d}E \left[f_1(E) - f_2(E) \right] \\
&= \frac{e^2}{h} \sum_i T_i(E_F)(V_1 - V_2)
\end{aligned}
\tag{2.169}
$$

式中,E_F 为费米能级,$T_i = \sum_j T_{ij} = \sum_j |t_{ij}|^2$ 为 1 导线所有的通道到 2 导线第 i 个通道的透射概率之和。电导可以表示为[11]

$$
G = \frac{e^2}{h} \sum_{ij} |t_{ij}|^2 = \frac{e^2}{h} \mathrm{Tr}(t^+ t)
\tag{2.170}
$$

式中,$t = |t_{ij}(E_F)|$ 为透射系数矩阵,式(2.170)为两端多通道器件电导系数的郎道尔-比蒂克公式。从郎道尔-比蒂克公式输运理论可以发现,介观系统的电导与电子的相干隧穿有关。当求得了介观系统的隧穿概率后,原则上就能够得到介观系统的电导。

郎道尔-比蒂克公式是比较简单和直观的,该公式用于解决非相互作用的电子系统的电流和电导问题是非常成功的。在研究介观系统的量子输运时,经常把郎道尔-比蒂克公式和其他方法(如散射矩阵、非平衡格林函数、费米子波色子化等)结合起来处理问题,这为我们无论是研究介观系统的电流还是透射和反射特性都具有很大的帮助。

2.8 格林函数理论

自从 20 世纪 50 年代开始,量子场论中的格林函数(Green's function)方法被广泛应用于研究统计物理学中的问题,到了 60 年代后期,格林函数理论已经在许多方面取得了重要的成就。目前,格林函数方法已经成为研究凝聚态物理中具有各种复杂相互作用的多粒子系统的有力工具[9]。下面主要介绍格林函数相关理论。

2.8.1 推迟格林函数

在海森伯绘景中,任意两个算符 X 和 Y 所组成的函数[9]:

$$
G_r(t,t') = -\frac{\mathrm{i}}{h} \theta(t-t') \langle [X(t), Y(t')]_\pm \rangle
\tag{2.171}
$$

称为推迟格林函数(retarded Green's function)。当 X 和 Y 属于费米子算符时,满足反对易关系,取"+"号,当 X 和 Y 属于玻色子算符时,满足对易关系,取"一"号。式中〈⋯〉代表统计平均,对于正则系综:

$$
\langle X \rangle = \frac{\mathrm{Tr}(\mathrm{e}^{-\beta H} X)}{\mathrm{Tr}(\mathrm{e}^{-\beta H})}
\tag{2.172}
$$

式中,$\beta = (k_B T)^{-1}$。推迟格林函数为海森伯绘景中含时间和温度的关联函数,具有传播子的性质,即 $G_r(t,t') = G_r(t-t')$。

对任意算符 $X(t)$ 和 $Y(t')$ 有

$$
\begin{aligned}
\langle X(t)Y(t')\rangle &= \frac{1}{\mathrm{Tr}(\mathrm{e}^{-\beta H})}\mathrm{Tr}(\mathrm{e}^{-\beta H}\,\mathrm{e}^{\frac{\mathrm{i}}{\hbar}Ht}X\mathrm{e}^{-\frac{\mathrm{i}}{\hbar}H(t-t')}Y\mathrm{e}^{-\frac{\mathrm{i}}{\hbar}Ht'})\\
&= \frac{1}{\mathrm{Tr}(\mathrm{e}^{-\beta H})}\mathrm{Tr}(\mathrm{e}^{-\beta H}\,\mathrm{e}^{\frac{\mathrm{i}}{\hbar}H(t-t')}X\mathrm{e}^{-\frac{\mathrm{i}}{\hbar}H(t-t')}Y)\\
&= \frac{1}{\mathrm{Tr}(\mathrm{e}^{-\beta H})}\mathrm{Tr}(\mathrm{e}^{-\beta H}X(t-t')Y)\\
&= \langle X(t-t')Y(0)\rangle
\end{aligned}
\tag{2.173}
$$

同理 $\langle Y(t')X(t)\rangle=\langle Y(0)X(t-t')\rangle$。可以定义双时格林函数(two-time Green's function)$G_r(t\text{-}t')$,即

$$
\begin{aligned}
G_r(t\text{-}t') &= -\frac{\mathrm{i}}{\hbar}\theta(t-t')\langle[X(t),Y(t')]_\pm\rangle\\
&= -\frac{\mathrm{i}}{\hbar}\theta(t-t')\langle[X(t-t'),Y(0)]_\pm\rangle\\
&= G_r(t\text{-}t')
\end{aligned}
\tag{2.174}
$$

可以发现式(2.174)只是时间差 $t\text{-}t'$ 的函数,具有传播子的特征,是求解具体问题中比较重要的一种格林函数。为简便记,令 $t'=0$ 和 t 为时间差,则推迟格林函数可以简化为

$$
G_r(t) = -\frac{\mathrm{i}}{\hbar}\theta(t)\langle[X(t),Y]_\pm\rangle
\tag{2.175}
$$

式中,$Y=Y(0)$,以及

$$
X = \mathrm{e}^{\frac{\mathrm{i}}{\hbar}Ht}X\mathrm{e}^{-\frac{\mathrm{i}}{\hbar}Ht}
\tag{2.176}
$$

推迟格林函数 $G_r(t)$ 的傅里叶变换为

$$
G_r(t) = \frac{1}{2\pi}\int_{-\infty}^{\infty}\mathrm{d}\omega G_r(\omega)\exp[-\mathrm{i}(\omega+\mathrm{i}\eta)t]\quad(\eta=+0)
\tag{2.177}
$$

其逆变换为

$$
G_r(\omega) = \int_{-\infty}^{\infty}\mathrm{d}\omega G_r(t)\exp[\mathrm{i}(\omega+\mathrm{i}\eta)t]
\tag{2.178}
$$

2.8.2　推迟格林函数 $G_r(\omega)$ 的特征

对零温情况下,设体系哈密顿量 H 的基态和基态能分别是 $|0\rangle$ 和 E_0,严格本征态和能量本征值分别是 $|n\rangle$ 和 E_n。含时推迟格林函数写为[9]

$$
\begin{aligned}
G_r(t) &= -\frac{\mathrm{i}}{\hbar}\theta(t)\langle[X(t),Y]_\pm\rangle\\
&= -\frac{\mathrm{i}}{\hbar}\theta(t)\{\langle0\mid X(t)Y\mid0\rangle\pm\langle0\mid YX(t)\mid0\rangle\}\\
&= -\frac{\mathrm{i}}{\hbar}\theta(t)\sum_n\{\langle0\mid X(t)\mid n\rangle\langle n\mid Y\mid0\rangle\exp(-\mathrm{i}\omega_{n0}t)\pm\\
&\quad\langle0\mid Y\mid n\rangle\langle n\mid X(t)\mid0\rangle\exp(\mathrm{i}\omega_{n0}t)\}
\end{aligned}
\tag{2.179}
$$

式中,$\omega_{n0}=\frac{1}{\hbar}(E_n-E_0)$。含时推迟格林函数(2.179)的傅里叶变换表示为

$$
G_r(\omega) = \frac{1}{\hbar}\sum_n\left\{\frac{\langle0\mid X\mid n\rangle\langle n\mid Y\mid0\rangle}{\omega-\omega_{n0}+\mathrm{i}\eta}\pm\frac{\langle0\mid Y\mid n\rangle\langle n\mid X\mid0\rangle}{\omega+\omega_{n0}+\mathrm{i}\eta}\right\}
\tag{2.180}
$$

称为推迟格林函数的黎曼(Lehmann)表示。可以发现 $G_r(\omega)$ 在上半复平面是解析函数,在下半复平面有极点。因此,极点 $\omega = \pm\omega_{n0}$ 可由格林函数 $G_r(\omega)$ 确定[9]。

对于有限温度的情况,系统的各种本征态 $|n\rangle$ 会以一定概率出现,统计平均下的格林函数可以表示为

$$G_r(t) = -\frac{i}{\hbar}\frac{1}{\text{Tr}(e^{-\beta H})}\theta(t) \times \tag{2.181}$$

$$\sum_n e^{-\beta E_n}\{\langle n|X|m\rangle\langle m|Y|n\rangle e^{i\omega_{nm}t} \pm \langle n|Y|m\rangle\langle m|X|n\rangle e^{-i\omega_{nm}t}\}$$

式中,$\hbar\omega_{nm} = (E_n - E_m)$,对等号右边第一项可以作变量指标 n 与 m 互换得

$$G_r(t) = -\frac{i}{\hbar}\frac{1}{\text{Tr}(e^{-\beta H})}\theta(t) \times$$

$$\sum_{n,m} e^{-\beta E_n}\langle n|Y|m\rangle\langle m|X|n\rangle\exp\left[-\frac{i}{\hbar}(E_n - E_m)t\right]\{\exp[\beta(E_n - E_m)] \pm 1\}$$

$$\tag{2.182}$$

式(2.182)有限温度下的推迟格林函数的黎曼表示为

$$G_r(\omega) = \frac{1}{\text{Tr}(e^{-\beta H})}\sum_{n,m} e^{-\beta E_n}\langle n|Y|m\rangle\langle m|X|n\rangle\frac{\{\exp[\beta(E_n - E_m)] \pm 1\}}{\hbar\omega - (E_n - E_m) + i\eta}$$

$$\tag{2.183}$$

标记为 $G_r(\omega) = \langle\langle X|Y\rangle\rangle_{\omega+i\eta}$。此时,引入谱函数定义为

$$J(\omega) \equiv -\frac{1}{\pi}\text{Im}G_r(\omega)$$

$$= \frac{1}{\text{Tr}(e^{-\beta H})}\sum_{n,m} e^{-\beta E_n}\langle n|Y|m\rangle\langle m|X|n\rangle[e^{-\beta E_m} \pm e^{-\beta E_n}]\delta[\hbar\omega - (E_n - E_m)]$$

$$\tag{2.184}$$

满足

$$\int_{-\infty}^{\infty}\frac{J(\omega)}{e^{\beta\hbar\omega} \pm 1}d\omega = \frac{1}{\text{Tr}(e^{-\beta H})}\sum_{n,m} e^{-\beta E_n}\langle n|Y|m\rangle\langle m|X|n\rangle = \langle YX\rangle \tag{2.185}$$

则平均力学量值与推迟格林函数满足

$$\langle YX\rangle = \frac{1}{2\pi}\int_{-\infty}^{\infty}\frac{\{-2\text{Im}G_r(\omega)\}}{e^{\beta\hbar\omega} \pm 1}d\omega \tag{2.186}$$

称为格林函数的涨落耗散定理(谱定理)。

如果将推迟格林函数中的 $i\eta \to -i\eta$ 则定义格林函数

$$\langle\langle X|Y\rangle\rangle_{\omega-i\eta} = \frac{1}{\text{Tr}(e^{-\beta H})} \times$$

$$\sum_{n,m} e^{-\beta E_n}\langle n|Y|m\rangle\langle m|X|n\rangle\frac{\{\exp[\beta(E_n - E_m)] \pm 1\}}{\hbar\omega - (E_n - E_m) - i\eta}$$

$$\tag{2.187}$$

称为超前格林函数(advanced Green's function),表示式(2.187)中所求解的时间关联函数逆时序传播,用记号 $G_a(\omega)$ 表示。超前格林函数在上半复平面有极点,在下半复平面解析,与推迟格林函数 $G_r(\omega)$ 可以构成全格林函数:

$$G(\omega) = \langle\langle X \mid Y \rangle\rangle_\omega$$

$$= \frac{1}{\mathrm{Tr}(\mathrm{e}^{-\beta H})} \sum_{n,m} \mathrm{e}^{-\beta E_n} \langle n \mid Y \mid m \rangle \langle m \mid X \mid n \rangle \frac{\{\exp[\beta(E_n - E_m)] \pm 1\}}{\hbar\omega - (E_n - E_m)}$$

$$(2.188)$$

此时,全格林函数的涨落耗散定理(谱定理)为

$$\langle YX \rangle = \frac{\mathrm{i}}{2\pi} \int_{-\infty}^{\infty} \frac{\langle\langle X \mid Y \rangle\rangle_{\omega+\mathrm{i}\eta} - \langle\langle X \mid Y \rangle\rangle_{\omega-\mathrm{i}\eta}}{\mathrm{e}^{\beta\hbar\omega} \pm 1} \mathrm{d}\omega \tag{2.189}$$

2.8.3 格林函数的运动方程

由全格林函数 $G(\omega) = \langle\langle X \mid Y \rangle\rangle_\omega$ 做傅里叶变换可相应地定义双时格林函数。推迟格林函数(retarded Green's function)为[9]

$$G_\mathrm{r}(t) = -\frac{\mathrm{i}}{\hbar}\theta(t)\langle[X(t),Y]_\pm\rangle \tag{2.190}$$

超前格林函数(advanced Green's function)为

$$G_\mathrm{a}(t) = \frac{\mathrm{i}}{\hbar}\theta(-t)\langle[X(t),Y]_\pm\rangle \tag{2.191}$$

对于海森伯绘景中算符

$$X(t) = \mathrm{e}^{\frac{\mathrm{i}}{\hbar}Ht} X \mathrm{e}^{-\frac{\mathrm{i}}{\hbar}Ht} \tag{2.192}$$

对式(2.192)求导,并利用海森伯运动方程

$$\mathrm{i}\hbar\frac{\mathrm{d}X(t)}{\mathrm{d}t} = [X(t),H] = X(t)H - HX(t) \tag{2.193}$$

可以推导出全格林函数运动方程

$$\mathrm{i}\hbar\frac{\mathrm{d}}{\mathrm{d}t}\langle\langle X(t) \mid Y \rangle\rangle = \delta(t)\langle[X(t),Y]_\pm\rangle \mp \mathrm{i}\theta(\pm t)\langle[[X(t),H],Y]_\pm\rangle \tag{2.194}$$

$$= \delta(t)\langle[X(t),Y]_\pm\rangle + \langle\langle[X(t),H] \mid Y \rangle\rangle$$

将格林函数做傅里叶变换,可以推导出在复平面上格林函数的运动方程为

$$\omega\langle\langle X \mid Y \rangle\rangle_\omega = \langle[X,Y]_\pm\rangle + \langle\langle[X,H] \mid Y \rangle\rangle_\omega \tag{2.195}$$

式中,$\langle\langle[X,H] \mid Y \rangle\rangle_\omega$ 为高阶格林函数,是一组无穷的联立方程。在具体问题求解过程中需要做截断近似处理,使得格林函数运动方程在有限阶封闭。

2.8.4 多体系统中双时格林函数

对于相互作用的多体系统,可以通过引入自能函数的方案来处理双时格林函数(two-time Green's function)方程的无穷联立方程组。将高阶格林函数 $\langle\langle[X,H] \mid Y \rangle\rangle_\omega$ 中的相互作用部分 $\langle\langle[X,H_\mathrm{in}] \mid Y \rangle\rangle_\omega$ 在形式上写成 $\sum(\omega)\langle\langle X \mid Y \rangle\rangle_\omega$,其中哈密顿量 H_in 为含四算符相互作用部分,可以看成是微扰项。这时,自能函数 $\sum(\omega)$ 包含了格林函数中所有的相互作用修正部分,就可以得到格林函数的戴逊(Dyson)方程。下面详细介绍格林函数的戴逊方程。

对具有相互作用的电子系统哈密顿量设为

$$H = \sum_{k,\sigma} E_k a_{k\sigma}^+ a_{k\sigma} + H_{in} \tag{2.196}$$

利用格林函数运动方程(2.195)，可得单电子格林函数满足：

$$\omega \langle\langle a_{k\sigma} \mid a_{k\sigma}^+ \rangle\rangle_\omega$$
$$= \langle [a_{k\sigma}, a_{k\sigma}^+]_+ \rangle + \langle\langle [a_{k\sigma}, \sum_{k,\sigma} E_k a_{k\sigma}^+ a_{k\sigma}] \mid a_{k\sigma}^+ \rangle\rangle_\omega + \langle\langle [a_{k\sigma}, H_{in}] \mid a_{k\sigma}^+ \rangle\rangle_\omega \tag{2.197}$$

由 $[a_{k\sigma}, a_{k\sigma}^+]_+ = 1$，$[a_{k\sigma}, \sum\limits_{k,\sigma} E_k a_{k\sigma}^+ a_{k\sigma}] = E_k a_{k\sigma}$，式(2.197)可化简为

$$(\omega - E_k) \langle\langle a_{k\sigma} \mid a_{k\sigma}^+ \rangle\rangle_\omega = 1 + \langle\langle [a_{k\sigma}, H_{in}] \mid a_{k\sigma}^+ \rangle\rangle_\omega \tag{2.198}$$

$\langle\langle [a_{k\sigma}, H_{in}] \mid a_{k\sigma}^+ \rangle\rangle_\omega$ 为含四算符项的双粒子格林函数，涉及更多粒子的格林函数，其严格解中包含了相互作用的全部信息，引入自能函数 $\sum(k, \omega)$ 来包含相互作用部分对 $\langle\langle a_{k\sigma} \mid a_{k\sigma}^+ \rangle\rangle_\omega$ 的修正，记为

$$\langle\langle [a_{k\sigma}, H_{in}] \mid a_{k\sigma}^+ \rangle\rangle_\omega = \sum(k, \omega) \langle\langle a_{k\sigma} \mid a_{k\sigma}^+ \rangle\rangle_\omega \tag{2.199}$$

式(2.199)使得格林函数在形式上可以写成单粒子格林函数方程

$$[\omega - E_k - \sum(k, \omega)] \langle\langle a_{k\sigma} \mid a_{k\sigma}^+ \rangle\rangle_\omega = 1 \tag{2.200}$$

系统的推迟格林函数可简单表示为

$$G_r(k, \omega) = \langle\langle a_{k\sigma} \mid a_{k\sigma}^+ \rangle\rangle_{\omega + i\eta} = \frac{1}{[\omega - E_k + i\eta - \sum(k, \omega + i\eta)]} \tag{2.201}$$

对于无相互作用的自由电子系统，自能函数 $\sum(\omega) = 0$，自由电子系统的推迟格林函数为

$$G_r^0(k, \omega) = \frac{1}{[\omega - E_k + i\eta]} \tag{2.202}$$

对于推迟格林函数的严格自能记为

$$\sum_r(k, \omega) \equiv \sum(k, \omega + i\eta) = \operatorname{Re}\sum_r + i\operatorname{Im}\sum_r \tag{2.203}$$

则相互作用系统的格林函数(2.201)可以表示为

$$G_r(k, \omega) = \frac{1}{[G_r^0(k, \omega)]^{-1} - \sum_r(k, \omega)} \tag{2.204}$$

式(2.204)即为著名的戴逊方程。有关双时格林函数及戴逊方程的详细讨论，请详见李正中的《固体理论》一书(高等教育出版社，2002年12月)。

2.9 能带理论

对于理想晶体，当求解晶体周期场中单电子的薛定谔方程时，简单的平面波法在计算布洛赫(Bloch)函数时展开收敛较慢。这就需要发展其他的方法求解晶体中的能带，对于固体中运动的电子，元胞中的离子实内区与离子实外区是两种性质不同的区域。当价电子处于离子实外区域，仅受到弱势场作用，波函数变化平缓可以用平面波描述。当价电子处于离子实外区域，局域势场作用较强，电子波函数具有原子波函数的急剧振荡特征。此时，采用正交化平面波方法(OPW)是比较好的选择。正交化平面波方法是描述价带和导带电子波函数的好表象，是定量计算能带的一种重要方法[9]。

建立在正交化平面波方法上的赝势方法是找到一个赝波动方程与严格布洛赫函数的能

量本征值相同,但是赝势和赝波函数相对于真实势和严格波函数都是被平滑了的,因此组合少数平面波就足以描述赝波函数的展开式了。引入赝势可以很好地证明近自由电子方法适用于离子实半径小的金属导带和价带能谱计算。

格林函数方法也是一种有效计算能带的方法。该方法不是根据物理情况选择展开基函数,而是先把单电子运动方程化为积分方程,再用散射方法求解能带。该方法不仅能够成功用于求解金属价带和导带电子的能谱计算,而且也是处理无序系统的有效方法。含时格林函数对于求解开放量子系统的输运问题也是比较好的计算方法。本书将在后面章节详细介绍含时格林函数相关知识。

对于非均匀电子多体系统,在假定电子运动时离子实可以近似看成静止不动,从而哈特利-福克(Hartree-Fock)方程可用于描述该体系电子运动,包括电子间的直接库仑作用和电子间交换作用。虽然,基于哈特利-福克方程和库普曼斯(Koopmans)定理基础上的能带理论在固体物理学中长期使用,但由于哈特利-福克方程忽略了多体系统中的相关修正能,再具体求解上仍存在不足之处。

进而可以构造单电子近似的理论——密度泛函理论(Density Functional Theory,DFT)及相应的孔恩-沈吕九方程来求解相互作用多体系统[12]。此时,相互作用多体系统的基态问题可以在形式上严格地转化为在有效势场中运动的独立粒子的基态问题。利用局域密度近似将孔恩-沈吕九方程的交换关联能泛函写成定域积分形式,从而能够有效计算基态能量。目前,局域密度泛函理论已经被广泛地应用于凝聚态物理、材料物理、材料化学等学科领域。

2.10 密度泛函理论

密度泛函理论(Density Functional Theory,DFT)一直是凝聚态物理中计算电子结构及其相关性质的有力工具之一。该理论最早由托马斯(H. Thomas)与费米(E. Fermi)提出,经奥昂贝格(Hohenberg)、孔恩(W.Kohn)、沈吕九(Sham)等人进一步发展完善。密度泛函理论提供了一种系统地处理多粒子体系问题的方法,同时也提供了第一性原理计算(First-principles Calculation)方法的理论框架[12,13]。在该框架下,人们可以发展多种多样的能带计算方法。特别是密度泛函理论与分子动力学相结合成了材料科学领域中重要的基础工具和核心技术,在材料模拟、材料设计、材料评价等诸多方面都发挥了重要作用。密度泛函理论在量子化学领域也表现出了巨大的计算能力和应用前景。孔恩因提出密度泛函理论获得了1998年诺贝尔化学奖。

2.10.1 凝聚态物质结构

在凝聚态物理研究领域中,研究的大多数材料都是由多原子构成的复杂体系。在这些材料中的诸多粒子是由原子核与核外电子组成。更为普适的情况是系统的原子和原子之间存在相互作用,并受到外场的调控。因此,对于计算这些体系的电子性质和描述这些体系的电子结构问题,最终都归于求解体系的薛定谔方程。可以把体系的哈密顿量写为以下普适的形式

$$\hat{H} = \sum_{I=1}^{P} \frac{-\hbar^2}{2M_I} \nabla_I^2 + \sum_{i=1}^{N} \frac{-\hbar^2}{2m_e} \nabla_i^2 +$$

$$\frac{e^2}{2} \sum_{I=1}^{P} \sum_{J=1 \neq I}^{P} \frac{Z_I Z_J}{|R_I - R_J|} + \frac{e^2}{2} \sum_{i=1}^{N} \sum_{j=1 \neq i}^{N} \frac{1}{|r_i - r_j|} - \qquad (2.205)$$

$$e^2 \sum_{I=1}^{P} \sum_{i=1}^{N} \frac{Z_I}{|R_I - r_i|}$$

式中，$R = \{R_I\}$，$I = 1, \cdots, P$ 是表示系统中原子核 P 指标的集合，$r = \{r_i\}$，$i = 1, \cdots, N$ 是表示系统中电子指标 N 的集合，Z_I 和 M_I 分别是 P 原子核的电荷和质量，m_e 为电子的质量。第一项为质量 M_I 原子核的动能；第二项为质量 m_e 电子的动能；第三项为不同原子核之间的库仑相互作用；第四项为电子-电子相互作用；第五项为电子和原子核之间的静电引力。众所周知，电子是费米子，所以整个电子波函数对于两个电子的交换一定是反对称的。根据所研究的对象系统的不同，原子核可以是费米子、玻色子或可分辨的粒子。原则上，可以通过求解多体薛定谔方程 $\hat{H}\Psi(R, r) = E\Psi(R, r)$ 获得系统的所有性质。

在量子力学框架中完全处理该问题是不现实的。完整的解析求解只能在少数情况下进行。即使数值方法求解也只能求解比较少的粒子数情况。这种困难来源于系统的以下几个特性。首先，这是一个多组分构成的多体系统，其中每个组分(如每类原子核和电子)服从一个特定的统计规律。第二，由于库仑相互作用(静电力)，完整的波函数不能较容易地被分解。也就是，上述完整的多体薛定谔方程不能很容易地分解成一组独立的方程。因此，必须处理体系中的多个耦合自由度。上述问题的求解通常选择一些合理的近似来处理，如①原子核和电子自由度的绝热近似与②原子核的经典处理。

2.10.2　绝热近似下的多电子体系

在研究多粒子体系时，可以假设将物质分割为原子核与核外电子运动两个部分。我们知道原子核运动的时间尺度通常比电子的时间尺度慢得多。电子的质量与质子相比小很多，电子质量大约是质子质量的 1/1836，这意味着电子的速度要大得多。因此，在量子力学的早期就有人提出，在计算过程中，主要考虑电子的运动，那么可认为原子核在其原来位置上保持不动。在考虑原子核的运动时，忽略电子电荷密度在空间中随时间的变化，这个思想就是著名的伯恩-奥本海默(Born-Oppenheimer)绝热近似[14]。

在绝热近似下，研究多粒子体系时，可以将电子运动和原子核运动分开。系统的波函数可以表示为

$$\Psi = \Psi^e(r) \times \Psi^N(R) \qquad (2.206)$$

式中，$\Psi^e(r)$、$\Psi^N(R)$ 分别是电子波函数部分和原子核波函数部分。多体薛定谔方程表示为

$$\hat{H}\Psi = [\hat{H}^e + \hat{H}^N]\Psi^e \Psi^N \qquad (2.207)$$

对于多电子体系部分，薛定谔方程可表述为如下形式：

$$\hat{H}^e \Psi^e = [\hat{T} + \hat{V} + \hat{U}] = \left[\sum_{i=1}^{N} \frac{-\hbar^2}{2m_e} \nabla_i^2 + \sum_{i=1}^{N} V(r_i) + \sum_{i=1}^{N} \sum_{j \langle i} U(r_i, r_j) \right] = E\Psi^e$$

$$(2.208)$$

式中，$\hat{H}^e$ 是哈密顿量算符，Ψ^e 是电子波函数，方括号内三项所代表的依次是所有电子的动

能、电子与原子核之间的作用、不同电子之间的相互作用。对于一个 N 电子体系,每个电子有三个方向坐标,薛定谔方程中包含 $3N$ 个变量,对于该多电子体系精确求解仍旧是非常困难的事情。

2.10.3 哈特利-福克近似

描述物质结构的关键问题转变为求解存在原子核产生的外库仑场下的 N 个电子相互作用系统的薛定谔方程。该问题是多体理论中比较困难的问题。比较经典的模型是由少量电子和原子核组成的均匀电子气模型。设计解决这个问题的方案是非常值得的,因为一个系统的电子基态的性质可以让我们了解它的更多特性。

第一种近似是 1928 年哈特利(Hartree)提出的近似,他假设多电子波函数可以写成诸多单电子波函数的简单乘积形式 $\Psi^e = \prod_i \phi_i(r_i)$。每一个单电子波函数 $\phi_i(r_i)$ 都满足一个有效势下的单粒子薛定谔方程[15]:

$$\left(\frac{-\hbar^2}{2m_e} \nabla^2 + V(r_i) \right) = \varepsilon_i \phi_i(r_i) \tag{2.209}$$

该有效势 $V(r_i)$ 以平均场的方式考虑了该波函数的电子与其他电子的相互作用,即

$$V(r_i) = V(r) + \int \frac{\sum_{j \neq i}^{N} \rho_j(r')}{|r - r'|} dr' \tag{2.210}$$

此时,$\rho_j(r') = |\phi_j(r')|^2$ 是粒子 j 的电子数密度。第二项为由电荷分布 $\sum_{j \neq i}^{N} \rho_j(r')$ 产生的经典的静电势。电荷密度中不包括 i 电子的电荷。在此近似下,公式中的有效势把电子-电子相互作用计算了两次。所以,多电子体系的能量不是单粒子薛定谔方程的特征值之和。能量应该被修正为

$$E_H = \sum_{i=1}^{N} \varepsilon_i - \frac{1}{2} \sum_{j \neq i}^{N} \iint \frac{\rho_i(r)\rho_j(r')}{|r - r'|} dr \, dr' \tag{2.211}$$

上述 N 组单电子薛定谔偏微分方程(2.209)可以通过使用试验波函数,相关变分参数使得能量最小来求解。利用方程的解重新计算电子数密度,并重新计算有效势(2.210)的大小。然后继续求解单电子薛定谔偏微分方程(2.209)。该过程可以重复几次直到输入的波函数(有效势)的大小和输出的波函数(有效势)的大小相等为止。该自洽的求解过程被称为自洽哈特利(Hartree)近似。

由于电子是费米子,满足泡利不相容原理(Pauli Exclusion Principle),体系的总的电子的波函数是反对称的。可以利用单粒子反对称波函数 $\varphi_i(\{r_j\})$ 的斯莱特(Slater)行列式来求解该问题。

$$\hat{H}_{HF}^e = \frac{1}{N!} \begin{vmatrix} \phi_1(r_1) & \phi_2(r_1) & \cdots & \phi_N(r_1) \\ \phi_1(r_2) & \phi_2(r_2) & \cdots & \phi_N(r_2) \\ \vdots & \vdots & & \vdots \\ \phi_1(r_N) & \phi_2(r_N) & \cdots & \phi_N(r_N) \end{vmatrix} = \frac{1}{N!} \det[\phi_i(r_j)] \tag{2.212}$$

这个波函数以一种精确的方式引入粒子交换,利用上述斯莱特行列式求解波函数的方法称

为哈特利-福克(Hartree-Fock)近似或者自洽场(self-consistent Field)近似。该近似方法为原子系统提供了一个非常合理的图像,也为原子间的成键提供了一个合理的描述。波函数 $\phi_i(\{r_j\})$ 通常写成高斯型轨道(Gaussian-type Orbital)(如:局域轨道)且满足正交归一 $\int \phi_i(r_i)\phi_j(r_j)=\delta_{ij}$。这些轨道被用来求解式:

$$\delta\{\langle \Psi^e | \hat{H}^e | \Psi^e \rangle - E\langle \Psi^e | \Psi^e \rangle\}=0 \tag{2.213}$$

式(2.213)即为能量的变分原理。

我们认识到哈特利-福克近似通常被用作更复杂计算的开端。例如组态相互作用(Configuration Interaction)方法使用由斯莱特(Slater)行列式线性组合构成的多体波函数,来引入电子关联相互作用。

2.10.4　奥昂贝格-孔恩理论

与哈特利(Hartree)发展电子结构理论的同一时期,20 世纪 20 年代,托马斯(Thomas)和费米(Fermi)提出了全电子数密度是多粒子体系的基本变量的概念,并推导出了电子数密度的微分方程,给出了能量泛函的概念。奥昂贝格(P.Hohenberg)-孔恩(W.Kohn)关于非均匀电子气模型提出了两个定理,奠定了密度泛函理论的理论基础。具体内容如下[16,17]:

定理一:不计自旋的全同费米子系统的基态能量是粒子密度函数 $\rho(r)$ 的唯一泛函。

该定理的推论是,任意一个多电子体系的基态总能量都是电荷密度 $\rho(r)$ 的唯一泛函,$\rho(r)$ 唯一确定了体系的(非简并)基态性质。由于电荷密度 $\rho(r)$ 与电子数 N 直接相关 $\int \rho(r)dr=N$,决定多电子体系薛定谔方程解的电子数 N 由电荷密度 $\rho(r)$ 唯一确定,因此系统的基态波函数及其电子结构性质都由电荷密度 $\rho(r)$ 唯一确定。体系的所有性质也将是基态密度的泛函。所以,多电子体系的基态能量可以表示为以下泛函形式:

$$E[\rho]=\hat{T}[\rho]+\hat{V}_{ee}[\rho]+\hat{V}_{Ne}[\rho]+\hat{V}_{ext}[\rho] \tag{2.214}$$

以上四项分别是电子的动能;电子-电子相互作用;电子-核相互作用和外场。

定理二:当体系的粒子数不变时,能量泛函 $E[\rho]$ 对正确的粒子数密度函数 $\rho(r)$ 取极小值,就可以得到基态能量。

该定理表明,体系内粒子电荷密度可唯一确定非简并体系的基态特性。如果知道该体系粒子密度的具体函数,那么就可以唯一确定体系基态性质。由奥昂贝格-孔恩理论就可以根据含三个空间变量的电荷密度函数,而不用完全求解含 $3N$ 个变量的波函数,来求薛定谔方程的解,得到基态能量。按照以上定理,在电子数恒定的约束条件下:$\int \rho(r)dr=N$,基态能量满足

$$\delta\left\{E[\rho]-\mu\left[\int \rho(r)dr - N\right]\right\}=0 \tag{2.215}$$

当体系的基态能量获得后,就可以预测体系的很多性质,如分子的键长、振动频率、固体的晶胞边长等。因此,计算获得系统的基态是非常有用的。

2.10.5　孔恩-沈吕九方程

由多电子体系的基态能量泛函 $E[\rho]$ 可以确定多电子体系的基态能量以及相关性质可

知,确定体系的能量泛函 $E[\rho]$ 的具体表述形式很重要。孔恩等人引入了一个与相互作用多电子体系有相同电子数密度的假想的非相互作用多电子体系。基于此,把能量泛函分成两部分,一部分为无相互作用的电子的动能;另一部分为多电子相互作用相关的,能够做近似处理的能量部分。并定义 $\phi_i(\boldsymbol{r})$ 为密度函数 $\rho(\boldsymbol{r})$ 对应的孔恩-沈吕九轨道。将能量泛函对孔恩-沈吕九轨道进行变分可以得到著名的孔恩-沈吕九方程[14-15]:

$$\left(-\frac{h}{2m}\nabla^2+v_H(\boldsymbol{r})+V_{ext}(\boldsymbol{r})+V_{xc}(\boldsymbol{r})\right)\phi_i(\boldsymbol{r})=\varepsilon_i\phi_i(\boldsymbol{r}) \tag{2.216}$$

式中,$v_H(\boldsymbol{r})$,$V_{ext}(\boldsymbol{r})$,$V_{xc}(\boldsymbol{r})$ 分别是哈特利-福克(Hartree-Fock)势(可类比库仑势)、外扰势和交换关联势,并定义交换关联势为

$$\frac{\delta E_{xc}[\phi^*(\boldsymbol{r}),\phi(\boldsymbol{r})]}{\delta\phi_i^*(\boldsymbol{r})}=V_{xc}(\boldsymbol{r})\phi_i(\boldsymbol{r}) \tag{2.217}$$

在孔恩-沈吕九方程中,有效势 $v_{eff}=v_H(\boldsymbol{r})+V_{ext}(\boldsymbol{r})+V_{xc}(\boldsymbol{r})$ 由电子数密度决定。而电子数密度又由方程的本征函数孔恩-沈吕九轨道(波函数)求得 $\rho(\boldsymbol{r})=\sum_i|\phi_i(\boldsymbol{r})|^2$。因此,这里需要自洽求解孔恩-沈吕九方程。这种自洽求解过程也被称为自洽场方法。

孔恩-沈吕九方程本身是严格的,并未做包括单粒子近似在内的任何近似。孔恩-沈吕九轨道的电子密度与真实基态多体波函数的电子密度相同,但是孔恩-沈吕九轨道并不是真实基态波函数,其轨道也不存在独立电子轨道的图像。辅助波函数是用来得到体系的基态电子密度的,只是求解基态电子密度的一种辅助工具。而哈特利-福克近似下的波函数却可以看成是真实的轨道。

孔恩-沈吕九能量泛函使人们有可能通过近似方法来描述与电子数密度相关的交换关联能,将相互作用的多体问题转化为由单体势关联的单体问题,并能够求解多粒子体系的基态。密度泛函理论(Density Functional Theory,DFT)的发展就是寻求合适的交换关联泛函以求解孔恩-沈吕九方程。目前,人们已经发展了局域密度近似(LDA)、局域自旋密度近似(LSDA)、广义梯度近似(GGA)和 X3LYP 等[24]。

需要指出的是,传统的密度泛函理论——局域密度近似理论能够成功地求解多电子体系基态性质,但是对于激发态性质的描述与实验结果不符。原因主要在于①激发态本身存在复杂性质;②密度泛函理论—局域密度近似理论存在着对激发态描述的困难。此外,密度泛函理论——局域密度近似理论,对具有强关联相互作用的体系的描述也不理想。

2.10.6 自洽密度泛函理论计算

在前面的讨论中已经详细介绍了密度泛函理论(Density Functional Theory,DFT)的基本内容。在实际的材料模拟计算中如何运用密度泛函理论求解,可以通过流程图做以下说明。如图 2.2 所示,该过程是一个完整的基于密度泛函理论的自洽计算流程示意图。首先,需要给出一个试探电荷密度 $\rho(\boldsymbol{r})$,代入系统的哈密顿量,通过选择合适的基组,求解孔恩-沈吕九方程的本征值和本征矢。这里可以计算得到一个新的电荷密度 $\rho'(\boldsymbol{r})$,将该电荷密度与上一次计算的电荷密度进行比较,如果达到收敛则完成了计算过程;如果没有收敛,则将电荷密度 $\rho'(\boldsymbol{r})$ 和 $\rho(\boldsymbol{r})$ 进行某种算法的混合,构建一个新的电荷密度 $\rho''(\boldsymbol{r})$。然后,把新

的电荷密度 $\rho''(r)$ 作为初始电荷密度重新代入系统的哈密顿量,求解系统的本征方程,一直如此循环直到电荷密度达到收敛。整个自洽求解过程才算结束,并进一步计算需要求解的物理量,预测系统中新的物理性质[18-24]。

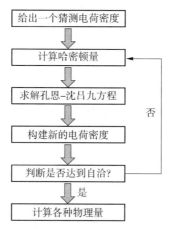

图 2.2　自洽密度泛函理论计算示意图

2.11　强关联电子体系

　　建立在单电子近似基础上的能带理论认为价电子在晶体中的运动是彼此独立的。这不仅忽略了电子-声子相互作用,而且也忽略了电子之间的相互作用。强关联体系中电子-电子的相互作用比较强,这种强关联效应不能被忽略。因此,强关联体系已经超出了能带理论的求解范畴。用于描述强关联体系的模型之一为哈伯德模型(Hubbard model)

$$H = \sum_{i,j} \sum_{\sigma} T_{ij} c_{i\sigma}^+ c_{j\sigma} + \frac{U}{2} \sum_i \sum_{\sigma} n_{i\sigma} n_{i\bar{\sigma}} \tag{2.218}$$

　　此模型中包含了关联相反自旋电子之间的排斥势 U。该排斥势对于超导、金属-绝缘体相变、杂质磁性都有重要的影响和意义。

　　对于求解哈伯德模型,常用的方法之一是双时格林函数(two-time Green's function)的运动方程方法。通过该方法可以求得单粒子格林函数为

$$G_k^{\sigma}(\omega) = \frac{\omega - T_0 - U(1 - \langle n_{\bar{\sigma}} \rangle)}{(\omega - E_k)(\omega - T_0 - U) + \langle n_{\bar{\sigma}} \rangle U(T_0 - E_k)} \tag{2.219}$$

式中,T_0 为能带电子的平均能量,U 为自旋相反电子之间的排斥势,E_k 为能带电子的能量。

　　哈伯德模型以及基于该模型的 t-j 模型都是用于描述强关联电子系统的基本模型,可用于解释超导现象、金属磁性问题、重费米子问题等。对于强关联电子系统最常用的模型是安德森(Anderson)杂质模型,也称 s-d 混合模型:

$$H = \sum_{i,\sigma} E_{i\sigma} c_{i\sigma}^+ c_{i\sigma} + \sum_{\sigma} E_{d\sigma} d_{\sigma}^+ d_{\sigma} + \frac{U}{2} \sum_{\sigma} n_{d\sigma} n_{d\bar{\sigma}} + \sum_{i,\sigma} V_{id} (c_{i\sigma}^+ d_{\sigma} + d_{\sigma}^+ c_{i\sigma}) \tag{2.220}$$

该模型的哈密顿量由四部分组成,分别是金属中能带电子的哈密顿量;杂质原子的 d 态哈

密顿量;杂质原子 d 电子的关联能;杂质原子与金属能带的耦合项。利用格林函数方法可以得到 d 电子的哈特利-福克(Hartree-Fock)近似解:

$$\begin{cases} \langle\langle d_\sigma | d_\sigma^+ \rangle\rangle_{\omega+\mathrm{i}\eta} = \dfrac{1}{\omega - E_{d\omega} - U\langle n_{d\bar{\sigma}}\rangle + \mathrm{i}\varGamma} \\[3mm] \langle\langle d_\sigma | d_\sigma^+ \rangle\rangle_{\omega-\mathrm{i}\eta} = \dfrac{1}{\omega - E_{d\omega} - U\langle n_{d\bar{\sigma}}\rangle - \mathrm{i}\varGamma} \end{cases} \tag{2.221}$$

进而可以求得相应的物理量(如占据数、态密度、磁化率等),并能够说明非磁性金属基底中杂质磁矩的形成条件。

对于强关联电子体系材料,因其电子结构比较复杂,如果同时考虑影响材料性质的所有因素,目前现阶段是不现实的。因此,这里需要针对强关联电子体系材料求解基本的强关联模型,这些模型包括各种格子的哈伯德模型、带磁阻挫的自旋系统和 t-J 模型等。同时,需要进一步发展求解强关联电子体系的量子理论方法,以研究和描述强关联电子体系材料的丰富的物理相图和相关特性[25,26]。近年来发展起来的许多量子多体数值计算方法,包括严格对角化、量子蒙特卡罗、密度矩阵重整化群、数值重整化群方法、张量网络态等都在不同的角度和适用范围求解了强关联电子体系,并给出了强关联电子体系诸多的新奇物理现象和量子特性。但同时,目前的数值方法也有缺陷,并不能完全求解强关联电子体系材料的所有物理性质,例如严格对角化方法只适用于很小的系统;量子蒙特卡罗可以计算较大的系统并被广泛应用,但模拟费米子系统和有阻挫的自旋系统时经常会出现负概率问题。近年来发展的张量网络态虽然没有量子蒙特卡罗方法遇到的负概率问题,但存在计算复杂度高和计算时间长的突出缺点。因此,仍需要进一步发展和开发量子多体计算方法,推动强关联电子体系量子理论的发展和应用,以探究强关联电子体系材料的基本物理图像和相关物理特性。

本章参考文献

[1] 周世勋.《量子力学教程》[M].北京:高等教育出版社,2008.

[2] 邹鹏程.量子力学[M].2 版.北京:高等教育出版社,2003.

[3] 曾谨言.量子力学导论[M].2 版.北京:北京大学出版社,1998.

[4] 倪光炯,陈苏卿.高等量子力学[M].上海:复旦大学出版社,2000.

[5] 周世勋.量子力学教程[M]. 北京:高等教育出版社,1979.

[6] 曾谨言.量子力学(卷Ⅰ)[M].3 版.北京:科学出版社,1990.

[7] 曾谨言.量子力学(卷Ⅱ)[M].4 版.北京:科学出版社,2007.

[8] 王怀玉.量子力学的三种绘景[J].大学物理,2018,37:12.

[9] 李正中.固体理论[M].北京:高等教育出版社,2002.

[10] 阎守胜,甘子钊.介观物理[M].北京:北京大学出版社,1995.

[11] BüTTIKER M. Voltage fluctuations in small conductors[J].Physical Review B,1987,35:4123-4126.

[12] SHOLL D S, STECKEL J A,密度泛函理论[M].北京:国防工业出版社,2014.

[13] 冯端,金国钧.凝聚态物理学[M].北京:高等教育出版社,2003.

[14] HOHENBERG P，KOHN W. Inhomogeneous electron gas[J].Physical Review，1964，136：B864-B871.

[15] HARTREE D R. The wave mechanics of an atom with a non-Coulomb central field [J]. Mathematical Proceedings of the Cambridge Philosophical Society，1928，24 (1)：89-110.

[16] PERDEW J P，CHEVARY J A，VOSKO S H，et al.Erratum：atoms，molecules，solids，and surfaces：applications of the generalized gradient approximation for exchange and correlation[J].Physical Review B，1993，48：4978.

[17] KOHN W SHAM L J. self-consistent equations including exchange and correlation effects[J].Physical Review，1965，140：A1133-A1138.

[18] VENTURA O N，Transition states for hydrogen radical reactions：LiFH as a stringent test case for density functional methods[J].Molecular Physics，1996，89(6)：1851-1870.

[19] CENICEROS H D，FREDRICKSON G H. Numerical solution of polymer self-consistent field theory，SIAM Journal on Multiscale Modeling and Simulation 2004，2(3)：452-474.

[20] BORN M，OPPENHEIMER J R. Zur quantentheorie der molekeln[J]. Annalen der Physik，1927，389：457-484.

[21] KOHN W，BECKE A D，PARR R G. Density functional theory of electronic structure[J]. The Journal of Physical Chemistry，1996，100 (31)：12974-12980.

[22] HARTREE D R，HARTREE W. Self-consistent field，with exchange，for nitrogen and sodium，proceedings of the royal society of london. Series A，Mathematical and Physical Sciences，1948，193：299-304.

[23] TOMOHITO T，KATSUYUKI M，YUICHI I，et al. First-principles study on structures and energetics of intrinsic vacancies in $SrTiO_3$[J]. Physical Review B-Condensed Matter and Materials Physics，2003，68：205213.

[24] 李震宇,贺伟,杨金龙.密度泛函理论及其数值方法新进展[J].化学进展,2005,17 (2):192-202。

[25] VIGNALE G，KOHN W. Current-dependent exchange-correlation potential for dynamical linear response theory[J]. Physical Review Letters，1996，77(10)：2037.

[26] VENTRA M D. Electrical transport in nanoscale systems[M]，Cambridge university press，New York，2008.

第 3 章　介观体系的量子效应

3.1　量子隧穿效应

在量子领域中,电子等微观粒子有概率能够穿过高能量势垒,同时也会存在粒子反射回来的概率的行为,即量子隧穿效应(Quantum Tunnelling Effect)。该效应是粒子的波粒二象性的体现,是反映微观粒子的波动性的一种基本效应[1-3]。本节将以隧穿结为例对量子隧穿效应进行介绍。

对于两块金属(或半导体)之间夹一层极薄绝缘体层结构,就构成了一个电子的隧穿结,称为"结"元件。其中绝缘层称为势垒,如图 3.1 所示,用高度 U_0 和宽度 a 来表示。处在势垒左边金属中的电子能量设为 E。处在势垒右边的电子认为是自由电子,势能为零。势场方程为

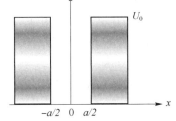

图 3.1　势垒隧穿示意图

$$U(x)=\begin{cases} U_0 & -\dfrac{a}{2}<x<\dfrac{a}{2} \\[2mm] 0 & x>\dfrac{a}{2},x<-\dfrac{a}{2} \end{cases} \quad (3.1)$$

在经典物理中认为,当电子遇到高能量的势垒时是不会穿过势垒的。在 $E<U_0$ 条件下,电子被反射回去的概率为 1。在 $E>U_0$ 条件下,电子运动到 $x>-\dfrac{a}{2}$ 的区域的概率为 1。但是,在量子力学中,则认为对于能量大于 U_0 的粒子束运动到势垒边缘,反射率一般不为零,会有部分电子做反向运动。对于能量低于势垒的粒子,其穿透势垒的概率也不为零。该穿透概率与势垒的宽度 a 有关,与势垒的能量 U_0 和电子自身的能量 E 有关。这种粒子在能量低于势垒的情况下,能够穿过势垒甚至穿透一定宽度的势垒而逃逸出来的现象称为隧道效应。粒子的运动可以用遵循薛定谔方程的波函数描述。通过求解薛定谔方程就可以知道电子在各个区域出现的概率密度,并进一步可以知道电子穿过势垒的概率。由于穿过势垒的概率随着势垒的宽度指数衰减,所以隧道效应在宏观上是不容易被观察到的。

实验上发现的一些新奇现象,比如:氢原子激发态的自电离、原子核的阿尔法衰变、电子的冷发射现象等都与量子隧穿效应有关,可以通过量子隧穿理论来解释。在实际应用中,利用跃迁原理和量子隧穿效应,可以制备存储器、处理器等半导体器件。量子隧穿效应也被应用在其他如半导体物理学、超导体物理学等领域。另外,量子隧穿效应一个重要应用是扫描隧道显微镜。格尔德·宾宁(Gerd Binnig)和海因里希·罗雷尔(Heinrich Rohrer)于 1981 年发明了扫描隧道显微镜,它克服了普通显微镜的极限问题(波长限制、像差限制等),可以用隧穿电子来扫描一个物体的表面,获得原子级的高分辨率[4-7]。

对于量子点系统,量子隧穿效应同样存在。量子点输运系统的基本模型是电极-量子点-电极,由于其特殊几何尺寸会产生分离的能级,这样电子就会累积到量子点的能级上。如果量子点之间距离较近时,电子在它们之间会有一定概率的隧穿产生,因此在量子点系统中同样会产生量子隧穿效应。随着加工工艺技术的精进,量子点器件更加小巧,量子点中的量子隧穿效应也更加明显,电子跃迁到相邻量子点上的隧穿概率会逐渐增大。利用量子点系统具有的储存和转移电子的能力,可以设计大容量的量子储存器件和运算处理器。这些器件将在计算机的信息储存以及处理方面发挥重要的作用。

3.2 库仑阻塞效应

3.2.1 库仑阻塞效应简介

库仑阻塞效应(Coulomb Blockade Effect)是介观体系中一种典型的量子效应,且与电子隧穿现象紧密相关。20世纪初,密立根(Millikan)油滴实验是最早测定电子电荷的实验。20世纪 80 年代,隧道式扫描显微镜等先进的测量工具的诞生,使得人们可以在原子尺寸的量子体系上开展电子测量与调控的相关实验工作[7,8]。1951 年,戈特(C.J.Gorter)研究小组最先发现并提出了库仑阻塞(Coulomb Blockade)这一概念,并解释了颗粒状金属电阻在低温环境下的反常增大行为[9]。他们认为材料中的每一个金属粒子与它四周的粒子在电学上呈绝缘状态,相互之间存在着隧穿势垒。库仑阻塞是单电子隧穿的基础[10,11]。单电子隧穿现象是介观系统中最重要的现象之一,也是纳米科技中起支配作用的规律之一。1985 年苏联物理学家利哈廖夫(K.K. Likharev)等预测可以通过人工控制单个电子进出库仑岛的运动,这为制造具有重要应用价值的单电子器件提供了指导[12]。富尔敦(T. A.Fulton)和多兰(G.J.Dolan)于 1987 年制成了第一支单电子晶体管,通过实验验证了单电子现象[13]。

库仑阻塞现象可以说实现了严格意义下的人工单电子操控。下面先讨论由两个金属电极中间夹一个很薄的绝缘层形成的小隧道结(MIM)体系,如图 3.2 所示。当电子从左极板隧穿至右极板时,右极板电荷增加 e,隧道结的电压改变为 $\Delta V = e/C$,同时静电能会增加 $\varepsilon_c = e^2/2C$。从经典物理的角度看,这是一个电容器,在一般情况下,若隧道结的面积较大,单电子隧穿效应引发的隧道结电压的改变并不明显;如果隧道结足够小(尺度在纳米、微米量级),它的电容 C 也非常小,那么加入单个电子到隧道结后的静电能 $\varepsilon_c = e^2/2C$ 将会比较大而不能忽略。第二个电子进入时,将受到前一个电子的库仑排斥。这一电子的静电能对电子传输的阻塞称为库

图 3.2　隧道结中的电子隧穿

仑阻塞(Coulomb Blockade)。这是一种单电子效应,电子所带的电荷是分立的。

库仑阻塞现象发生要满足以下两个条件:一个是单电子的静电能要远大于它的热涨落的能量 $\varepsilon_c \gg k_B T$(k_B 为玻尔兹曼常数,T 为绝对温度),即隧道结要足够小,工作温度要足够低。第二个条件是电子的静电能要大于电子隧穿的能量涨落(能量测不准关系)。如单电子隧穿过程的特征平均时间为 τ_T,隧穿电压为 R_T,则有 $\tau_T = R_T C$,而隧穿的过程中能量的量子涨落为 $\Delta \varepsilon = h/\tau_T$。静电能应满足条件 $\varepsilon_c \gg h/R_T C$ 或 $R_T \gg h/e^2$。

理论上,艾弗林(Averin)和利哈廖夫(Likharev)发现在一个相当大的结电压的范围内,单电子的电流在低温下会因库仑相互作用而被阻塞[12]。在实验上,人们利用通过扫描式隧

道显微镜在很多介观系统中观测到了阶梯状电流-电压($I-V$)曲线,并验证了观察到的现象就是库仑阻塞效应,如图 3.3 所示[14,15]。所以,库仑阻塞效应不仅是一种有趣的量子物理现象,同时还潜藏着巨大的应用前景,如研发全新的电路及器件来提高集成度。目前,研制基于库仑阻塞效应的单电子遂穿的单电子器件成为重要的研究方向之一。

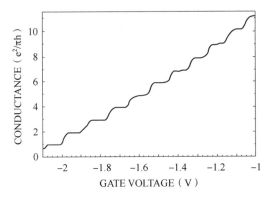

图 3.3　介观体系中量子化电导台阶(引自文献[15])

3.2.2　量子点中的库仑阻塞效应

当量子系统的尺度极小到纳米级时,其静电能的变化程度远远超过了热涨落的能量 k_BT 的变化程度,此时系统的电荷呈"量子化"。考虑到能量不守恒定理和泡利不相容原理,纳米级别的量子点体系中的电子是不能集体输运的,即系统是电荷体系量子化的。此时量子点系统的充、放电过程都不连续,前一个入射到系统的电子相对于后一个入射电子的库仑阻塞能 E_c 非常大,导致电子只能一个接一个地传输,而不能普遍集体传输。每当系统增加或者减少一个电子,系统便会吸收或者释放 $e^2/2C$ 的能量,其中 e 为电子的电荷,C 为体系的电容,相应能量 E_c 称之为库仑阻塞能。阻塞能 E_c 的存在,会阻止多余的电子继续进入量子点,这种阻塞电子传输的现象即为量子点中的库仑阻塞效应[16,17]。如果要想克服库仑阻塞效应,让电子继续填充进入量子点体系,则需要改变系统的量子点能级。实验上,一般从降低电子化学势和改变量子点栅极门电压这两个方面入手。

为了清楚地了解量子点输运中的库仑阻塞效应,可以考虑一个单量子点与两端金属电极相连的体系。这里假设量子点中只有两个自旋劈裂的能级,则整个体系的哈密顿量可以写为

$$H = \sum_{ka\sigma}\varepsilon_{ka}c_{ka\sigma}^{\dagger}c_{ka\sigma} + \sum_{ka\sigma}(t_{ka}c_{ka\sigma}^{\dagger}d_{\sigma} + t_{ka}^{*}d_{\sigma}^{\dagger}c_{ka\sigma}) + \sum_{\sigma}\varepsilon_{\sigma}n_{\sigma} + Un_{\uparrow}n_{\downarrow} \tag{3.2}$$

式中,$\varepsilon_{\sigma} = (\bar{\varepsilon}_{\sigma} - eV_g)$ 是量子点中自旋相关的能级,V_g 是门电压,U 是电子与电子间的库仑排斥作用,$n_{\sigma} = d_{\sigma}^{\dagger}d_{\sigma}$ 是量子点上的粒子数算符。

当两端电极间所施加的偏压很小时,可以通过研究线性电导的特性来了解库仑作用对量子点体系输运的影响。当两端电极的费米面与量子点最低的能级 ε_{σ} 持平时,左端电极上带有自旋 σ 的电子就可以跃迁到量子点上,然后隧穿到右电极。此时量子点的线性电导就会在能级 ε_{σ} 位置处出现一个电导峰,如图 3.4 所示。当两端电极的费米面高于 ε_{σ} 时,量子点的最低能级 ε_{σ} 就会被带有自旋 σ 的电子占据。此时,由于库仑排斥作用,电极中的电子

隧穿到量子点的过程将会被阻止,导致电导在较大区域内为零。当两端电极的费米面等于 $\varepsilon_{\bar{\sigma}}+U$ 时,环境提供足够的能量克服量子点中电子间的库仑排斥作用,导致一个带有相反自旋 $\bar{\sigma}$ 的电子从左端电极隧穿到量子点中进而达到右端电极。此时,量子点的线性电导在能级位置 $\varepsilon_{\bar{\sigma}}+U$ 处出现一个新的电导峰。两个共振峰中间的能级间距与库仑排斥作用强度相等,这就是线性电导中库仑阻塞的特征。线性电导的这两个相邻共振峰中间的区域也被称为库仑阻塞区域。当两端电极的费米面继续升高时,由于量子点已经被两个带有相反自旋的电子占据,泡利不相容原理将导致不再有电子能够进入到量子点体系中,所以线性电导又变为零。通过线性电导随化学势的变化曲线,就可以清楚地看出库仑作用在量子点系统的电子隧穿过程中的影响。

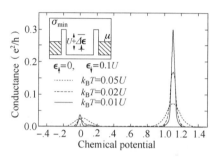

图 3.4 量子点系统电导随化学势的变化出现库仑阻塞效应(引自文献[17])

3.3 法诺效应

法诺效应(Fano effect)是介观系统中研究量子输运的物理对象之一,其优点是人们可以通过外加条件来调节法诺效应相关的参数。法诺效应的研究对于理解纳米器件中的相关量子性质和输运特性具有重要意义,下面来介绍法诺效应的有关知识。

1961 年意大利裔美国物理学家雨果·法诺(Ugo. Fano)利用微扰理论解释了电子与氦间的非弹性散射的散射线型(即伊特乐-法诺(Beutler-Fano)公式)[18]。在电子和氦的非弹性散射和自离子化中,当入射电子将氦双激发至 2s2p 态后,就会形成某种形式的共振。法诺证明了入射电子的散射振幅与自离子化电子的散射振幅间的干涉会在自离子化的能量附近形成非对称的散射线型。该非对称的散射线型是由两种散射振幅的干涉形成,一种形式是连续态的散射;另一种形式是离散态的激发,被后来称为法诺线型,也称为法诺效应。后来,人们发现法诺效应能够在较多的介观体系中产生且被观察到,如:阿哈罗诺夫-玻姆(Aharonov-Bohm)效应干涉仪、量子点、量子线和碳纳米管等[19,20]。产生法诺效应的系统具有以下三个显著特点:①离散态和连续态的共振耦合导致离散能级发生有限大小的展宽。②在离散能级的上下,整个系统的波函数会发生相位移动,并且这个相位移动是在有限宽度上连续过渡完成的。③如果系统能够通过这个共振通道演化,并且和另外一个非共振通道发生相互干涉时,会在能谱上的能级附近产生非对称的线型,即法诺线型。

法诺预测在一个系统中,从任意的初态将会产生两种跃迁方式,直接通过连续的能级跃迁和通过有共振的能级跃迁,这两种方式的相互干涉就会使得在跃迁概率中产生典型的不

对称线型。法诺效应是连续态和离散态之间相互干涉产生的结果。跃迁概率非对称线型公式为

$$\sigma = \frac{(\varepsilon+q)^2}{(\varepsilon^2+1)} \tag{3.3}$$

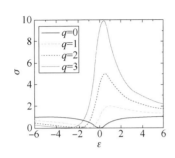

图 3.5　不同 q 值时的法诺线型

式中，$\varepsilon = 2(E-E_d)/\Gamma_d$，$E$ 是入射电子的能量，E_d 表示分立态的能量，Γ_d 是法诺线型共振线宽，q 为非对称度，表示离散态和连续态的激发概率比值。当 $q=0$ 时，线型是一种反对称线性，线型的形状主要是由能量向连续态跃迁决定；当 $q=1$ 时，线型为非对称的法诺线型，能量向两种态跃迁的概率基本相同。随着 q 的增大，法诺线型将趋于对称的洛伦兹线型，如图 3.5 所示。

　　自从法诺提出量子干涉效应引起的波谱不对称的现象以来，法诺效应的研究已经推广到固体物理、核物理、凝聚态物理和分子物理等领域。这一效应在介观系统（如量子阱、量子点等）中的出现也将会应用于如表面杂质、无反转的激光和自旋过滤器等领域。

　　对于量子点系统也可以在特定条件下探测到法诺效应。戈尔斯（Göres）等人在单电子晶体管中首先发现法诺效应，通过实验观察到了电导峰呈反对称线型[20]。当考虑电子隧穿进入量子点系统中形成传导电子态，用扫描隧道显微术（STM）测量系统的态密度时，系统费米面处近藤共振也会使得态密度产生法诺线型。无论量子点的能级是单粒子轨道还是近藤效应导致的多体共振，法诺线型都是可以独立出现的。叠加在法诺线型上的是由在位能级的势散射引起的弗里德尔（Friedel）振荡，近藤共振峰的移动是由于在位能级和近藤共振之间的能级排斥。法诺线型的不对称因子 q 是一个与频率相关的不对称函数 $q(\omega)$。法诺效应现象广泛存在于单量子点系统、侧联耦合双量子点系统和侧联耦合三量子点系统中。量子点系统中离散的能级和多体的近藤共振将会导致法诺线型的出现。通过研究系统的谱函数（或局域态密度）和零偏压电导对于温度的依赖关系，可以进一步明确在该系统中法诺效应的存在。

3.4　近藤效应

3.4.1　金属中的近藤效应

　　19 世纪 30 年代，实验科学家在对具有磁性原子的稀磁合金（Au、Cu 等简单金属掺入过渡或稀土元素）输运性质和热动力学性质研究时发现了一种奇怪的电阻现象。随着温度的下降，金属的电阻-温度曲线会出现一个极小值。温度进一步降低，金属的电阻将会反常地增加，最后趋于一个饱和的常数，如图 3.6 所示[21]。伴随着这一特定温度下出现的电阻极小现象，还出现了系统的磁化率偏离居里（Curie）定律，有效磁矩随温度降低连续减小，以及比热和热功率在较低温度下出现宽峰等一系列反常现象。后来的实验表明电阻的极小、磁化率的反常行为都与系统中的局域杂质原子的磁矩有关，且在稀磁合金中同样发现了类似的电阻的变化趋势，如图 3.7 所示[22]。

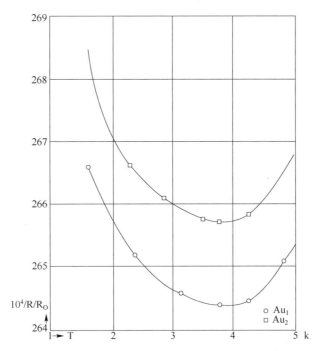

图 3.6　金属金（Au）的电阻随温度的变化趋势，随着温度的降低出现电阻极小现象（引自文献[21]）

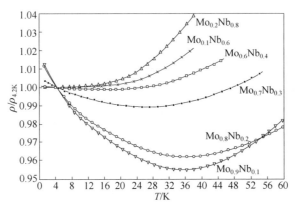

图 3.7　含有 1% 铁原子的 MoxNb1-x 合金的约化电阻率随温度的变化趋势（引自文献[22]）

　　为了解释这一反常行为，1964 年，近藤纯（Jun. Kondo）认为该现象和电子的自旋密切相关[23-25]，考虑单个磁性杂质与传导电子之间的交换作用，提出了描述这一现象的近藤模型

$$H_{sd} = \sum_{k\mu} \epsilon_k C_{k\mu}^{\dagger} C_{k\mu} - \frac{J}{N} \sum_{kk'\mu\mu'} \hat{S} \cdot C_{k\mu}^{\dagger} \hat{\sigma}_{\mu\mu'} C_{k'\mu'} \tag{3.4}$$

式中，$C_{k\mu}^{\dagger} \hat{\sigma}_{\mu\mu'} C_{k'\mu'}$ 是采用了阿布里科索夫（Abrikosov）表示的巡游电子的自旋，第二项为传导电子与局域杂质的反铁磁相互作用。近藤利用微扰方法求解计算，将第二项视为微扰项。在一级近似下，能给出剩余电阻为

$$R_0 = AJ^2 S(S+1) \tag{3.5}$$

在三阶微扰下，可以算出磁性杂质的电阻为

$$R_{杂质} = R_0 \left\{ 1 + 4J\rho_F \ln\left(\frac{k_B T}{D}\right) + \cdots \right\} \tag{3.6}$$

对于铁磁型的 s-d 耦合作用($J > 0$),杂质电阻随温度降低而单调减小;对于反铁磁型的 s-d 耦合作用($J < 0$),杂质电阻包含以下部分 $R_{杂质} = a - b\ln T$,表明杂质电阻随着温度的降低对数式增加。该项和热声子电阻项 AT^5 正好组合成电阻极小现象。

近藤不仅成功地解释了电阻极小现象,更在于他提出的问题。当温度趋向于零温时,该模型导致的对数发散行为与实验严重不符,这就是所谓的近藤问题(Kondo Problem)。近藤的微扰理论也在低温区域失效。1960 年到 1970 年之间大量的工作者着眼于该问题的解决,并相继提出了 s-d 模型、t-J 模型等。阿布里科索夫(Abrikosov)和米格达尔(Migdal)提出了改进的计算方法,消除了 $T \to 0$ K 的发散并给出了特征温度-近藤温度(T_K)[26]。

近藤模型唯象地引入了局域杂质磁矩和传导电子的相互作用,但并未给出更详细的解释。其实,早在 1961 年,安德森(P.W.Anderson)在研究过渡金属原子掺杂的磁性行为时,就提出了安德森杂质模型,并给出了局域磁矩形成的条件[27]:

$$H = \sum_{\mu} d_\mu^\dagger d_\mu + U n_\uparrow n_\downarrow + \sum_{k\mu} V_{k\mu}(d_\mu^\dagger c_{k\mu} + c_{k\mu}^\dagger d_\mu) + \sum_{k\mu} c_{k\mu}^\dagger c_{k\mu} \tag{3.7}$$

式中,ϵ_μ 是杂质的能级,而 U 是杂质电子-电子之间的相互作用,杂质原子仅有一个单轨道能级,包含 0,1 或者 2 个电子,双占据时需要增加能量 U。

由于束缚在局域杂质上的电子的库仑排斥力将在能量上不允许包含单一的电子。安德森引入了局域电子之间的短程相互作用能 U,这个能量必须被分配到局域杂质上的两个电子上,这个能量在第二项中被包含了进去,导致了观察到了局域磁矩。三个局域点的可能充电状态的能量如图 3.8 中所示。如果基态对应于局域杂质的单独占据,那么这个杂质会包含一个净的 $-1/2$ 的自旋。$V_{k\mu}$ 是杂质和费米海中传导电子之间的耦合,允许局域杂质的电子离开位置并进入费米海中,同时允许费米海中的电子回到局域杂质。当 $V_{k\mu}$ 较小时,弱耦合强度下,等价于 s-d 模型。这些过程可以用二阶微扰理论来解释,微扰项分别为

$$\Delta H = -\sum_{kk'\mu\mu'} \frac{V_{k\mu}^* V_{k\mu'}}{U + \varepsilon_\mu - \varepsilon_{\mu'}} c_{k\mu}^+ c_{k'\mu'} d_\mu d_\mu^+ \text{、} \Delta H = \sum_{kk'\mu\mu'} \frac{V_{k\mu}^* V_{k\mu'}}{\varepsilon_\mu - \varepsilon_{\mu'}} c_{k\mu}^+ c_{k'\mu'} d_\mu d_\mu^+$$

这些项是通过暂时影响一个激发态来改变系统状态的二阶流程。反铁磁相互作用项 J 是一个形式大致为 $\frac{V_{k\mu}^* V_{k\mu}}{\varepsilon_F - \varepsilon_\mu}$ 的加总项。式中的分子项是局域杂质和费米海之间的耦合,它可以被表示成隧穿率 $|t|^2 = V_{k\mu}^* V_{k\mu}$,分母是局域位置与费米能级之间的能量差。

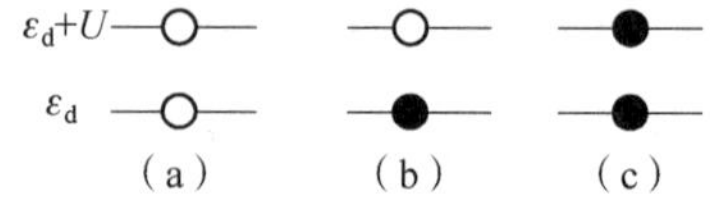

图 3.8　杂质态的不同结构

(a)$E=0$;(b)$E=\varepsilon_{d,\uparrow(\downarrow)}$;(c)$E=2\varepsilon_d+U$(引自文献[23])

安德森杂质模型从微观的角度解释了局域杂质磁矩形成的机制。在 1966 年,施里弗

(Schrieffer)和沃尔夫(Wolff)通过投影算符技巧,在单占据条件下以及耦合$V_{k\mu}$较小时,推导得出安德森模型和近藤模型是等价的[28]。安德森模型对杂质采用局域化描述,对金属中传导电子采用离域化描述,包含更为丰富的自旋涨落和电荷涨落等信息,可以比较方便地获得稀磁杂质金属(或者合金)的低温下的电子态,而且可以推广为周期性模型,从而更适合研究近藤问题和处理一些更加复杂的多体问题。安德森及其合作者针对近藤问题给出了重整化标度理论的框架——"穷人的标度律"(Poorman's Scaling),即把自由传导电子的高能量态通过微扰论的办法"处理"掉,最终得到一个较低能量尺度下描述局域自旋与传导电子自旋的有效自旋散射强度。该有效散射强度会随能量尺度的减小而增强。

近藤问题的出现激起了实验工作者对低温区稀磁合金特性的进一步研究,并在实验上揭示了近藤效应的实质[29]。近藤效应是磁杂质和传导电子之间相互作用的结果,是一种多体效应。这种多体效应不仅表现在电阻极小现象,还表现出磁化率反常、比热容反常等一系列低温反常现象。杂质的磁化率在高温时满足居里—外斯(Curie-Weiss)定律,低温时会偏离居里(Curie)定律。随着温度的降低,磁化率会连续减小并最终降为零度下的0。这反映了杂质从高温具有确定磁矩状态向零温度下的无磁矩状态的连续变化。在趋于零温时,局域自旋磁矩消失,磁杂质的熵趋于零。此时,局域杂质和聚集在周围的传导电子相互作用,传导电子对杂质进行屏蔽,共同形成了系统的无磁矩的近藤单态。比热容的反常表现在低温下与线性温度规律有明显的偏离,低温区附加在γT上的宽峰值明显低于电阻极小值。从而也说明零温下,系统的基态是总自旋为零的单重态。这也是杂质与被散射的电子之间存在强关联效应的体现,是所有粒子相互作用的真正的多体问题。

近藤效应是一种本质上的多体现象,局域电子和巡游电子形成了强关联态。理论上,吉田(Yosida)通过类似于BCS超导理论处理库柏对的方法讨论基态波函数,确定其基态是磁杂质与整个传导电子系统之间通过反铁磁耦合形成的总自旋为零的近藤单态[30]。1974年,威尔逊(K.G.Wilson)提出了数值重整化群方法,从数值上严格求解了近藤问题[31]。通过计算得到了金属的电阻率从近藤温度附近随温度按照$\ln T$依赖关系,逐渐转变为近藤温度以下随温度按照T^2规律,并最终趋于一个饱和值的变化行为。利用该方法还计算了磁化率和比热等物理量的低温行为,并证明了零温下系统的基态为近藤单态,如图3.9所示。诺济耶尔(Nozieres)利用朗道费米液体理论解释了低温下数值重整化群的结果[32]。这些结果的正确性被后来的解析的Beth Ansatz方法所证实。1980年,安德尔(N.Andrei)利用Beth Ansatz方法精确求解了$S=\dfrac{1}{2}$的s-d模型,给出了高温和低温下的解析结果[33]。而且,认识到系统从高温(或弱耦合态)向低温(或强耦合态)的整个转变过程中并没有发生相变,而是一个连续的转变过程。方法上,微扰理论可以很好地描述$T>T_K$的高温区域,但是对$T<T_K$的低温区域会失效。

数值重整化群方法是处理单杂质安德森模型较为成功的方法。威尔逊(K.G.Wilson)将量子场论中的重整化群思想和安德森等人提出的标度理论思想相结合,发展了非微扰的数值重整化群方法[31]。在求解量子多体物理问题时,最大的困难在于出现的系统的希尔伯特空间维度会随着体系尺寸的增大而指数增长,如一个由N个自旋1/2的费米子体系组成的希尔伯特空间的维度为 2^N。重整化群的主要思想是计算过程中减少系统的量子自由度，在希尔伯特子空间内通过一定的方法，在迭代过程中保持系统的自由度不变，并使得约化系统最终收敛到真正系统的低能态中。

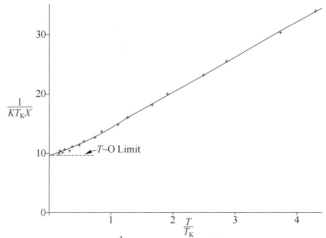

图 3.9　数值重整化群方法计算的 $S=\dfrac{1}{2}$ 的 s-d 模型的磁化率随温度的变化趋势（引自文献[31]）

　　首先，可以将系统的哈密顿量按能量尺度划分，此时能量尺度的意思是表示能级之间的间隔最大而不是能级的绝对值的大小。然后，将低能部分对系统的影响一个一个的加进去，并始终保持一定的希尔伯特空间的维度。通过该过程的持续，一直迭代下去最终将系统的总哈密顿量收敛到一个有效的低能哈密顿量。对于量子杂质体系，这里将离散化的体系哈密顿量映射到一个半无穷长链上。其中，第一个最左边格点对应为杂质磁矩，后面的每个格点都代表库的传导电子项，并且认为只有相邻格点之间具有相互作用 t_i，而且该相互作用会随着链的长度而指数递减，如图 3.10 所示。沿着该长链进行哈密顿量的逐次迭代，可得

$$H_{N+1}=\Lambda^{1/2}H_N+\sum_{\sigma}(c_{N\sigma}^{\dagger}c_{N+1\sigma}+c_{N+1\sigma}^{\dagger}c_{N\sigma}) \tag{3.8}$$

图 3.10　量子杂质系统的映射到一个半无穷长链的离散化的哈密顿量

从而，可以得到 H_N 的本征态流图，并进一步分析系统的不动点等性质，最后可以计算杂质系统的物理量，包括磁化率等热力学量以及电导等动力学量。

　　近藤在求解单量子杂质问题时，只考虑到了三阶微扰项，当将高阶微扰散射过程中的主要发散项进行部分求和后会得到一个有限的特征温度 T_K，称之为近藤温度（Kondo Temperature）。在近藤温度 T_K 下，磁性杂质的磁矩会被库的传导电子完全屏蔽，形成一个总自旋为 0 的束缚态。在近藤温度之外，库的传导电子会受到一个有效的非磁性杂质的散射势，且传导电子在散射过程具有最大的散射相移，称为共振相移。传导电子的散射过程将导致杂质电子的态密度在费米能附近产生一个峰宽为 k_BT_K 的共振峰，称之为近藤共振峰，如图 3.11 所示[34]。

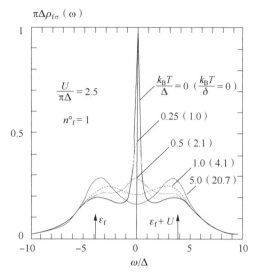

图 3.11 杂质电子的态密度在费米面处形成近藤共振峰(引自文献[34])

数值重整化群方法在处理单杂质安德森模型中获得了较大成功,完整而系统地描述了电阻率从弱耦合区域到强耦合区域的过渡变化行为[35]。从而,威尔逊(K.G.Wilson)获得1982年诺贝尔物理学奖。但是,数值重整化群方法在处理多杂质、多自由度问题上还存在着诸多困难。随后,出现的一系列方法,例如:散射理论、费米液体理论、非平衡格林函数、BetheAnsatz方法、精确对角化、共形场理论、隶玻色子平均场、量子蒙特卡罗方法以及主方程等处理多杂质、多体系近藤问题,也被称为强关联问题。

近藤问题作为强关联电子体系中一类重要的问题,将会得到越来越多的关注,从而获得实验和理论工作者的极大兴趣。目前通过理论计算能够解释的一些实验现象包括:电阻极小现象,低温下的幂次定律,比热出现峰的现象,高温下的局域磁矩行为。但还有很多现象无法解释,包括:晶体场、轨道简并、近藤峰的多重劈裂、电子自旋共振、磁杂质的超导效应等。同时,该问题的解决将会有助于重费米子(近藤晶格)、高温超导等强关联体系问题的研究。

3.4.2 近藤云简介

当量子杂质系统的温度达到近藤温度(T_K)以下时,量子杂质中的局域自旋 1/2 电子会被电极中导带电子所屏蔽,形成近藤单态。近藤单态是量子杂质局域自旋与电极中一群导带电子的自旋匹配形成的多体单态。该群匹配电子相空间位于费米面附近而位置空间近且处于量子杂质周围,称为"近藤云(Kondo Cloud)"或"近藤屏蔽云(Kondo Screening Cloud)"[36]。近藤云的特征尺度 $\xi_K = \hbar v_F / T_K$(v_F 为费米(Fermi)速度,T_K 为近藤温度)在典型的金属激发的近藤效应中能够达到 0.1～1 μm,导致实验上很难直接探测到近藤云现象。

阿弗莱克(I. Affleck)理论上预测了有距离的杂质之间观测到近藤云的可能性[36]。基谢廖瓦(M.N. Kiseleva)和基科因(K.A. Kikoin)用费曼图描述了反铁磁近藤格子模型中近藤云的图像[37]。后来,伯格曼(G. Bergmann)等人通过在近藤模型上加小磁场来观测弗里德尔(Friedel)振荡,给出了近藤云特征尺度的间接表征[38]。提格尔(A. C. Tiegel)等人利用密度矩阵重整化群方法(DMRG)研究了一维哈伯德(Hubbard)链模型,通过传导电子-杂质之间的自旋-自旋关联描述了非相邻杂质之间近藤云的交叠现象[39]。戈尔德-伯格曼(Gerd-Bergmann)利用弗里德尔-安德森模型(Friedel-Anderson Model)和近藤模型计算了自旋极化近藤云的特征尺度[40]。实验上,普吕瑟(H. Prüser)等人在 Cu(110) 表面的铁和钴原子上观测到了长程的近藤信号和扩展的近藤云现象[41]。阿佛莱克(I. Affleck)和西门(P. Simon)提出在量子点系统中,可以通过调节量子点的栅极电压调控近藤温度到 1 K 以下,以测量近藤云的特征尺度,并理论上探讨了介观环为电极的量子点模型中近藤云的特征尺度的观测[42]。随着扫描隧道显微镜(STM)、透射电子显微镜(TEM)等实验技术的发展,宏观纠缠(如自旋-自旋关联和纠缠熵等)成为探测近藤云的有效工具,李(S.-S. B. Lee)等人提出了测量有限温度下纠缠熵的方法研究近藤云问题[43]。三量子点系统既可以调节量子点之间的有效距离,又可以通过栅压调控体系的近藤温度,为研究近藤云现象提供了条件。近藤云的空间分布将导致近藤云的交叠现象,从而产生丰富的物理现象。最近,在研究串联三量子点中长程的超交换作用时,通过自旋-自旋关联和量子点的谱函数观测到了近藤云的交叠现象,初步揭示了近藤云的一些新特征。

3.5 散粒噪声

在一个量子输运系统中,由于量子相干以及多体相互作用会使电流表现出涨落,这种涨落可以提供更多关于输运的微观机制信息,并且可以用噪声来测量。噪声在电子的波粒二相中具有独特的信息角色,于是噪声特性的研究成为量子输运中一个比较重要的课题[44-46]。理论和实验上对光量子噪声的研究可以追溯到 20 世纪 60 年代。噪声测量作为量子光学的测量手段被广泛应用于量子理论的光子统计中。近年来,半导体异质结中散粒噪声(shot noise)的研究逐渐成为研究的热点。散粒噪声目前已成为表征和探测量子体系性质的重要手段之一。

散粒噪声(shot noise)起源于载流子传输的微粒特性,是电荷量子化的结果,其表示输运过程中微粒的性质。散粒噪声作为一种非平衡态噪声,用于在电导测量系统中获得相关信息。在 1918 年,瓦尔特-肖特基(Walter Schottky)在电子管发现散粒噪声并发展了噪声理论-肖特基(Schottky)定理[47]。系统的电流中存在两类噪声。一类是简单的热噪声也称之为约翰逊-奈奎斯特(Johnson-Nyquist)噪声,其来自电子的热运动;另一类是散粒噪声(shot noise),其来自电流载流子电荷的离散性。系统的电流是不连续的,原因是形成电流的带电粒子(电子或者空穴)是离散的和独立的。在某些条件下,电流以不可预测的方式改变,这种不可预测的改变称之为散粒噪声。当研究系统的散粒噪声时,输运必须被约束于某一个方向。被观测的输运过程是一个与通过该点的其他的输运没有任何关系的完全随机事件。如果所观测输运过程不是约束于这种方式,系统产生的热噪声将成为主导而不能观测到散粒噪声。

噪声特征由其谱密度(功率谱)来刻画,它是由电流-电流关联函数的傅里叶变换定义得到

$$S(\omega) = 2\int_{-\infty}^{\infty} \mathrm{d}t\, \mathrm{e}^{\mathrm{i}\omega t} \langle \Delta I(t+t_0)\Delta I(t_0)\rangle \tag{3.9}$$

式中，$\Delta I(t)$ 表示电流在给定电压和温度下时间依赖的涨落，$\langle\cdots\cdots\rangle$ 代表统计平均。热噪声和散粒噪声都具有白色功率谱，即噪声功率在较宽的频率范围内不依赖于频率 ω。热噪声与系统的电导 G 直接相关。可以通过涨落耗散定理给出 $\hbar\omega \ll k_B T$ 条件下的热噪声：

$$S = 4k_B T G \tag{3.10}$$

散粒噪声给出了电子-电子时间关联的相关信息，该信息通过系统的电导无法获得。对于隧穿结、肖特基（Schottky）势垒二极管、P-N 结和热离子真空二极管等设备，电子的输运是彼此独立且随机的。电子的转移可以通过泊松（Poisson）统计来描述。散粒噪声的谱功率可以表示为

$$S = 2eI \tag{3.11}$$

式中，$2eI$ 被称为散粒噪声的泊松（Poisson）值。式（3.11）对于频率 $\omega < \tau^{-1}$ 是适用的，其中 τ 为单电子电流脉冲的宽度。

近年来，针对介观体系的散粒噪声谱的特性，理论和实验上开展了一系列研究。泊宇（I. V. Boylo）研究了金属-绝缘体-超导异质结体系中光子辅助的散粒噪声特性[48]。该体系中散粒噪声的强度对外加振荡场的幅度和频率都有较强的依赖。特别是随着量子点设备在实验上的制备成功，为研究散粒噪声谱的特性提供了理想平台。自旋极化量子点系统中不同外磁场调控下的散粒噪声谱特性也被重点关注和研究。随着旋转磁场向振荡磁场的转变，散粒噪声谱会发生从子泊松型向超泊松型的增强[49]。陈（Q. Chen）等人研究了与马约拉纳（Majorana）费米子耦合的量子点体系中的散粒噪声谱的特性，给出了不同耦合强度下散粒噪声谱的变化趋势，为实验上探测马约拉纳费米子提供了理论指导[50]。张（J.Zhang）等人还探讨了与马约拉纳费米子耦合的环形碳纳米管中散粒噪声的特性，分析了马约拉纳费米子调制下散粒噪声的振荡行为[51]。

此外，半导体异质结中拉什巴（Rashba）自旋-轨道耦合作用下自旋依赖的散粒噪声特性已经开展相关理论研究。半导体异质结中的自旋相关的量子噪声特性将有助于量子输运的相关研究以及量子纠缠态的检测，并对实验上制备相应的量子光学器件具有重要的理论指导意义。噪声测量成为在量子光学和量子力学理论中的光子统计常用的技术。自旋电子学和量子光学有很多相似之处，所以利用噪声研究自旋纠缠态也成为当今研究的热点。随着研究的不断深入，噪声在探测介观系统性质方面会起到越来越大的作用。

下面以 GaMnAs/GaSb/GaMnAs 三明治结构的半导体异质结为例来推导散粒噪声的谱密度。如图 3.12 所示，入射外场的电子沿 z 轴方向穿过该系统，电子的波矢为 $\boldsymbol{k}=(\boldsymbol{k}_{\parallel},\, k_z)$。该系统中，假设温度足够低，以至于可以忽略电子-声子相互作用。A、B 和 C 区域的电子的定态薛定谔方程分别为[52]

$$\begin{cases} -\dfrac{\hbar^2}{2\mu_f}\dfrac{\partial^2 \Psi^A}{\partial z^2} + E_{\parallel}\Psi^A + h\sigma_z\Psi^A = E\Psi^A & (z<0) \\[2mm] -\dfrac{\hbar^2}{2\mu_s}\dfrac{\partial^2 \Psi^B}{\partial z^2} + (E_{\parallel}+V(t)+H_D)\Psi^B = E\Psi^B & (0<z<a) \\[2mm] -\dfrac{\hbar^2}{2\mu_f}\dfrac{\partial^2 \Psi^C}{\partial z^2} + E_{\parallel}\Psi^C + h(\cos\theta\sigma_z + \sin\theta\sigma_x)\Psi^C = E\Psi^C & (z>a) \end{cases} \tag{3.12}$$

式中，μ_f、μ_s 分别是铁磁半导体 GaMnAs 和非磁半导体 GaSb 中电子的有效质量，h 是铁磁

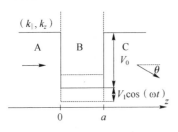

区（A 和 C 区域）的交换劈裂能，其磁化方向在 A 区域沿 Z 轴，在 C 区域与 Z 轴成 θ 角，如图 3.12 所示，外场电子的能量 $E_\parallel = \hbar^2 k_\parallel^2 (1/2\mu_f - 1/2\mu_s)$，$\sigma_i$ 为表征电子自旋的泡利（Pauli）矩阵。为进一步考虑自旋-轨道耦合作用，这里在哈密顿量中加入了德雷斯尔豪斯（Dresselhaus）项 $H_D = \gamma(\hat{\sigma}_x k_x - \hat{\sigma}_y k_y)\dfrac{\partial^2}{\partial z^2}$。

图 3.12　GaMnAs/GaSb/GaMnAs 三明治结构的半导体异质结（引自文献[52]）

该模型中比较关注的是中间区域 B 中所加的外场，这里定义所加外场的形式为随时间周期性变化，即
$V(t) = -V_0 + V_1 \cos \omega t$，其中 V_0 是势阱的深度。利用弗洛凯（Floquet）理论和分离变量法可以分别得到三个区域的波函数为

$$\Psi^A = \{\chi^\uparrow (e^{ik_{z0}^+ z - iE_{z0}t/\hbar} + \sum_{n=-\infty}^{\infty} r_{n0}^\uparrow e^{-ik_{zn}^+ z - iE_{zn}t/\hbar}) + \chi^\downarrow \sum_{n=-\infty}^{\infty} r_{n0}^\downarrow e^{-ik_{zn}^- z - iE_{zn}t/\hbar}\}$$

$$\exp(i\boldsymbol{k}_\parallel \cdot \boldsymbol{\rho} - ik_\parallel t/\hbar)$$

$$\Psi^B = \sum_\sigma \sum_{n=-\infty}^{\infty} \sum_{m=-\infty}^{\infty} \chi^\sigma [a_m^\sigma e^{iq_m^\sigma z} + b_m^\sigma e^{-iq_m^\sigma z}] J_{n-m}\left(\frac{V_1}{\hbar\omega}\right) e^{-iE_{zn}t/\hbar} \exp(i\boldsymbol{k}_\parallel \cdot \boldsymbol{\rho} - iE_\parallel t/\hbar)$$

$$\Psi^C = \sum_\sigma \sum_{n=-\infty}^{\infty} \chi_\theta^\sigma [t_{n0}^\sigma e^{ik_{zn}^\sigma z - iE_{zn}t/\hbar}] \exp(i\boldsymbol{k}_\parallel \cdot \boldsymbol{\rho} - iE_\parallel t/\hbar)$$

$$(3.13)$$

式中，$\boldsymbol{\rho} = (x, y)$ 为势阱平面内的矢量，电子相反极化的电子态可以表示为 $\chi^\uparrow = 2^{-\frac{1}{2}}$ $(1, 0)^T$，$\chi^\downarrow = 2^{-\frac{1}{2}}(0, 1)^T$，$\chi^\pm = 2^{-\frac{1}{2}}(1, \mp e^{-i\varphi})^T$，$\chi_\theta^+ = (\cos(\theta/2), \sin(\theta/2))^T$，$\chi_\theta^- = (-\sin(\theta/2), \cos(\theta/2))^T$。$\varphi$ 是入射波矢 $\boldsymbol{k}$ 在 xy 平面的极角，$\boldsymbol{k}_\parallel = (k_x \cos\varphi, k_y \sin\varphi)$，$r$ 和 t 是电子经过该系统的反射波和透射波的幅度。$J_{n-m}(V_1/\hbar\omega)$ 是第一类贝塞尔（Bessel）函数，m 为波函数方程的边带指标，取值为整数值。

$$k_{zn}^\pm = \sqrt{2\mu_f \hbar^{-2}(E_{z0} - \hbar^2 k_\parallel^2/2\mu_f + n\hbar\omega \mp h)}$$

$$q_m^\pm = \sqrt{2\mu_\pm \hbar^{-2}[E_{z0} + m\hbar\omega + \hbar^2 k_\parallel^2(1/2\mu_f - 1/2\mu_s) + V_0]}$$

由波函数 Ψ 在三个区域的边界 $z = 0$ 和 $z = a$ 处的连续性条件可推导出相应的系数满足的矩阵方程为

$$\begin{cases} (\Delta + \boldsymbol{R}^\uparrow - e^{i\varphi}\boldsymbol{R}^\downarrow) = \sqrt{2}\boldsymbol{J}[\boldsymbol{X}^+ + \boldsymbol{Y}^+] \\ \boldsymbol{K}^\uparrow(\Delta - \boldsymbol{R}^\uparrow) + e^{i\varphi}\boldsymbol{K}^\downarrow \boldsymbol{R}^\downarrow = \sqrt{2}\boldsymbol{J}\boldsymbol{Q}^+(\boldsymbol{X}^+ - \boldsymbol{Y}^+) \\ a_\theta \boldsymbol{M}^+ \boldsymbol{T}^+ + c_\theta \boldsymbol{M}^- \boldsymbol{T}^- = \boldsymbol{J}(\boldsymbol{N}_+ \boldsymbol{X}^+ + \boldsymbol{N}_+^{-1}\boldsymbol{Y}^+) \\ a_\theta \boldsymbol{K}^+ \boldsymbol{M}^+ \boldsymbol{T}^+ + c_\theta \boldsymbol{K}^- \boldsymbol{M}^- \boldsymbol{T}^- = (\boldsymbol{J}\boldsymbol{Q}^+ \boldsymbol{N}_+ \boldsymbol{X}^+ - \boldsymbol{J}\boldsymbol{Q}^+ \boldsymbol{N}_+^{-1}\boldsymbol{Y}^+) \\ (\Delta + \boldsymbol{R}^\uparrow + e^{i\varphi}\boldsymbol{R}^\downarrow) = \sqrt{2}\boldsymbol{J}(\boldsymbol{X}^- + \boldsymbol{Y}^-) \\ \boldsymbol{K}^\uparrow(\Delta - \boldsymbol{R}^\uparrow) - e^{i\varphi}\boldsymbol{K}^\downarrow \boldsymbol{R}^\downarrow = \sqrt{2}\boldsymbol{J}\boldsymbol{Q}^-(\boldsymbol{X}^- - \boldsymbol{Y}^-) \\ b_\theta \boldsymbol{M}^+ \boldsymbol{T}^+ + d_\theta \boldsymbol{M}^- \boldsymbol{T}^- = \boldsymbol{J}(\boldsymbol{N}_- \boldsymbol{X}^- + \boldsymbol{N}_-^{-1}\boldsymbol{Y}^-) \\ b_\theta \boldsymbol{K}^+ \boldsymbol{M}^+ \boldsymbol{T}^+ + d_\theta \boldsymbol{K}^- \boldsymbol{M}^- \boldsymbol{T}^- = \boldsymbol{J}\boldsymbol{Q}^- \boldsymbol{N}_- \boldsymbol{X}^- - \boldsymbol{J}\boldsymbol{Q}^- \boldsymbol{N}_-^{-1}\boldsymbol{Y}^- \end{cases}$$

$$(3.14)$$

式中，$a_\theta = \alpha - \beta e^{i\varphi}$，$b_\theta = \alpha + \beta e^{i\varphi}$，$c_\theta = -\alpha e^{i\varphi} - \beta$，$d_\theta = \alpha e^{i\varphi} - \beta$（$\alpha = \cos(\theta/2)/\sqrt{2}$，$\beta = \sin(\theta/2)/\sqrt{2}$）。列矩阵的矩阵元定义为 $X_m^\pm = a_m^\pm$，$Y_m^\pm = b_m^\pm$，$\Delta_n = \delta_{n0}$，$R_n^{\uparrow(\downarrow)} = r_n^{\uparrow(\downarrow)}$，$T_n^\pm = t_n^\pm$。方阵的矩阵元定义为 $J_{nm} = J_{n-m}(V_1/\hbar\omega)$，$Q_{nm}^\pm = \delta_{nm} q_n^\pm \mu_f / \mu_\pm$，$K_{nm}^\pm = k_{zn}^\pm \delta_{nm}$，$M_{nm}^\pm = e^{ik_{zn}^\pm a} \delta_{nm}$，$N_{\pm nm} = e^{iq_n^\pm a}\delta_{nm}$。通过求解矩阵方程中的透射幅 $t_{n0}^\pm$ 可以得到透射率

$$T^\uparrow = \sum_n \frac{k_{zn}^+}{k_{z0}^+} |t_{n0}^+|^2 + \sum_n \frac{k_{zn}^-}{k_{z0}^+} |t_{n0}^-|^2 \tag{3.15}$$

温度为零时，散粒噪声的谱密度可以表示为[52,53] $S_{\sigma = \uparrow, \downarrow} = \dfrac{2e^3}{h} VT^\sigma (1 - T^\sigma)$。

3.6 非平衡格林函数

3.6.1 非平衡格林函数介绍

非平衡格林函数（Nonequilibrium Green's function，NEGF）是一种处理非平衡问题的多体方法，对于求解多电子体系的非平衡问题是一种比较有效的方法。它是由平衡态格林函数（详见第 2 章）推广得到的。20 世纪 60 年代，施温格尔（Schwinger）首先提出了非平衡态格林函数的概念，随后卡丹诺夫（Kadanoff）、贝母（Baym）和克尔德仕（Keldish）等人独立的发展了非平衡格林函数这一理论[54-58]。

非平衡态格林函数原则上是求解相互作用多体系统的含时薛定谔方程，从而计算相关物理量如电流等。对于封闭的量子系统，非平衡格林函数在求解含时薛定谔方程是精确的，对于求解量子输运问题中的稳态输运特性是非常有用的[59,60]。

量子力学中，多电子系统的哈密顿量可以写为 $H(t) = H_0 + H'(t)$，其中 H_0 是无相互作用部分，$H'(t)$ 是微扰项，可以是相互作用部分，也可以是外场等。在量子力学薛定谔绘景中 H_0 的基态 $|\rangle_0$ 是可以严格求解得到的。在相互作用绘景中，通过引入传播子 S 矩阵的定义：

$$S = \hat{T}\left\{\exp\left[-i\int_{-\infty}^{+\infty} H'_I(t)dt\right]\right\} \tag{3.16}$$

来表示 t 时刻的态 $|t\rangle_I = S(t,0)|0\rangle$。因此，零时刻哈密顿 H 所对应的基态 $|0\rangle$ 可以表示成 $|0\rangle = S(0, -\infty)|\rangle_0$。平衡态理论假设：当时间趋于 $+\infty$ 时，系统仍然回到初始时刻的基态，而且只相差一个相位，即

$$|\infty\rangle = S(+\infty, -\infty)|\rangle_0 = e^{iL}|\rangle_0 \tag{3.17}$$

在非平衡状态下，系统并不能保证其基态 $|\rangle_0$ 在经过一段时间的扰动作用演化后再回到开始的基态，即经过 $S(+\infty, -\infty)$ 作用后保持不变。非平衡格林函数的核心思想是：既然体系回不到初态，那就构造回路，使得体系演化回到初态，这样一个非平衡态的问题就转化为了平衡态的问题。这里可以引入复平面，将时间轴扩展到复平面上形成闭合回路，如图 3.13 所示。τ 和 τ' 分别表示时间回路上的上分支

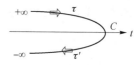

图 3.13 复时间积分回路

和下分支。系统就可以从 $\tau_0 = -\infty$ 出发沿着时间轴上的上分支 τ 演化到 $\tau = +\infty$（上支），然后从 $\tau = +\infty$ 沿着时间轴上的下分支 τ' 演化回到 $\tau_0 = -\infty$（下支）。这样系统通过时间演化最终又回到了最初的基态。

定义回路 C 上的非平衡格林函数为

$$G(t_1, t_2) = -i\langle T_C[A(t)B(t')]\rangle \equiv \begin{pmatrix} G_{++} & G_{+-} \\ G_{-+} & G_{--} \end{pmatrix} \tag{3.18}$$

式中，T_C 是回路 C 上的复编时算符，将回路 C 上的时间较早的算符排在右边，算符按照时间顺序从右向左排列，且算符交换一次顺序产生一个负号。$+(-)$ 表示时间回路 C 的上（下）分支。式(3.18)中含有四种实时格林函数，$G_{++}(t_1, t_2)$ 和 $G_{--}(t_1, t_2)$ 分别为时序和反时序格林函数，$G_{+-}(t_1, t_2)$ 和 $G_{-+}(t_1, t_2)$ 分别是小于和大于格林函数，定义分别是

$$\begin{cases} G_{++}(t_1, t_2) = -i\langle T_P[A(t_1)B(t_2)]\rangle \\ G_{--}(t_1, t_2) = -i\langle \widetilde{T}_P[B(t_2)A(t_1)]\rangle \\ G_{+-} \equiv G^<(t_1, t_2) = i\langle B(t_2)A(t_1)\rangle \\ G_{-+} \equiv G^>(t_1, t_2) = -i\langle A(t_1)B(t_2)\rangle \end{cases} \tag{3.19}$$

式中，$T_P(\widetilde{T}_P)$ 为时序（反时序）算符，表示为

$$\begin{cases} T_P[A(t_1), B(t_2)] \equiv \theta(t_1 - t_2)A(t_1)B(t_2) \pm \theta(t_2 - t_1)B(t_2)A(t_1) \\ \widetilde{T}_P[A(t_1), B(t_2)] \equiv \theta(t_2 - t_1)A(t_1)B(t_2) \pm \theta(t_1 - t_2)B(t_2)A(t_1) \end{cases} \tag{3.20}$$

$+(-)$ 分别对应玻色子和费米子，$\theta(t)$ 是阶跃函数，当时间小于 0 时，阶跃函数为 0，其余情况为 1。另外两种实时格林函数，推迟格林函数 G^r 和超前格林函数 G^a 表示为

$$\begin{cases} G^r(t_1, t_2) = -i\theta(t_1 - t_2)\langle[A(t_1), B(t_2)]_{\pm}\rangle \\ G^a(t_1, t_2) = i\theta(t_2 - t_1)\langle[B(t_2), A(t_1)]_{\pm}\rangle \end{cases} \tag{3.21}$$

以上六个实时格林函数满足以下基本关系

$$\begin{cases} G^r - G^a = G^> - G^< \\ G_{++} - G_{--} = G^> + G^< \\ G_{++} - G^< = G^r \\ G_{++} - G^> = G^< - G_{--} = G^a \\ [G^{r(a)}(t_1, t_2)]^+ = G^{a(r)}(t_2, t_1) \\ [G^{<(>)}(t_1, t_2)]^+ = -G^{<(>)}(t_2, t_1) \end{cases} \tag{3.22}$$

上述格林函数中，解析延拓结构良好的推迟、超前格林函数被广泛应用于计算物理，时序、反时序格林函数常常用来研究微扰问题，小于、大于格林函数因与粒子数密度的关系而用来研究可观测的物理量以及动力学特征。

3.6.2 Lengreth 定理

非平衡格林函数是定义在复编时回路上的，但通常用到的可观察物理量是用实时格林函数表示的。下面来介绍连接复编时格林函数和实时格林函数的 Lengreth 定理（解析延拓规则）。

如果复编时的格林函数 $C(t_1, t_2)$ 在积分回路 C（图 3.13）上满足：

$$C(t_1,t_2)=\int_C d\tau A(t_1,\tau)B(\tau,t_2) \tag{3.23}$$

式中，t_1 在时间轴的上支，而 t_2 在时间轴的下支。可以看出 $C(t_1,t_2)$ 在实时间轴上是小于格林函数。则利用式(3.22)中的格林函数的关系，式(3.23)可转换为

$$C^<(t_1,t_2)=\int_{-\infty}^{\infty}dt[A^r(t_1,t)B^<(t,t_2)+A^<(t_1,t)B^a(t,t_2)] \tag{3.24}$$

类似地可以得到以下几种常用到的 Lengreth 公式为

$$\begin{cases} C^>(t_1,t_2)=\int_{-\infty}^{\infty}dt[A^r(t_1,t)B^>(t,t_2)+A^>(t_1,t)B^a(t,t_2)] \\[2mm] C^r(t_1,t_2)=\int_{-\infty}^{\infty}dt[A^r(t_1,t)B^r(t,t_2)] \\[2mm] C^a(t_1,t_2)=\int_{-\infty}^{\infty}dt[A^a(t_1,t)B^a(t,t_2)] \end{cases} \tag{3.25}$$

如果复编时的格林函数满足戴逊(Dyson)方程：

$$G(t,t')=g(t,t')+\int_C dt_1 dt_2 g(t,t_1)\Sigma(t_1,t_2)G(t_2,t') \tag{3.26}$$

此时，定义 t 在时间轴的上支，而 t' 在时间轴的下支。$G^<(t,t')$ 表示为

$$\begin{aligned} G^<(t,t')=&g(t,t')+\int_c d\tau_1\int_c d\tau_2 g(t,\tau_1)\sum(\tau_1,\tau_2)G(\tau_2,t') \\ =&g^{+-}(t,t') \\ &+\int_{-\infty}^{+\infty}d\tau_1\int_{-\infty}^{+\infty}d\tau_2 g^{++}(t,\tau_1)\sum{}^{++}(\tau_1,\tau_2)G^{+-}(\tau_2,t') \\ &+\int_{-\infty}^{+\infty}d\tau_1\int_{-\infty}^{+\infty}d\tau_2 g^{+-}(t,\tau_1)\sum{}^{-+}(\tau_1,\tau_2)G^{+-}(\tau_2,t') \\ &+\int_{-\infty}^{+\infty}d\tau_1\int_{-\infty}^{+\infty}d\tau_2 g^{++}(t,\tau_1)\sum{}^{+-}(\tau_1,\tau_2)G^{--}(\tau_2,t') \\ &+\int_{-\infty}^{+\infty}d\tau_1\int_{-\infty}^{+\infty}d\tau_2 g^{+-}(t,\tau_1)\sum{}^{--}(\tau_1,\tau_2)G^{--}(\tau_2,t') \\ =&g^<(t,t')+\int_{-\infty}^{+\infty}d\tau_1\int_{-\infty}^{+\infty}d\tau_2[g^r(t,\tau_1)\sum{}^r(\tau_1,\tau_2)G^<(\tau_2,t')+ \\ &g^r(t,\tau_1)\sum{}^<(\tau_1,\tau_2)G^a(\tau_2,t')+g^<(t,\tau_1)\sum{}^a(\tau_1,\tau_2)G^a(\tau_2,t') \end{aligned} \tag{3.27}$$

式(3.27)可以简写为

$$G^<=g^<+g^r\sum{}^r G^<+g^r\sum{}^< G^a+g^<\sum{}^a G^a \tag{3.28}$$

将式(3.28)变形为 $(1-g^r \sum^r)G^< = g^< (1+\sum^a G^a) + g^r \sum^< G^a$,方程两边同乘以 $(1-g^r \sum^r)^{-1}$,则有

$$G^< = (1-g^r \sum^r)^{-1} g^< (1+\sum^a G^a) + (1-g^r \sum^r)^{-1} g^r \sum^< G^a \qquad (3.29)$$

利用 Lengreth 定理,则有

$$G^< = (1+G^r \sum^r)g^< (1+\sum^a G^a) + G^r \sum^< G^a \qquad (3.30)$$

这就是小于格林函数的克尔德仕(Keldysh)方程。

3.6.3　非平衡格林函数的运动方程

由前面介绍的格林函数内容可知,如果有了推迟格林函数的具体形式,则超前格林函数就可以通过对推迟格林函数求共轭得到,然后带入克尔德仕方程(3.30)中,小于和大于格林函数便可以获得。下面介绍利用运动方程方法求解推迟格林函数的过程。

推迟格林函数为

$$G^r_{ij}(t,t') = -\mathrm{i}\theta(t-t')\langle\{a_i(t), a_j^+(t')\}\rangle \qquad (3.31)$$

对时间进行求导可得

$$\frac{\partial}{\partial t}G^r_{ij}(t,t') = \frac{\partial}{\partial t}\{-\mathrm{i}\theta(t-t')\langle\{a_i(t), a_j^+(t')\}\rangle\}$$

$$= \frac{\partial}{\partial t}[-\mathrm{i}\theta(t-t')]\langle\{a_i(t), a_j^+(t')\}\rangle - \mathrm{i}\theta(t-t')\frac{\partial}{\partial t}[\langle\{a_i(t), a_j^+(t')\}\rangle]$$

$$(3.32)$$

又阶跃函数求导为

$$\frac{\partial}{\partial t}[\theta(t-t')] = -\frac{\partial}{\partial t}[\theta(t'-t)] = \delta(t-t') \qquad (3.33)$$

利用海森伯(Heisenberg)运动方程

$$\frac{\partial}{\partial t}A(t) = -\frac{1}{\mathrm{i}\hbar}[A(t), H], (\hbar=1) \qquad (3.34)$$

推迟格林函数的运动方程为

$$\mathrm{i}\frac{\partial}{\partial t}G^r_{ij}(t,t') = \mathrm{i}\frac{\partial}{\partial t}\{-\mathrm{i}\theta(t-t')\langle\{a_i(t), a_j^+(t')\}\rangle\}$$

$$= \delta(t-t')\langle\{a_i(t), a_j^+(t')\}\rangle - \mathrm{i}\theta(t-t')\langle\{[a_i(t), H(t)], a_j^+(t')\}\rangle$$

$$(3.35)$$

引入符号 $\langle\langle a_i(t)|a_j^+(t')\rangle\rangle^r = G^r_{ij}(t,t') = -\mathrm{i}\theta(t-t')\langle\{a_i(t), a_j^+(t')\}\rangle$:

$$\mathrm{i}\frac{\partial}{\partial t}\langle\langle a_i(t)|a_j^+(t')\rangle\rangle^r = \delta(t-t')\langle\{a_i(t), a_j^+(t')\}\rangle + \langle\langle\{[a_i(t), H(t)]|a_j^+(t')\rangle\rangle^r$$

$$(3.36)$$

对式(3.36)作傅里叶变换,则在 ω 空间中推迟格林函数的运动方程为

$$(\omega+\mathrm{i}0^+)\langle\langle a_i|a_j^+\rangle\rangle^r_\omega = \langle\{a_i, a_j^+\}\rangle + \langle\langle[a_i, H]|a_j^+\rangle\rangle^r_\omega \qquad (3.37)$$

如果 $[a_i, H] = a_i$,方程(3.37)自然闭合,推迟格林函数可直接得出。但是,方程(3.37)中右端的第二项 $\langle\langle[a_i, H]|a_j^+\rangle\rangle^r_\omega$ 通常是新的高阶格林函数,对其求运动方程仍可能出现更高阶的格林函数,以此类推,发现高阶项是无穷尽的。为了处理这个问题,一般要对高阶格林

函数做截断近似处理,使格林函数方程达到封闭的效果。如果系统不包含库仑相互作用,格林函数会自动封闭,通过求解相应的方程组,可以精确求解格林函数。如果系统含有库仑相互作用,则截断近似的处理一般是:高温下采取哈特利—福克(Hartree-Fock)平均场截断近似,低温下采用梅尔(Y. Meir)等人提出的截断近似来处理。

3.6.4 量子点系统的格林函数

在量子点领域中,非平衡格林函数方法(Nonequilibrium Green's function,NEGF)常被用于研究稳态输运和介观体系输运性质等课题。其出发点都是用格林函数表示系统描述的基本物理量。过去对格林函数探讨中,有几种很好的计算格林函数的方法,如克尔德仕(Keldysh)图解法和运动方程(EOM)原理。本章节中已经介绍了非平衡格林函数的定义、解析延拓规则以及运动方程,最后给出量子点系统中电流的表达式。

对于单量子点系统,我们利用单杂质安德森模型来描述:

$$H = \sum_{k=L,R,\sigma} \varepsilon_k c_{k\sigma}^+ c_{k\sigma} + \sum_\sigma \varepsilon_d d_\sigma^+ d_\sigma + U n_{d\uparrow} n_{d\downarrow} + \sum_{k=L,R,\sigma} (V_k c_{k\sigma}^+ d_\sigma + \text{H.c.}) \quad (3.38)$$

通过左电极的电流表达式可以写为

$$I_L = -e \left\langle \frac{dN_L}{dt} \right\rangle = -\frac{ie}{\hbar} \langle [H, N_L] \rangle \quad (3.39)$$

系统的总电流为

$$I = \frac{I_L + I_R}{2} = \frac{e}{\hbar} \sum_\sigma \int d\omega [f_L(\omega) - f_R(\omega)] \Gamma_\sigma(\omega) \left\{ -\frac{1}{\pi} \text{Im} G_\sigma^r(\omega) \right\} \quad (3.40)$$

式中,$f_L(\omega)$和$f_R(\omega)$分别为左电极和右电极的费米分布函数:

$$f_{L,R}(\omega) = \frac{1}{e^{(\omega - \mu_{L,R})/k_B T_{L,R}} + 1} \quad (3.41)$$

量子点和电极的有效耦合强度为$\Gamma_\sigma^{L(R)}(\omega) = 2\pi \sum_{k=L,R} |V_k|^2 \delta(\omega - \varepsilon_k)$,则式(3.41)中的$\Gamma_\sigma(\omega) = \Gamma_\sigma^L(\omega) \Gamma_\sigma^R(\omega) / (\Gamma_\sigma^L(\omega) + \Gamma_\sigma^R(\omega))$。量子点中局域电子的推迟格林函数为

$$G_\sigma^r(\omega) = -i\theta(t) \langle \{ d_\sigma(t), d_\sigma^+(0) \} \rangle \quad (3.42)$$

由系统的总电流 I 就可以给出相关物理量,如线性电导:

$$G = \frac{eI}{V_g} \quad (3.43)$$

微分电导:

$$G_d = \frac{e \, dI}{dV} \quad (3.44)$$

3.7 量子点中的低温非平衡输运

在量子点设备制备以来,人们一直关注于其动力学输运性质。扫描隧道显微镜(STM)等实验技术的发展,使得能够利用实验手段扫描库仑阻塞区域的单电子隧穿过程。如图3.14所示,实验上测量了不同栅压下单量子点系统中光子辅助的输运电流。通过调节量子点的栅压,使得电极和量子点上电子共振弹性隧穿引起明显的电流信号,从而能发现电流峰。对于实验上观测到的量子点和量子阱中的光子辅助隧穿可以通过田

俊(Tien)和戈登(Gordon)的理论来解释[61]。但是这一理论目前还无法有效研究多量子点系统中的光子辅助隧穿输运性质。多量子点系统的隧穿过程可以通过非平衡格林函数(NEGF)的计算得到很好的解释。但由于理论研究方法的限制,大部分理论工作还集中在量子点系统的稳态输运性质的研究上。对非平衡输运问题,易高-梅尔(Yigal-Meir)等人研究了安德森模型的非平衡输运特性[62]。低温下,对自旋简并的能级,态密度中的近藤峰会导致量子点中的共振隧穿。从而使得,低温下近藤效应对电导的贡献增大,输运能力增强。如图 3.15 所示,在外加偏压条件下,该系统的微分电导会发生劈裂,两个劈裂峰的位置分别在 $\pm\Delta\epsilon$ 处。后来,潘卡梅塔(Pankaj Mehta)和纳塔安德烈(Natan Andrei)利用非微扰理论——非平衡 Bethe Ansatz 方法求解了量子杂质系统的输运问题[63]。通过计算发现电流随着电子-电子库仑相互作用会发生非单调变化行为,随着库仑相互作用 U 的增大,电流发生先减小后增大的奇特的变化行为。

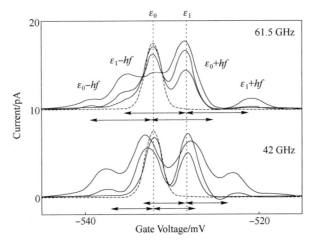

图 3.14　实验上测量量子点系统的输运电流谱(引自文献[61])

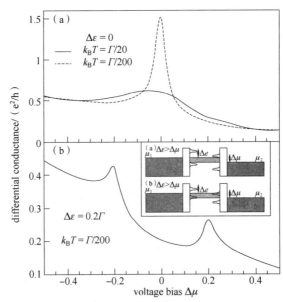

图 3.15　(a)平衡条件下的安德森模型的微分电导峰为单峰;
(b)非平衡条件下的安德森模型的微分电导峰发生劈裂(引自文献[62])

3.8 量子点中的含时动力学输运

随着研究量子点输运方法的发展,人们逐渐关注于量子点系统中的含时动力学输运性质。含时动力学输运电流是指当系统施加一含时变化的偏压时,测量通过该系统的电流随时间的变化行为。该过程是一个非线性、非绝热的瞬态过程,需要考虑量子点中电子的时间相位相干和时间记忆效应。在 20 世纪中期,郎道尔(R. Landauer)研究发现入射到障碍物上的电流不仅与第一次入射的电子有关,也由电子之前已经被障碍物散射一次或多次有关。各个方向上分散的电流进行累加得到总电流:

$$i_z = S_0 i_\infty \left(1 + \frac{S_0}{4\pi\lambda^2} + \left(\frac{S_0}{4\pi\lambda^2}\right)^2 + \cdots\right) = \frac{S_0 i_\infty}{\left(1 - \frac{S_0}{4\pi\lambda^2}\right)} \tag{3.45}$$

S_0 为系统中的散射截面。对于没有相互作用的系统,比蒂克(M. Buttiker)通过采用散射矩阵理论给出了一个通过电极的稳态电流

$$I_i = \frac{e}{h}\left((1 - R_{ii})\mu_i - \sum_{j \neq i} T_{ij}\mu_j\right) \tag{3.46}$$

式中,R_{ii},T_{ij} 分别是反射矩阵元和透射矩阵元,μ 为导体上施加的偏压。

20 世纪末,焦虎尔(A. P. Jauho)等人首次利用运动方程(EOM)方法研究了双栏耦合的介观纳米结构的时间依赖的输运电流,利用克尔德仕格林函数和戴逊方程给出了时间依赖电流的解析公式[64]

$$J_L(t) = -\frac{2e}{h} \int_{-\infty}^t \mathrm{d}t' \int \frac{\mathrm{d}\epsilon}{2\pi} \mathrm{Im Tr}\{\mathrm{e}^{\mathrm{i}\epsilon(t-t')}\Gamma^L(\epsilon, t', t)[G^<(t, t') + f_L(\epsilon)G^r(t, t')]\}$$

$$\tag{3.47}$$

当施加矩形脉冲偏压下,通过对称双栏隧穿结构的时间依赖的输运电流会发生振荡。这是由于当偏压突然变化时,电子隧穿共振能级会发生短时相干,导致电流中存在电荷积累和消耗过程中的电容性贡献,从而形成电流的振荡行为[64,65]。这种时间依赖的电流振荡行为在半导体异质结和半导体量子点体系中普遍存在,而且得到了实验和理论工作者的极大关注。但是,该电流表达式严重依赖宽带近似(wide-band limit, WBL)条件。

此后,大量的数值方法用来研究量子点系统中的含时输运问题。张(P. Zhang)等人通过直接精确对角化哈密顿量求解了时间依赖的外场下的串联双量子点系统的动力学输运特性[66]。并给出了弗洛凯(Floquet)谱的变化趋势和量子点的占据数随时间的演化。另外,一个被广泛应用的研究量子点系统中非平衡输运性质的理论方法是宽带近似(WBL),该方法是由沈九旦-孔恩方程推导得出。由一个稳态的哈密顿量出发,当绝热地向系统的电极施加一时间依赖的外场后,求解通过该系统的输运电流。但宽带近似(WBL)方法的不足之处在于,当电极为有限带宽或具有能量依赖的态密度时,其不能够定量地精确地计算系统的输运电流。朱(Y. Zhu)等人通过直接求解时域的格林函数而替代宽带近似(WBL)方法研究了分子系统中时间依赖的量子输运问题[67]。当在系统的电极上加一偏压时,通过求解依赖于时域分解(TDD)的格林函数得到系统的输运电流 $I(t)$,基于实际的物理,采用时间截断来处理记忆效应。这种方法并不依赖于宽带近似条件,能够将系统的库部分的电子结构详细考虑在内,这对分子电子学、自旋电子学都非常重要。但是,当系统与电极耦合非常弱时,时域分解(TDD)的格林函数方法会出现一系列的数值计算问题。

基于克尔德仕(Keldysh)非平衡格林函数(NEGF),约瑟夫(M.j.Joseph)等人在非平衡和非线性响应条件下,理论上对输运电流给出了精确的解析表达式[68]:

$$I(t) = -2e \int \frac{d\varepsilon}{2\pi} \mathrm{Im} \mathrm{Tr} \{ \Gamma_\alpha(\varepsilon) [\psi_\alpha(\varepsilon, t) + f(\varepsilon) A_\alpha(\varepsilon, t)] \} \tag{3.48}$$

该方法可以计算与任何电极相连的介观系统的时间依赖的输运电流,极大地方便了量子杂质系统中非平衡动力学电流的求解。当电极所施加偏压改变形式时,重新推导相应的输运电流方程即可。

近来,对于量子多体中的输运问题,实时和虚时量子蒙特卡罗方法、时间依赖的密度泛函理论、量子主方程(QME)和密度矩阵重整化群(DMRG)方法也被广泛地应用于求解含时问题。最经典的应用是利用密度矩阵重整化群方法精确求解了单量子点系统中的近藤区域的输运特性,通过在初始状态上应用矩阵指数,在每一个密度矩阵重整化群步骤实现了含时薛定谔方程的全时域积分,并得到了与解析公式一致的结果[69]。通过求解库仑相互作用为 $U=0$ 和 $U=\infty$ 条件下,系统中的输运电流随时间的变化行为,证明了近藤区域中输运电流的增强现象。在该方法中,唯一的近似是由密度矩阵重整化群的截断给出的。该近似可以通过增加状态数来系统地核查,以使数值计算收敛。该方法还适用于存在强扰动情况下的强关联系统[70]。弗里肖夫(B. A. Frithjof)和席勒(A. Schiller)发展了非平衡动力学的含时数值重整化群(TD-NRG)方法,并对其进行了详细的推导[71]。该方法不仅适用于费米路径而且还适用于玻色路径。通过将该方法与共振能级模型中的电荷弛豫与自旋玻色子模型中的退相位的精确解析结果进行比较,进一步验证了该方法的准确性。上述方法都较好地推动了量子点系统中含时输运问题的研究,发现了一些有趣的输运现象,如:量子点在施加含时栅压时占据数出现的拉比(Rabi)振荡行为[72]。这对于基于量子点系统的介观纳米器件的研究提供了理论基础。

含时依赖的输运电流在实际的实验中,更能够描述我们所需要的物理过程。目前,人们利用量子点中的含时输运来实现量子点中量子自旋态的操控[72-73]。如图 3.16 所示,实验上通过施加外场(电场或磁场)来操控量子点中电子的自旋,从而实现两个量子点中共振隧穿,在含时电流谱中产生经典的拉比(Rabi)振荡行为。

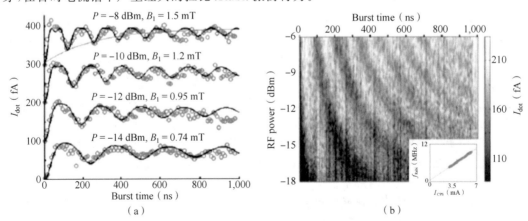

图 3.16 (a)实验上测得反映电子自旋态的量子点的振荡电流随时间的演化;
(b)不同频率下的振荡电流的扫描图(引自文献[72])

本章参考文献

[1]　冯端,金国钧.凝聚态物理学(上卷)[M].北京:高等教育出版社,2003.

[2]　DATTA S. Electron Transport in Mesoscpoic Systems[M].New York:Cambridge University Press,1995.

[3]　SLONCZEWSKI J. Conductance and exchange coupling of two ferromagnets separated by a tunneling barrier[J].Physical Review B,1989,39(16):6995.

[4]　BINNIG G,ROHRER H. Scanning tunneling microscopy[J].Helvetica Physica Acta,1982, 55:726-735.

[5]　BINNIG G, ROHRER H, GERBER C, et al. Surface Studies by Scanning Tunneling Microscopy[J].Physical Review Letters,1982,49:57.

[6]　BINNIG G, ROHRER H, GERBER C, et al. Tunneling through a controllable vacuum gap[J].Applied Physics Letters,1982,40:178.

[7]　白春礼.扫描隧道显微术及其应用[M].上海:上海科学技术出版社,1992.

[8]　杜磊,庄奕谋.纳米电子学[M].北京:电子工业出版社,2004.

[9]　GORTER C J. A possible explanation of the electrical resistance of thin metal films at low temperature and small field strength[J].Physics,1951,15(2):777-780.

[10]　HOUTEN H V. Coulomb blockade oscillations in semiconductor nanostructures [J].Surface Science,1992,263:442-445.

[11]　AMMAN M, FIELD S B, JAKLEVIC R C. Coulomb-blockage spectroscopy of gold particles imaged with scanning tunneling microscopy[J].Physical Review B, 1993,48(16):12104-12109.

[12]　AVERIN D V, LIKHAREV K K. Coulomb blockade of single-electron tunneling, and coherent oscillations in small tunnel junctions[J].Low Temperature Physics, 1986,62(3-4):345-373.

[13]　FULTON T A, DOLAN G J. Observation of single-electron charging effects in small tunnel junctions[J].Physical Review Letters, 1987,59(1):109-112.

[14]　ALHASSID Y. The statistical theory of quantum dots[J].Reviews of Modern Physics,2000,72:000895.

[15]　WEES B J V, HOUTEN H V, BEENAKKER C W J, et al. Quantized conductance of point contacts in a two-dimensional electron gas[J].Physical Review Letters, 1988,60:848-850.

[16]　KUZMIN L S, LIKHAREV K K. Observation of the Correlated Discrete Single-Electron Tunneling[J].Japanese Journal of Applied Physics, 1987,45:1387-1388.

[17]　MEIR Y, WINGREEN N S, LEE P A. Transport through a strongly interacting system:Theory of Periodic conductance oscillations[J].Physical Review Letters, 1991,66:3048.

[18] FANO U. Effects of Configuration Interaction on Intensities and Phase Shifts[J]. Physical Review, 1961,124:1866.

[19] MIROSHNICHENKO A E, FLACH S, KIVSHAR Y S. Fano resonances in nanoscale structures[J].Reviews of Modern Physics,2010,82: 2257-2298.

[20] GÖRES J, GOLDHABER-GORDON D, HEEMEYER S, et al. Fano resonances in electronic transport through a single-electron transistor [J]. Physical Review B 2000,62: 2188-2194.

[21] HAAS W J D, BOER J H D, BERG G J V D. The electrical resistance of gold, copper and lead at low temperatures[J].Physica, 1934, 1(7): 1115-1124.

[22] SARACHIK M P, CORENZWIT E, LONGINOTTI L D. Resistivity of Mo-Nb and Mo-Re Alloys Containing 1% Fe [J]. Physical Review, 1964, 135: A1041-A1045.

[23] Hewson A C. The Kondo Problem to Heavy Fermions[M].Cambridge: Cambridge University Press, 1993.

[24] KOUWENHOVEN L, GLAZMAN L. Revival of the Kondo effect[J].Physics world, 2001, 1: 33-37.

[25] KONDO J. Resistance minimum in dilute magnetic alloys[J].Progress of theoretical physics, 1964, 32(1): 37-49.

[26] ABRIKOSOV A, MIGDAL A A. On the theory of the Kondo effect[J].Journal of Low Temperature Physics, 1970, 3(5): 519-536.

[27] ANDERSON P W. Localized magnetic states in metals[J].Physical Review, 1961, 124(1): 41.

[28] SCHRIEFFER J R, WOLFF P A. Relation between the Anderson and Kondo Hamiltonians [J].Physical Review, 1966, 149: 491-492.

[29] HEDGCOCK F T, RIZZUTO C. Influence of Magnetic Ordering on the Low-Temperature Electrical Resistance of Dilute Cd-Mn and Zn-Mn Alloys[J].Physical Review, 1967, 163: 517-522.

[30] YOSIDA K. Bound state due to the s-d exchange interaction[J].Physical Review, 1966, 147: 223-227.

[31] WILSON K G. The renormalization group: Critical phenomena and the Kondo problem [J].Reviews of Modern Physics, 1975,47: 773.

[32] NOZIÈRES P. A Fermi-Liquid' description of the Kondo problem at low temperatures [J].Journal of Low Temperature Physics, 1974, 17: 31-42.

[33] ANDREI N. Diagonalization of the Kondo hamiltonian[J].Physical Review Letters,1980, 45: 379-382.

[34] HORVATIĆ B, SOKCEVIĆ D,ZLATIĆ V. Finite-temperature spectral density for the Anderson model[J].Physical Review B, 1987, 36: 675-683.

［35］ BULLA R，COSTI T A，PRUSCHKE T. Numerical renormalization group method for quantum impurity systems［J］.Reviews of Modern Physics，2008，80：395-450.

［36］ AFFLECK I. The Kondo screening cloud：what it is and how to observe it［J］. 2010，arXiv：0911.2209.

［37］ KISELEVA M N，KIKOIN K A. Correlations between Kondo clouds in nearly antiferromagnetic Kondo lattices［J］.Journal of Magnetism and Magnetic Materials，2004，01：272-276.

［38］ BERGMANN G，TAO Y. Oscillations of the magnetic polarization in a Kondo system at finite magnetic fields［J］.European Physical Journal B,2010，73：95-101.

［39］ TIEGEL A C，DARGEL P E，HALLBERG K A，et al. Spin-spin correlations between two Kondo impurities coupled to an open Hubbard chain［J］.2013，arXiv：1212.3963.

［40］ BERGMANN G. Quantitative calculation of the spatial extension of the Kondo cloud［J］.Physical Review B，2008，77：104401.

［41］ PRÜSER H，WENDEROTH M，DARGEL P E，et al. Long-range Kondo signature of a single magnetic impurity［J］.Nature Physics，2011,7：203.

［42］ AFFLECK I，SIMON P. Detecting the Kondo Screening Cloud Around a Quantum Dot［J］.Physical Review Letters，2001,86：2854.

［43］ LEE S-S B，PARK J，SIM H S. Macroscopic Quantum Entanglement of a Kondo Cloud at Finite Temperature［J］.Physical Review Letters,2015,114：057203.

［44］ BLANTER Y M，BUG TTIKER M. Shot Noise in Mesoscopic Conductors［J］. Physics Reports,2000,336：1-166.

［45］ 安兴涛,李玉现,刘建军.介观物理系统中的噪声［J］.物理学报，2007(7)：4105-4106.

［46］ NAZAROV Y V. Quantum Noise in Mesoscopic Physics［M］, Netherlands：Springer,2003.

［47］ SCHOTTKY W. Über spontane Stromschwankungen in verschiedenen Elektrizitätsleitern ［J］.Annalen der Physik(Berlin)，1918,362：541-567.

［48］ BOYLO I V. Photon-Assisted Shot Noise in Normal Metal-Insulator-Superconductor Heterostructures［J］.Journal of Photonic Materials and Technology,2015,1：15-18.

［49］ ZHAO Hong-Kang，ZOU Wei-Ke，CHEN Qiao. Shot Noise of Charge Current in a Quantum Dot Responded by Rotating and Oscillating Magnetic Fields［J］.Journal of Applied Physics，2014,116：093702.

［50］ CHEN Qiao，CHEN Ke-Qiu，ZHAO Hong-Kang. Shot Noise in a Quantum Dot System Coupled with Majorana Bound States［J］.Journal of Physics：Condensed Matter,2014,26(31)：315011.

［51］ ZHANG Jian，ZHAO Hong-Kang，WANG Qing. Shot Noise in a Toroidal Carbon Nanotube coupled with Majorana Fermions States［J］.Physics Letters A，2016，380：1378-1384.

[52] 程永喜,任全年,景银兰,等.半导体异质结中场驱动下的散粒噪声特性[J].山西大学学报,2018,41(3):1-7.

[53] 赵金荣,刘朴,刘建军.稀磁半导体/半导体量子线中的散粒噪声[J].河北师范大学学报.2009(5):608-610.

[54] SOHN L L, KOUWENHOVEN L P, SCHÖN G. Mesoscpoic electron transport [M].Dordrecht:Springer Dordrecht,1997.

[55] DIVENTRA M. Electron transport in Nanoscale Systems[M].New York:Cambridge University Press,2008.

[56] MAHAN. Many-Partical physics[M].New York:Plenum Press,1990.

[57] 卫崇德,章立源,刘福绥.固体物理中的格林函数方法[M],北京:高等教育出版社,1992.

[58] HAUG H, JAUHO A P. Quantum Kinetics in Transport and Optics of Semiconductors [M].Heidelberg:Springer Berlin,2008.

[59] MEIR Y, WINGREEN N S, LEE P A. Transport through a Strongly Interacting System:Theory of Periodic Conductance Oscillations[J].Physical Review Letters, 1991,66:3048-3051.

[60] 王怀玉.物理学中的格林函数方法[M].香港:香港教科文出版有限公司,1998.

[61] OOSTERKAMP T H, KOUWENHOVEN L P, KOOLEN A E A, et al. Photon sidebands of the ground state and first excited state of a quantum dot[J].Physical Review Letters, 1997, 78(8):1536-1539 .

[62] MEIR Y, WINGREEN N S, LEE P A. Low-temperature transport through a quantum dot:the Anderson model out of equilibrium[J].Physical Review Letters, 1993,70(17):2601-2604.

[63] MEHTA P, ANDREI N. Nonequilibrium transport in quantum impurity models:The Bethe Ansatz for open systems[J].Physical Review Letters, 2006, 96:216802.

[64] WINGREEN N S, JAUHO A P, MEIR Y. Time-dependent transport through a mesoscopic structure[J].Physical Review B, 1993,48:8487-8490.

[65] JAUHO A P, WINGREEN N S, MEIR Y. Time-dependent transport in interacting and noninteracting resonant-tunneling systems [J]. Physical Review B, 1994, 50:5528.

[66] ZHANG Ping, ZHAO Xian-Geng. Quantum dynamics of a driven double quantum dot[J].Physics Letters A, 2000,271:419-428.

[67] ZHU Yu, MACIEJKO J, JI Tiao, et al. Time-dependent quantum transport:Direct analysis in the time domain [J].Physical Review B, 2005,71:075317.

[68] MACIEJKO J, WANG Jian and GUO Hong. Time-dependent quantum transport far from equilibrium:An exact nonlinear response theory [J].Physical Review B, 2006,74:085324.

[69] CAZALILLA M A, MARSTON J B. Time-dependent density-matrix renormalization group: A systematic method for the study of quantum many-body out-of-equilibrium systems[J].Physical Review Letters, 2002,88: 256403.

[70] SCHMITTECKERT P. Nonequilibrium electron transport using the density matrix renormalization group method [J].Physical Review B, 2004, 70: 121302(R).

[71] ANDERS F B, Schiller A. Real-time dynamics in quantum-impurity systems: a time-dependent numerical renormalization-group approach [J]. Physical Review Letters, 2005, 95: 196801.

[72] KOPPENS F H L, BUIZERT C, TIELROOIJ K J, et al. Driven coherent oscillations of a single electron spin in a quantum dot[J].Nature, 2006,17: 766-771.

[73] JAUHO A P, WINGREEN N S, MEIR Y. Time-dependent transport in interacting and noninteracting resonant-tunneling systems[J].Physical Review B, 1994,50: 5528-5544.

第4章 开放量子系统的级联运动方程组方法

4.1 量子耗散理论

量子测量以及和量子测量相关的量子力学诠释是量子力学的基本问题之一。开放量子系统理论是描述量子测量过程的基本理论,不仅与量子力学的基本问题有关,而且与量子物理的实际应用有较大联系。封闭的量子体系服从薛定谔方程,经历的是可逆的幺正演化过程。而被测量的量子体系与测量仪器或外界环境会发生相互作用,导致其不再是封闭的量子系统,而成为一个典型的开放量子系统[1]。大多数真实的量子体系都会与外界环境发生相互作用或进行信息交流,是普适的开放量子系统,从而会导致量子耗散、量子相干性的退化等量子现象[1-2]。开放量子系统理论的发展对于量子信息和量子计算都具有重要作用和意义。对于开放量子系统的理论研究,杨振宁、彭桓武、孙昌璞、余理华等老一辈科学家做出了杰出的贡献,其中典型的贡献是,把基于热库理论的微观理论与有效哈密顿量描述结合起来,得到了有效哈密顿量的适用条件,并进而预言了耗散系统的波函数局域化现象。

开放系统在相互作用下的不可逆过程中会导致耗散现象,如宏观物体之间的摩擦、电荷流动时的电阻等。对于耗散现象的解释需要从微观入手,建立微观模型及理论。处理耗散系统通常有两种方法,一种方法是把研究的系统置于一个大的热库当中,使热库和系统的整体形成一个可以由标准的量子力学方法描述的封闭量子系统。热库的自由度被"平均掉",系统和热库之间的适当的相互作用将给出具有阻尼系数和随机力坐标算符的耗散方程。另一种方法是直接给出开放系统的有效哈密顿量,把耗散系统唯象地认为是由这个与时间相关的有效哈密顿量描述的时变系统,给出相应的海森伯运动方程,从而形成有效哈密顿量的量子耗散理论(Quantum Dissipation Theory)[1]。

量子耗散理论是研究开放量子系统的重要方法之一。环境耗散作用的影响在实际的物理体系的研究中是不可避免的问题。微观量子体系在周围量子环境影响下的动力学行为,是量子耗散关注的焦点。与体系相互作用的环境包含巨大数量的自由度,环境对体系的影响可以用量子统计动力学的方法来描述。量子耗散理论在量子转移和输运、量子调控、凝聚相化学反应等研究领域扮演着重要的角色[2]。近年来,材料科学发展保持迅猛势头,尤其是光子晶体、低维材料等介观纳米体系,与量子计算和量子通信的前沿发展密切相关。面对这些复杂体系,常规的微扰理论方法虽然可以提供材料的微观结构和部分性质,但难以系统地描述和完整刻画其物理图像和相关动力学行为。

量子耗散理论(Quantum Dissipation Theory)常用于研究环境影响下约化体系的动力

学行为。发展的方法包括基于自洽场的有效单电子近似方法、微扰的量子主方程、结合费曼图的非平衡格林函数方法、级联运动方程组（Hierarchical Equations of Motion，HEOM）方法[3-8]以及开放体系的量子随机方程等。这些现有理论对于日趋复杂的开放系统的研究具有重要作用。在解释实验光谱时，通常把量子体系所处的环境作为几乎没有特征谱带的热库模型，从而形成封闭的系统求解。当然，对于像生物蛋白、低维材料等复杂环境通常具有明显的声子电子能带，外场作用时会产生极化响应，且环境的性质甚至可以由温度和外场调节，进而反馈影响体系的动力学过程。此时，环境不仅具有统计性质，也有量子力学的特性，与体系的耦合可产生较强的量子相干效应。这样的情况不能用传统上微扰的、马尔可夫近似水平的理论去描述。因此，有必要对现有的量子耗散理论框架进行拓展，以能够对实际体系进行相应的研究。

4.2　级联运动方程组方法

级联运动方程组（Hierarchical Equations of Motion，HEOM）方法是由中国科学技术大学严以京课题组提出的一种非微扰的量子耗散理论和作者所在的中国人民大学魏建华课题组合作，将其发展推广到了凝聚态物理领域[3-8]。该方法不仅适用于强关联电子体系的动力学研究，例如安德森杂质模型的动力学输运行为[9]；还适用于化学动力学的研究，例如生物光富集体系的二维相干光谱[7]。级联运动方程组理论提供了一个在定量水平上研究量子耗散问题的普适的、可靠的以及多用途的理论工具，研究课题包括了物理、化学、材料科学等学科中的许多前沿重要领域。级联运动方程组的构建从影响泛函路径积分开始，通过使用路径积分算法以及对环境关联函数的适当分解方式来实现。所得到的级联运动方程组结构耦合了约化体系密度算符和一系列辅助密度算符。级联运动方程组在形式上对任意开放体系是严格的，理论的推导过程仅仅假设了环境的影响满足高斯（或大数）统计。体系可以与任意玻色型或费米型环境，在任意有限温度下存在相互作用。级联运动方程组方法适用于研究非微扰、非马尔可夫耗散以及多粒子相互作用下的动力学过程[4,5]。这些协同的相互作用也正是强关联电子体系中研究的关键问题。以上即为级联运动方程组方法的基本思想。下面以量子杂质模型为例来诠释级联运动方程组方法的基本思路。

量子杂质模型作为强关联电子体系最基本的模型，对于理论分析强关联电子体系中的物理性质具有重要的作用。虽然，中间量子杂质的自由度较小，当考虑电极或者环境时，求解该多电子体系，希尔伯特（Hilbert）空间的自由度会很大。从而，在数值求解过程中存在很大的困难。对于目前所存在的理论数值方法，如格林函数运动方程和主方程等都要做一定的截断近似以达到数值上的收敛。而且，以前求解多电子体系比较精确的数值重整化群方法（NRG）则是把电极对系统的影响通过杂化函数 $\Delta(\omega) = \pi \sum_k V_k^2 \delta(\omega - \omega_k)$ 来描述，通过先对电极自由度 k 求和得到一个依赖 ω 的低自由度的等效哈密顿量。该方法对求解单量子点系统是比较成功的，但是在处理多量子点体系时效率是很低的，计算代价也是比较大的，比如：目前文献中利用数值重整化群方法在处理三量子点系统时，离散化参数都在2（1才是严格的）以上[10-11]。

基于开放系统的影响泛函理论的量子耗散方法——级联运动方程组方法（HEOM）是一套求解量子杂质的非微扰方法。该方法从另外一个完全不同的角度出发来处理开放量子系统的含时记忆效应。这里以中间量子杂质为研究对象，将电极看成是附加在研究对象上的环境，一般认为其为无相互作用的费米子库。环境对于量子杂质的影响通过关联函数表示。而中间量子杂质的相关物理性质可以通过密度矩阵算符的运动方程来描述。此时，费米子库的环境对量子杂质的影响已经通过运动方程中的关联函数包含进来。通过对关联函数或者谱密度函数的离散化分解，得到一组关于约化密度矩阵和辅助密度矩阵的非微扰的运动方程组。从而，在级联运动方程组线性空间中求解系统的物理量。所以，这一套求解量子杂质的级联运动方程组方法不仅可以解决开放系统的量子杂质问题，还能够处理非平衡下的量子耗散问题。在强关联电子领域，可以考虑将级联运动方程组方法与动力学平均场理论结合，开发以级联运动方程组为杂质求解器的动力学平均场方法和程序，用来研究分子体系，如过渡金属团簇和单分子磁体中的强关联效应。在介观物理学方面，将级联运动方程组方法作为一个强大而有效的工具，深入研究介观体系的近藤效应、法诺效应、热电输运现象等相关问题[9-13]。本章内容将简要介绍级联运动方程组理论及其数值求解物理量中的应用。

4.3 随机耦合哈密顿量和量子统计

4.3.1 电子和电极复合哈密顿量

对于电子体系和电极（库）组成的开放量子系统，设其总的哈密顿量为

$$H = H_s + H_B + H_{int} \tag{4.1}$$

式中，量子点的哈密顿量为 H_s，可根据需要选取合适类型的哈密顿量形式，不做特殊要求和限制。电极的哈密顿量为 H_B，量子点系统与电极连接的耦合哈密顿量为 H_{int}。电极视为无相互作用的电子体系或者已经被对角化了的准粒子集合，处理为巨正则费米库系综

$$H_B = \sum_{\alpha} h_{\alpha} = \sum_{ak\mu} \epsilon_{ak\mu} c^{\dagger}_{ak\mu} c_{ak\mu} \tag{4.2}$$

式中，h_{α} 是第 α 电极的哈密顿量，$\epsilon_{ak\mu}$ 为第 α 电极的动量 k 态上 μ 自旋电子的能量，$c_{ak\mu}$ （$c^{\dagger}_{ak\mu}$）是相应的湮灭（产生）算符，下标 α 为电极指标，k 为电极的动量自由度指标，且 μ 为电子的自旋取向。体系与电极的耦合哈密顿量部分为

$$H_{int} = \sum_{ak\mu} V_{ak\mu} d^{\dagger}_{\mu} c_{ak\mu} + H.c. \tag{4.3}$$

表示系统中具有 μ 自旋的电子与 α 电极中 k 态上自旋相同的电子之间存在耦合，$V_{ak\mu}$ 为耦合强度大小，H.c.表示厄米共轭。这里，体系的哈密顿量是非常任意的，级联运动方程组理论并不依赖其具体形式。

电极作为无限大自由度的电子库，对系统的影响可以通过统计上的关联函数来描述。下面给出相互作用表象下的关联函数，定义相互作用表象下的算符为

$$\hat{O}(t) = e^{iH_B t/\hbar} \hat{O} e^{-iH_B t/\hbar} \tag{4.4}$$

总哈密顿量在电极相互作用表象下可表示为

$$H(t) = \mathrm{e}^{iH_Bt/\hbar}\big[H_s(t) + H_{int}(t)\big]\mathrm{e}^{-iH_Bt/\hbar} \tag{4.5}$$

这里电极项 H_B 不参与演化,这里将其略去。系统与电极电子自由度相互对易,则系统体系项为

$$H_s(t) = H_s(0) = H_s \tag{4.6}$$

相互作用项为

$$H_{int}(t) = \sum_{\alpha\mu} d_\mu^\dagger f_{\alpha\mu} + \mathrm{H.c.} \tag{4.7}$$

定义电极相互作用表象下的电极电子的湮灭和产生算符

$$f_{\alpha\mu}(t) = \mathrm{e}^{iH_Bt/\hbar}\Big(\sum_k V_{\alpha k\mu} c_{\alpha k}\Big)\mathrm{e}^{-iH_Bt/\hbar} \tag{4.8}$$

$$f_{\alpha\mu}^\dagger(t) = \mathrm{e}^{iH_Bt/\hbar}\Big(\sum_k V_{\alpha k\mu}^* c_{\alpha k}^\dagger\Big)\mathrm{e}^{-iH_Bt/\hbar} \tag{4.9}$$

称为库的随机力算符,其对热力学平均满足高斯(Gauss)统计和维克(Wick)定理。描述电极对系统的双时关联函数定义为

$$C_{\alpha\mu\nu}^+(t-t_0) = \langle f_{\alpha\mu}^\dagger(t) f_{\alpha\nu}(t_0)\rangle_B \tag{4.10}$$

$$C_{\alpha\mu\nu}^-(t-t_0) = \langle f_{\alpha\mu}(t) f_{\alpha\nu}^\dagger(t_0)\rangle_B \tag{4.11}$$

满足时间反演对称性和细致平衡关系

$$\big[C_{\alpha\mu\nu}^\pm(t)\big]^* = C_{\alpha\nu\mu}^\pm(-t) = \mathrm{e}^{\pm\beta_\alpha\mu_\alpha} C_{\alpha\mu\nu}^\mp(t-i\beta_\alpha) \tag{4.12}$$

式中:

$$\langle\hat{O}\rangle_B = \mathrm{tr}\Big[\hat{O}\prod_\alpha e^{-\beta_\alpha(h_\alpha-\mu_\alpha N_\alpha)}\Big] \tag{4.13}$$

表示对电极做统计平均,h_α 是 α 电极的哈密顿量,β_α、μ_α 和 N_α 分别是 α 电极的温度、化学势和粒子数。$C_{\alpha\mu\nu}^+(t-t_0)$ 表示电极中的电子向量子点跃迁,$C_{\alpha\mu\nu}^-(t-t_0)$ 表示量子点上的电子向电极跃迁。细致平衡描述了正反两个跃迁过程在微观上的平衡,在开放系统下则意味着在足够长时间以后,系统将达到平衡态。

4.3.2 涨落耗散定理

下面引入开放量子系统的谱密度函数,定义为

$$J_{\alpha\mu\nu}(\omega) = \frac{1}{2\pi}\int_{-\infty}^{\infty} dt\, \mathrm{e}^{i\omega(t-t_0)} < \{f_{\alpha\mu}(t), f_{\alpha\nu}^\dagger(t_0)\} >_B \tag{4.14}$$

由关联函数的傅里叶变换式为

$$C_{\alpha\mu\nu}^-(\omega) = \frac{1}{2\pi}\int_{-\infty}^{\infty} dt\, \mathrm{e}^{i\omega(t-t_0)} C_{\alpha\mu\nu}^-(t-t_0) \tag{4.15}$$

$$C_{\alpha\mu\nu}^+(\omega) = \frac{1}{2\pi}\int_{-\infty}^{\infty} dt\, \mathrm{e}^{-i\omega(t-t_0)} C_{\alpha\mu\nu}^+(t-t_0) \tag{4.16}$$

可得谱密度函数和关联函数有以下关系

$$J_{\alpha\mu\nu}(\omega) = C_{\alpha\mu\nu}^-(\omega) + C_{\alpha\nu\mu}^+(\omega) \tag{4.17}$$

同时,根据细致平衡条件(4.12)有

$$C_{\alpha\nu\mu}^+(\omega) = \mathrm{e}^{-\beta_\alpha(\hbar\omega-\mu_\alpha)} C_{\alpha\mu\nu}^-(\omega) \tag{4.18}$$

可以得到

$$C^-_{a\mu\nu}(\omega) = f^-_a(\omega) J_{a\mu\nu}(\omega) \tag{4.19}$$

$$C^+_{a\nu\mu}(\omega) = f^+_a(\omega) J_{a\mu\nu}(\omega) \tag{4.20}$$

式中：

$$f^+_a(\omega) = \frac{1}{e^{\beta_a(\hbar\omega-\mu_a)}+1} \tag{4.21}$$

是 α 电极电子的费米-狄拉克分布函数。$f^-_a(\omega) = 1 - f^+_a(\omega)$ 则可以看成是相应的 α 电极的空穴分布。式（4.19）和式（4.20）就是量子统计中常见的涨落耗散定理（Fluctuation Dissipation Theorem）。涨落耗散定理是统计物理学中重要的定理之一，它描述了一个重要的物理特征：把环境（库）在平衡态下的涨落性质与系统非平衡态下的耗散性质两个无关的物理量联系了起来。涨落耗散定理在不同的研究对象下具有不同的具体形式。此时，所讨论的问题是以由关联函数所描述的环境（库）的涨落性质和以谱函数来描述的系统的耗散性质之间的联系。结合关联函数的逆傅里叶变换可得

$$C^+_{a\nu\mu}(t_0-t) = \int_{-\infty}^{\infty} d\omega\, e^{i\omega(t_0-t)} \frac{J_{a\mu\nu}(\omega)}{e^{\beta_a(\hbar\omega-\mu_a)}+1} \tag{4.22}$$

$$C^-_{a\mu\nu}(t-t_0) = \int_{-\infty}^{\infty} d\omega\, e^{-i\omega(t-t_0)} \frac{e^{\beta_a(\hbar\omega-\mu_a)} J_{a\mu\nu}(\omega)}{e^{\beta_a(\hbar\omega-\mu_a)}+1} \tag{4.23}$$

因此，可以利用涨落耗散定理，从谱密度函数出发得到所需的关联函数，而不受具体表象的影响。简记 $\sigma=+,-,\bar{\sigma}=-\sigma, J^-_{a\mu\nu}(\omega)=J_{a\mu\nu}(\omega), J^+_{a\mu\nu}(\omega)=J_{a\nu\mu}(\omega)$，则关联函数可以写为

$$C^\sigma_{a\mu\nu}(t) = \int_{-\infty}^{\infty} d\omega\, e^{i\sigma\omega t} f^\sigma_a(\omega) J^\sigma_{a\mu\nu}(\omega) \tag{4.24}$$

当开放量子系统外加含时偏压时，电极的导带（价带）做相应的刚性均匀含时移动，即：$\epsilon_{ak\mu}(t)=\epsilon_{ak\mu}+\Delta_a(t)$ 和 $\mu_a(t)=\mu_a+\Delta_a(t)$。此时，每个态的占据情况不变，由此对 $t \geqslant \tau$ 积分，得到非稳态关联函数为 $C^\sigma_{a\mu\nu}(t,\tau) = \exp\left[\sigma i \int_\tau^t dt' \Delta_a(t')\right] C^\sigma_{a\mu\nu}(t-\tau)$，其中 $\Delta_a(t)$ 代表依赖时间的化学势，也就是系统施加外加电场之后化学势随时间改变的部分 $\Delta_a(t) = \mu_a(t) - \mu_a$。

4.4　级联运动方程组理论的推导

4.4.1　路径积分中的影响泛函

对于基于量子耗散的输运理论，其核心的物理量是系统的约化密度矩阵 $\rho(t) = tr_{\rm B}\rho_{\rm T}(t)$。假设量子耗散开始于系统与电极（库）无耦合作用的初始条件[6-8]：

$$\rho_{\rm T}(t_0) = \rho(t_0)\rho^0_{\rm B}; \quad t_0 \rightarrow -\infty \tag{4.25}$$

根据量子场论，在路径积分表示中，费米子的产生算符和湮灭算符对应反对易的格拉兹曼（Grassmann）数。

令$\{|\psi\rangle\}$为系统子空间的二次量子化基矢,并且$\psi\equiv(\psi,\psi')$,这里借助刘维尔空间(Liouville-space)中的传播子$\mathcal{U}(t,t_0)$表示最终结果为

$$\rho(t)=\mathcal{U}(t,t_0)\rho(t_0) \tag{4.26}$$

式中传播子的路径积分表示为

$$\mathcal{U}(\psi,t;\psi_0,t_0)=\int_{\psi_0[t_0]}^{\psi[t]}\mathcal{D}\psi\,e^{iS[\psi]}\,\mathcal{F}[\psi]\,e^{-iS[\psi']} \tag{4.27}$$

$S[\psi]$是系统的经典作用量泛函,与含时外场及其多体相互作用有关。现在采用热力学高斯(Gauss)平均的维克(Wick)定理结合格拉兹曼代数求影响泛函$\mathcal{F}[t,\psi]$。

对随机的希尔伯特空间传播子$U_\mathrm{T}(t,0)$,满足:

$$\frac{\partial}{\partial t}U_\mathrm{T}(t,0)=-\frac{i}{\hbar}H(t)U_\mathrm{T}(t,0) \tag{4.28}$$

式中,$H(t)$是式(4.5)定义的电极相互作用表象中的哈密顿量。整个复合系统的总密度算符的演化方程

$$\rho_\mathrm{T}(t)=U_\mathrm{T}(t,0)\rho_\mathrm{T}(0)U_\mathrm{T}^\dagger(t,0) \tag{4.29}$$

演化算符$U_\mathrm{T}(t,0)$的路径积分表示为

$$U_\mathrm{T}(\psi(t),t;\psi(0),0)=\int\mathcal{D}\psi\,e^{iS[\psi]}\,e^{-i\sum_{\alpha\mu}\int_0^t d\tau(d_\mu^\dagger[\psi(\tau)]f_{\alpha\mu}(\tau)+f_{\alpha\mu}^\dagger(\tau)d_\mu[\psi(\tau)])} \tag{4.30}$$

式中,$d_\mu^\dagger[\psi(\tau)]$($d_\mu[\psi(\tau)]$)是量子点电子的产生(湮灭)算符,$f_{\alpha i\mu}^\dagger(\tau)$($f_{\alpha i\mu}(\tau)$)是电极电子的产生(湮灭)算符。

由约化密度矩阵的定义为

$$\begin{aligned}\rho(t)&=\mathrm{tr_B}[\rho_\mathrm{T}(t)]\\&=\mathrm{tr_B}[U_\mathrm{T}(\psi(t),t;\psi(0),0)\rho_\mathrm{T}(0)U_\mathrm{T}^\dagger(\psi(t),t;\psi(0),0)]\\&=\mathrm{tr_B}[e^{\sum_\alpha\beta_\alpha(h_\alpha-\mu_\alpha N_\alpha)}U_\mathrm{T}(\psi(t),t;\psi(0),0)\rho_\mathrm{B}(0)\times\\&\quad\rho(0)U_\mathrm{T}^\dagger(\psi'(t),t;\psi'(0),0)e^{-\sum_\alpha\beta_\alpha(h_\alpha-\mu_\alpha N_\alpha)}]\end{aligned} \tag{4.31}$$

将希尔伯特空间的传播子$U_\mathrm{T}(\psi(t),t;\psi(0),0)$代入式(4.31)中可得

$$\rho(t)=\langle\widetilde{U}_\mathrm{T}(\psi(t-i\hbar\beta),t-i\hbar\beta;\psi(0),0)\rho(0)U_\mathrm{T}^\dagger(\psi'(t),t;\psi'(0),0)\rangle_\mathrm{B} \tag{4.32}$$

式中:

$$\begin{aligned}&\widetilde{U}_\mathrm{T}(\psi(t-i\hbar\beta),t-i\hbar\beta;\psi(0),0)\\&=\int\mathcal{D}\psi\,e^{iS[\psi]}\,e^{-i\sum_{\alpha\mu}\int_0^t d\tau(e^{\beta_\alpha\mu_\alpha}d_\mu^\dagger[\psi(\tau)]f_{\alpha\mu}(\tau-i\hbar\beta)+e^{-\beta_\alpha\mu_\alpha}f_{\alpha\mu}^\dagger(\tau-i\hbar\beta))d_\mu[\psi(\tau)])}\end{aligned} \tag{4.33}$$

最终得到影响泛函$\mathcal{F}[t,\psi]$的具体表达式为

$$\begin{aligned}\mathcal{F}[t,\psi]=\bigg\langle&\exp\bigg\{-i\sum_{\alpha\mu}\int_0^t d\tau(e^{\beta_\alpha\mu_\alpha}d_\mu^\dagger[\psi(\tau)]f_{\alpha\mu}(\tau-i\hbar\beta)+e^{-\beta_\alpha\mu_\alpha}f_{\alpha\mu}^\dagger(\tau-i\hbar\beta)d_\mu[\psi(\tau)])\bigg\}\times\\&\exp\bigg\{i\sum_{\alpha\mu}\int_0^t d\tau(d_\mu^\dagger[\psi'(\tau)]f_{\alpha\mu}(\tau)+f_{\alpha\mu}^\dagger(\tau)d_\mu[\psi'(\tau)])\bigg\}\bigg\rangle_\mathrm{B}\end{aligned}$$

$$\tag{4.34}$$

将影响泛函展开为泛函级数,并写成$\mathcal{F}=\exp(-\Phi)$的形式,考虑到电极满足高斯统计,并利用维克定理可得到

$$\Phi[t,\psi] = -\sum_{\alpha\mu\nu} \int_0^t d\tau_2 \int_0^t d\tau_1 \{C_{\alpha\mu\nu}^{+*}(\tau_2-\tau_1)d_\mu^\dagger[\psi(\tau_2)]d_\nu[\psi'(\tau_1)] +$$

$$C_{\alpha\mu\nu}^{-*}(\tau_2-\tau_1)d_\mu[\psi(\tau_2)]d_\nu^\dagger[\psi'(\tau_1)]\} +$$

$$\sum_{\alpha\mu\nu} \int_0^t d\tau_2 \int_0^{\tau_2} d\tau_1 \{C_{\alpha\mu\nu}^+(\tau_2-\tau_1)d_\mu[\psi(\tau_2)]d_\nu^\dagger[\psi(\tau_1)] + \quad (4.35)$$

$$C_{\alpha\mu\nu}^-(\tau_2-\tau_1)d_\mu^\dagger[\psi(\tau_2)]d_\nu[\psi(\tau_1)] +$$

$$C_{\alpha\mu\nu}^{+*}(\tau_2-\tau_1)d_\nu[\psi'(\tau_1)]d_\mu^\dagger[\psi'(\tau_2)] +$$

$$C_{\alpha\mu\nu}^{-*}(\tau_2-\tau_1)d_\nu^\dagger[\psi'(\tau_1)]d_\mu[\psi'(\tau_2)]\}$$

令 $\mathcal{R}=\partial_t\Phi$ 为耗散泛函,可得

$$\mathcal{R}[t,\psi] = -\sum_{\alpha\mu\nu} \int_0^t d\tau\{C_{\alpha\mu\nu}^{+*}(t-\tau)d_\mu^\dagger[\psi(t)]d_\nu[\psi'(\tau)] +$$

$$C_{\alpha\mu\nu}^{-*}(t-\tau)d_\mu[\psi(t)]d_\nu^\dagger[\psi'(\tau)] + C_{\alpha\mu\nu}^+(\tau-t)d_\mu^\dagger[\psi(\tau)]d_\mu[\psi'(t)] +$$

$$C_{\alpha\mu\nu}^-(\tau-t)d_\nu[\psi(\tau)]d_\mu^\dagger[\psi'(t)] - C_{\alpha\mu\nu}^+(t-\tau)d_\mu[\psi(t)]d_\nu^\dagger[\psi(\tau)] -$$

$$C_{\alpha\mu\nu}^-(t-\tau)d_\mu^\dagger[\psi(t)]d_\nu[\psi(\tau)] - C_{\alpha\mu\nu}^{+*}(t-\tau)d_\nu[\psi'(\tau)]d_\mu^\dagger[\psi'(t)] -$$

$$C_{\alpha\mu\nu}^{-*}(t-\tau)d_\nu^\dagger[\psi'(\tau)]d_\mu[\psi'(t)]\}$$

$$(4.36)$$

为简化式(4-36),可以定义:

$$B_{\alpha\mu}^\sigma(t,\psi) = \sum_\nu \int_0^t d\tau C_{\alpha\mu\nu}^\sigma(t-\tau)d_\nu^\sigma[\psi(\tau)] \quad (4.37)$$

$$B_{\alpha\mu}^{'\sigma}(t,\psi') = \sum_\nu \int_0^t d\tau C_{\alpha\mu\nu}^{\bar\sigma*}(t-\tau)d_\nu^\sigma[\psi'(\tau)] \quad (4.38)$$

以及

$$\mathcal{B}_{\alpha\mu}^\sigma(t,\{\psi\}) = -i[B_{\alpha\mu}^\sigma(t,\psi) - B_{\alpha\mu}^{'\sigma}(t,\psi')] \quad (4.39)$$

$$\mathcal{A}_\mu^\sigma[\psi(t)] = d_\mu^\sigma[\psi(t)] + d_\mu^\sigma[\psi'(t)] \quad (4.40)$$

由此可以得到耗散泛函为

$$\mathcal{R}[t,\{\psi\}] = i\sum_{\alpha\mu\sigma} \mathcal{A}_\mu^{\bar\sigma}[\psi(t)]\mathcal{B}_{\alpha\mu}^\sigma(t,\{\psi\}) \quad (4.41)$$

从而影响泛函可以简明地表示为

$$\mathcal{F}[t,\psi] = \exp\left\{-\int_0^t d\tau \, \mathcal{R}[t,\{\psi\}]\right\} \quad (4.42)$$

$\mathcal{B}_{\alpha\mu}$ 与 $\mathcal{A}_\mu^\sigma$ 在路径积分公式中是格拉兹曼变量,满足反对易关系。由于影响泛函与耗散函数包含了双费米子变量(算符),因而保持为通常意义下的 c-数。式中,$\mathcal{R}[t,\{\psi\}]$ 是耗散泛函,它的路径积分表达式,跟体系−环境耗散耦合、涨落环境的记忆时间尺度、时间依赖的外场以及多体相互作用都有关。体系−环境耦合、环境记忆时间尺度以及环境的外场都包含在耗散泛函 $\mathcal{R}[t,\{\psi\}]$ 中。

4.4.2　辅助密度矩阵和辅助影响泛函

由 4.4.1 节所得到的影响泛函的简单积分形式表达式,现在通过对影响泛函求微分来得到一系列的辅助密度矩阵及其影响泛函的表达式,从而给出约化密度矩阵的级联运动方程。

影响泛函对时间的导数：

$$\partial_t \mathcal{F} = -\mathcal{R}\mathcal{F} = -\mathrm{i}\sum_{\alpha\mu\sigma}\mathcal{A}_\mu^{\bar\sigma}\mathcal{B}_{\alpha\mu}^\sigma\mathcal{F} = -\mathrm{i}\sum_{\alpha\mu\sigma}\mathcal{A}_\mu^{\bar\sigma}\mathcal{F}_{\alpha\mu}^\sigma \tag{4.43}$$

这里引入一阶辅助影响泛函 $\mathcal{F}_{\alpha\mu}^\sigma = \mathcal{B}_{\alpha\mu}^\sigma\mathcal{F}$，来定义一阶辅助密度矩阵：

$$\rho_{\alpha\mu}^\sigma(t) = \mathcal{G}_{\alpha\mu}^\sigma(t;t_0)\rho(t_0) \tag{4.44}$$

其相应的一阶辅助传播子 $\mathcal{G}_{\alpha\mu}^\sigma$ 为

$$\mathcal{G}_{\alpha\mu}^\sigma(t;t_0) = \int \mathcal{D}\psi\, \mathrm{e}^{\mathrm{i}S[\psi]}\,\mathcal{F}_{\alpha\mu}^\sigma[t,\psi]\mathrm{e}^{-\mathrm{i}S[\psi']} \tag{4.45}$$

对式(4.45)微分，可以得到密度矩阵的运动方程：

$$\dot\rho(t) = -\mathrm{i}[H_s,\rho(t)] - \mathrm{i}\sum_{\alpha\mu\sigma}\mathcal{A}_\mu^{\bar\sigma}\rho_{\alpha\mu}^\sigma(t) \tag{4.46}$$

式中，H_s 对应于普通的封闭系统的刘维尔(Liouville)算子部分，第二部分是由于系统处在电子库的作用下所致。类似于 $\mathcal{B}_{\alpha\mu}^\sigma$，可以证明：

$$(\rho_{\alpha\mu}^\sigma(t))^\dagger = \rho_{\alpha\mu}^{\bar\sigma}(t) \tag{4.47}$$

为厄米算符，同时 $\mathcal{A}_\mu^{\bar\sigma}\rho_{\alpha\mu}^\sigma(t) = -\rho_{\alpha\mu}^\sigma(t)\mathcal{A}_\mu^{\bar\sigma}$，可以发现为了求得 $\rho(t)$ 的运动方程(4.46)，需要求 $\rho_{\alpha\mu}^\sigma(t)$ 的运动方程。因为 $\rho_{\alpha\mu}^\sigma(t)$ 包含了 $0 \leqslant \tau \leqslant t$ 之间的时间记忆，所以采用连续求导的方法来消除这种记忆效应。

下面先来考虑 $\mathcal{B}_{\alpha\mu}^\sigma$ 的导数：

$$\partial_t \mathcal{B}_{\alpha\mu}^\sigma = \widetilde{\mathcal{B}}_{\alpha\mu}^\sigma - \mathrm{i}\,\widetilde{\mathcal{C}}_{\alpha\mu}^\sigma \tag{4.48}$$

式中：

$$\widetilde{\mathcal{B}}_{\alpha\mu}^\sigma = -\mathrm{i}\sum_\nu\int_0^t \mathrm{d}\tau\big[\dot{C}_{\alpha\mu\nu}^\sigma(t-\tau)d_\nu^\sigma[\psi(\tau)] - \dot{C}_{\alpha\mu\nu}^{\bar\sigma *}(t-\tau)d_\nu^\sigma[\psi'(\tau)]\big] \tag{4.49}$$

$$\widetilde{\mathcal{C}}_{\alpha\mu}^\sigma = -\mathrm{i}\sum_\nu\big[C_{\alpha\mu\nu}^\sigma(t-\tau)d_\nu^\sigma[\psi(\tau)] - C_{\alpha\mu\nu}^{\bar\sigma *}(t-\tau)d_\nu^\sigma[\psi'(\tau)]\big] \tag{4.50}$$

对一阶辅助影响泛函求导，有

$$\begin{aligned}\partial_t \mathcal{F}_{\alpha\mu}^\sigma &= \partial_t(\mathcal{B}_{\alpha\mu}^\sigma\mathcal{F}) \\ &= (\widetilde{\mathcal{B}}_{\alpha\mu}^\sigma - \mathrm{i}\,\widetilde{\mathcal{C}}_{\alpha\mu}^\sigma)\mathcal{F} - \mathrm{i}\sum_{\alpha'\mu'\sigma'}\mathcal{B}_{\alpha\mu}^\sigma\mathcal{A}_{\mu'}^{\bar\sigma'}\mathcal{B}_{\alpha'i'\mu'}^{\sigma'}\mathcal{F} \\ &= \widetilde{\mathcal{F}}_{\alpha\mu}^\sigma - \mathrm{i}\,\widetilde{\mathcal{C}}_{\alpha\mu}^\sigma\mathcal{F} - \mathrm{i}\sum_{\alpha'\mu'\sigma'}\mathcal{A}_{\mu'}^{\bar\sigma'}\mathcal{F}_{\alpha\mu,\alpha'\mu'}^{\sigma,\sigma'}\end{aligned} \tag{4.51}$$

定义二阶辅助影响泛函

$$\mathcal{F}_{\alpha\mu,\alpha'\mu'}^{\sigma,\sigma'} = \mathcal{B}_{\alpha'\mu'}^{\sigma'}\mathcal{B}_{\alpha\mu}^\sigma\mathcal{F} \tag{4.52}$$

这里采用简化的符号，令 $j = \{\alpha\mu\sigma\}$ 或者 $\{\mu\sigma\}$，式(4.51)可以表述为

$$\partial_t \mathcal{F}_j = \widetilde{\mathcal{F}}_j - \mathrm{i}\,\widetilde{\mathcal{C}}_j\mathcal{F} - \mathrm{i}\sum_{j'}\mathcal{A}_{j'}^{\bar{}}\mathcal{F}_{jj'} \tag{4.53}$$

由以上过程，可以给出 n 阶辅助影响泛函 $\mathcal{F}_j^{(n)}$，$j = j_1, j_2, \cdots, j_n$ 导数形式

$$\begin{aligned}\partial_t \mathcal{F}_j^{(n)} &= \partial_t(\mathcal{B}_{j_n}\cdots\mathcal{B}_{j_2}\mathcal{B}_{j_1}\mathcal{F}) \\ &= (\widetilde{\mathcal{B}}_{j_n}\cdots\mathcal{B}_{j_2}\mathcal{B}_{j_1} + \mathcal{B}_{j_n}\cdots\widetilde{\mathcal{B}}_{j_2}\mathcal{B}_{j_1} + \mathcal{B}_{j_n}\cdots\mathcal{B}_{j_2}\widetilde{\mathcal{B}}_{j_1})\mathcal{F} - \\ &\quad \mathrm{i}(\widetilde{\mathcal{C}}_{j_n}\cdots\mathcal{B}_{j_2}\mathcal{B}_{j_1} + \mathcal{B}_{j_n}\cdots\widetilde{\mathcal{C}}_{j_2}\mathcal{B}_{j_1} + \mathcal{B}_{j_n}\cdots\mathcal{B}_{j_2}\widetilde{\mathcal{C}}_{j_1})\mathcal{F} - \\ &\quad \mathrm{i}\sum_{j'}{}'\,\mathcal{B}_{j_n}\cdots\mathcal{B}_{j_2}\mathcal{B}_{j_1}\mathcal{A}_j^{\bar{}}\mathcal{B}_j\mathcal{F}\end{aligned} \tag{4.54}$$

式中，$'$ 代表求和时有 $j \neq j_1, j_2, \cdots, j_n$ 这一限制。令

$$\widetilde{\mathcal{F}}_j^{(n)} = (\widetilde{\mathcal{B}}_{j_n} \cdots \mathcal{B}_{j_2} \mathcal{B}_{j_1} + \mathcal{B}_{j_n} \cdots \widetilde{\mathcal{B}}_{j_2} \mathcal{B}_{j_1} + \mathcal{B}_{j_n} \cdots \mathcal{B}_{j_2} \widetilde{\mathcal{B}}_{j_1}) \mathcal{F} \tag{4.55}$$

$$\sum_r (-1)^{n-r} \widetilde{\mathcal{C}}_{j_r} \mathcal{F}_{j_r}^{(n-1)} = (\widetilde{\mathcal{C}}_{j_n} \cdots \mathcal{B}_{j_2} \mathcal{B}_{j_1} + \mathcal{B}_{j_n} \cdots \widetilde{\mathcal{C}}_{j_2} \mathcal{B}_{j_1} + \mathcal{B}_{j_n} \cdots \mathcal{B}_{j_2} \widetilde{\mathcal{C}}_{j_1}) \mathcal{F} \tag{4.56}$$

$$\mathcal{F}_{jj}^{(n+1)} = \mathcal{B}_j \mathcal{B}_{j_n} \cdots \mathcal{B}_{j_2} \mathcal{B}_{j_1} \mathcal{F} \tag{4.57}$$

则 $\mathcal{F}_j^{(n)}$ 的导数表达式可以简写为

$$\partial_t \mathcal{F}_j^{(n)} = \widetilde{\mathcal{F}}_j^{(n)} - \mathrm{i} \sum_{r=1}^n (-1)^{n-r} \widetilde{\mathcal{C}}_{j_r} \mathcal{F}_{j_r}^{(n-1)} - \mathrm{i} \sum_{j'} {}' \mathcal{A}_{\bar{j}} \mathcal{F}_{jj}^{(n+1)} \tag{4.58}$$

从而，可以得到 n 阶辅助密度矩阵算符 $\rho_j^{(n)}(t)$ 的运动方程为

$$\dot{\rho}_j^{(n)}(t) = \widetilde{\rho}_j^{(n)} - \mathrm{i} \mathcal{L} \rho_j^{(n)}(t) - \mathrm{i} \sum_{r=1}^n (-1)^{n-r} \widetilde{\mathcal{C}}_{j_r} \rho_{j_r}^{(n-1)} - \mathrm{i} \sum_{j'} {}' \mathcal{A}_{\bar{j}} \rho_{jj}^{(n+1)} \tag{4.59}$$

奇数阶的辅助密度算符是格拉兹曼变量，偶数阶的是普通的复变量。其中超算符的定义为

$$\mathcal{L} \rho_j^{(n)}(t) = [H_s, \rho_j^{(n)}(t)] \tag{4.60}$$

$$\widetilde{\mathcal{C}}_j \rho_j^{(n)}(t) = \sum_{\nu} [C_{\alpha\mu\nu}^\sigma(0) d_\nu^\sigma \rho_j^{(n)}(t) - (-1)^n C_{\alpha\mu\nu}^{\bar{\sigma}*}(0) \rho_j^{(n)}(t) d_\nu^\sigma] \tag{4.61}$$

$$\mathcal{A}_{\bar{j}} \rho_j^{(n)}(t) = d_\mu^{\bar{\sigma}} \rho_j^{(n)}(t) + (-1)^n \rho_j^{(n)}(t) d_\mu^{\bar{\sigma}} \tag{4.62}$$

以上便是辅助密度算符的运动方程，当指标 $n > 2N_\alpha N_s$ 时，$\rho_j^{(n)} = 0$。其中，因子 2 来自自旋指标 $\sigma = +, -$，N_α 是电极的数目，N_s 是直接同电极耦合的轨道数目。由于未知变量多于方程数目，该运动方程是有限的、不封闭的。可以采取迈耶-坦纳尔（Meier-Tannor）参数化方法使其封闭，形成分层级联运动方程组。

4.5　级联运动方程组参数化

4.5.1　迈耶-坦纳尔参数化方法

下面给出玻色函数和费米函数的 Padé 谱分解方案。从数学上可以把函数的极点的分解结果写成分式形式，而 Padé 近似被认为是函数的最佳分式近似，其定义为如下精确到 $M+N+1$ 阶的 $[M/N]$ 分式近似：

$$\Psi(x) \approx \Psi_{[M/N]}(x) = \frac{P_M(x)}{Q_N(x)} = \frac{p_0 + p_1 x + \cdots + p_M x^M}{q_0 + q_1 x + \cdots + q_M x^M} \tag{4.63}$$

式中包含的 $M+N+1$ 个独立参数，由函数的泰勒（Taylor）展开 $\Psi(x) \approx \sum_{k=0}^{M+N} a_k x^k$ 所唯一确定。Padé 近似包含了泰勒（Taylor）高阶项的部分的加和贡献，在泰勒（Taylor）展开不收敛的情况下仍然有效。把玻色函数和费米函数表示为

$$f^B(x) = \frac{1}{1 - \mathrm{e}^{-x}} \equiv \frac{1}{x} + \frac{1}{2} + x \Psi^B(x^2) \tag{4.64}$$

$$f^F(x) = \frac{1}{1 + \mathrm{e}^{-x}} \equiv \frac{1}{2} - x \Psi^F(x^2) \tag{4.65}$$

式中，$x = \beta\omega$ 或者 $x = \beta(\omega - \mu)$。对式中的玻色/费米函数 $\Psi(y = x^2)$，分别给出 $[N-1/N]$，$[N/N]$ 和 $[N+1/N]$ 以下 3 种形式的 Padé 近似分式：

$$\Phi(y) \approx \frac{P_{N-1}(y)}{Q_N(y)} \approx \frac{P_N(y)}{Q_N(y)} \approx \frac{P_{N+1}(y)}{Q_N(y)} \tag{4.66}$$

以上 3 种形式的 Padé 近似分式分别准确到 $O(x^{4N-1})$、$O(x^{4N+1})$ 和 $O(x^{4N+3})$。

对方程(4.66)进行精确的数值极点展开,数学上等价于精确地对环境时间关联函数进行指数函数的展开。当 N 较小时,N 阶多项式的根可以进行解析或数值精确计算;当 $N >$ 10,多项式根的数值精度会很快下降,甚至无法确定根是实数还是复数。这里发展了高精度求解的方案,从数学上严格地将方程(4.66)的极点和留数问题,转换成实对称矩阵的本征值问题,从而彻底解决了所关心的玻色/费米函数 3 种 Padé 分式的极点分解的数值问题。同时,还严格证明了以上 3 种玻色/费米函数的 Padé 极点 $\{x_j\}$ 都是纯虚数,可以用来定义 Padé 频率,类比于松原频率。Padé 谱分解方案是玻色/费米函数的最优极点展开方法,远胜过松原展开。在实际应用中,结合环境谱函数的特定形式,可以选择上述 3 种 Padé 近似方案中最合适的 1 种,用于优化级联运动方程的构建[2]。

现引入参数化谱密度函数:

$$J_{a\mu\nu}^{\sigma}(\omega) = \frac{1}{\pi} \sum_{k=0}^{K} \frac{(\Gamma_{ak}^{\mu\nu} + \sigma i \overline{\Gamma}_{ak}^{\mu\nu})(W_{ak}^{\mu\nu})^2}{(\omega + \sigma \Omega_{ak}^{\mu\nu})^2 + (W_{ak}^{\mu\nu})^2} \tag{4.67}$$

式中所涉及的参数都是正实数,由于 $J_{a\nu\mu}^{\sigma*}(\omega) = J_{a\mu\nu}^{\sigma}(\omega)$,利用谱密度函数涨落耗散定理和留数定理,有

$$C_{a\mu\nu}^{\sigma}(t) = \sum_{k=0}^{K} \eta_{a\mu\nu k}^{\sigma} e^{-\gamma_{a\mu\nu k}^{\sigma} t} + \sum_{m=1}^{M} \hat{\eta}_{a\mu\nu m}^{\sigma} e^{-\hat{\gamma}_{am}^{\sigma} t} \tag{4.68}$$

式中,第一项 $k=0$ 来自谱密度函数的奇点,第二项来自松原函数的奇点,其中的参数为

$$\gamma_{a\mu\nu k}^{\sigma} = W_{ak}^{\mu\nu} - \sigma i \Omega_{ak}^{\mu\nu} \tag{4.69}$$

$$\eta_{a\mu\nu k}^{\sigma} = \frac{(\Gamma_{ak}^{\mu\nu} + \sigma i \overline{\Gamma}_{ak}^{\mu\nu}) W_{ak}^{\mu\nu}}{1 + \exp[i\beta_a(\gamma_{a\mu\nu k}^{\sigma} + i\sigma\mu_a)]} \tag{4.70}$$

$$\hat{\gamma}_{am}^{\sigma} = \beta_a^{-1}(2m-1)\pi - i\sigma\mu_a \tag{4.71}$$

$$\hat{\eta}_{a\mu\nu m}^{\sigma} = \frac{2}{i\beta_a} J_{a\mu\nu}^{\sigma}(-i\hat{\gamma}_{am}^{\sigma}) = -\hat{\eta}_{a\mu\nu m}^{\bar{\sigma}*} \tag{4.72}$$

通过参数化处理后,由于关联函数会指数地依赖于时间,这就使得辅助约化密度矩阵的方程中的时间记忆效应指数地衰减,从而有效地处理了关联函数的时间记忆效应,得到封闭的级联运动方程组方程:

$$\dot{\rho}_j^{(n)}(t) = -[i\mathcal{L} + \gamma_j^{(n)}]\rho_j^{(n)}(t) - i\sum_{r=1}^{n}(-1)^{n-r}\widetilde{\mathcal{C}}_{j_r}\rho_{j_r}^{(n-1)} - i\sum_{j'}\mathcal{A}_{\bar{j}}\rho_{jj'}^{(n+1)} \tag{4.73}$$

$$\mathcal{A}_{\bar{j}}\rho_j^{(n)}(t) = d_\mu^{\bar{\sigma}}\rho_j^{(n)}(t) + (-1)^n \rho_j^{(n)}(t) d_\mu^{\bar{\sigma}} \tag{4.74}$$

$$\widetilde{\mathcal{C}}_j\rho_j^{(n)}(t) = \sum_{j\nu}[\eta_{a\mu\nu}^{\sigma} d_{j\nu}^{\sigma}\rho_j^{(n)}(t) - (-1)^n \eta_{a\mu\nu}^{\bar{\sigma}*}\rho_j^{(n)}(t) d_{j\nu}^{\sigma}] \tag{4.75}$$

式中,$\gamma_j^{(n)} = \sum_k \gamma_{ak}^{\sigma}$ 是所标记的 n 个关联函数中的阻尼效应,表征了约化系统的耗散作用项。至此,推导出了开放量子系统的封闭的级联运动方程组。

4.5.2 多重频率色散递阶方案

下面介绍另一种参数化方法,即多重频率色散递阶(MFD)方案,体系的约化密度矩阵可以表示为以下普适的形式:

$$\rho_j^{(n)}(t) = \int d\omega_1 \cdots \int d\omega_n \phi_{j_1 \cdots j_n}^{(n)}(\omega_1, \cdots, \omega_n; t) \tag{4.76}$$

所期望的多重频率色散递阶-级联运动方程组就可以由合适的式(4.77)构建：

$$\phi_j^{(n)}(\omega; t) = \varphi_{j_1 \cdots j_n}^{(n)}(\omega_1, \cdots, \omega_n; t) \tag{4.77}$$

这里从不含时的化学势出发，其中库关联函数进行稳态演化，且满足时间平移对称性：

$$C_{\alpha\mu\nu}^{\sigma}(t, \tau) = C_{\alpha\mu\nu}^{\sigma}(t - \tau) \tag{4.78}$$

则由谱定理可得，格拉兹曼变量为

$$B_{\alpha\mu}^{\sigma}(t, \psi) = \sum_{\nu} \int_0^t d\tau C_{\alpha\mu\nu}^{\sigma}(t - \tau) d_{\nu}^{\sigma}[\psi(\tau)] \tag{4.79}$$

可以描述为

$$B_j(t; \psi) = \int d\omega \hat{B}_j(\omega, t; \psi) \tag{4.80}$$

式中：

$$\hat{B}_j(\omega, t; \psi) = \sum_{\nu} \int_{t_0}^t d\tau e^{i\sigma\omega(t-\tau)} \Gamma_{\alpha\mu\nu}^{\sigma}(\omega) a_{\nu}^{\sigma}[\psi(\tau)] \tag{4.81}$$

定义谱函数 $\Gamma_{\alpha\mu\nu}^{\sigma}(\omega)$ 与关联函数满足：

$$C_{\alpha\mu\nu}^{\sigma}(t) = \int_{-\infty}^{\infty} d\omega e^{\sigma i\omega t} \Gamma_{\alpha\mu\nu}^{\sigma}(\omega) \tag{4.82}$$

同理，格拉兹曼变量 $B_{\alpha\mu}^{\prime\sigma}(t, \psi) = B_j'(t, \psi)$ 中的谱函数应改写为 $\Gamma_{\alpha\nu\mu}^{\bar{\sigma}}(\omega)$，则算符 $\hat{B}_j(\omega, t; \psi)$ 满足色散泛函：

$$\mathcal{B}_{\alpha\mu}^{\sigma}(t, \{\psi\}) = \hat{\mathcal{B}}_j = -i[\hat{B}_j - \hat{B}_j'] \tag{4.83}$$

在化学势含时的情况下，关联函数包含非稳定相因子，频率色散泛函可以表述为

$$\hat{\mathcal{B}}_j = -i\sum_{\nu} d\tau e^{i\sigma\omega(t-\tau)} \exp\left[\sigma i\int_{\tau}^t dt' \Delta_{\alpha}(t')\right] \{\Gamma_{\alpha\mu\nu}^{\sigma}(\omega) a_{\nu}^{\sigma}[\psi(\tau)] - \Gamma_{\alpha\nu\mu}^{\bar{\sigma}}(\omega) a_{\nu}^{\sigma}[\psi'(\tau)]\}$$

$$\tag{4.84}$$

满足如下的微分方程

$$\partial_t \hat{\mathcal{B}}_j = \sigma i[\omega + \Delta_{\alpha}(t)]\hat{\mathcal{B}}_j + C_j(\omega) \tag{4.85}$$

式中，$C_j(\omega) = C_j(\omega; \{\psi[t]\})$ 为

$$C_j(\omega) = \sum_{\nu} \{\Gamma_{\alpha\mu\nu}^{\sigma}(\omega) a_{\nu}^{\sigma}[\psi(t)] - \Gamma_{\alpha\nu\mu}^{\bar{\sigma}}(\omega) a_{\nu}^{\sigma}[\psi'(t)]\} \tag{4.86}$$

此时，第 n 阶辅助影响泛函 $\mathcal{F}_j^{(n)}$，$j = j_1, j_2, \cdots, j_n$ 可以被色散为

$$\mathcal{F}_j^{(n)} = \int d\omega \, \hat{\mathcal{F}}_j^{(n)}(\omega; t; \{\psi(t)\}) \tag{4.87}$$

式中：

$$\hat{\mathcal{F}}_j^{(n)}(\omega; t; \{\psi(t)\}) = \hat{\mathcal{B}}_{jn} \cdots \hat{\mathcal{B}}_{j2} \hat{\mathcal{B}}_{j1} \hat{\mathcal{F}} \tag{4.88}$$

相应的多重频率色散递阶的辅助密度矩阵 $\boldsymbol{\rho}_j^{(n)}(t)$ 中的 $\phi_j^{(n)}(\omega; t)$ 将由分层递阶方程封闭起来，其可以表述为

$$\phi_j^{(n)}(\omega; t) = \hat{U}_j^{(n)}(\omega; t, t_0)\rho(t_0) \tag{4.89}$$

式中的传播子为

$$\hat{U}_j^{(n)}(\omega; t, t_0) = \int_{\psi_0[t_0]}^{\psi[t]} \mathcal{D}\psi \, e^{iS[\psi]} \, \hat{\mathcal{F}}_j^{(n)} \, e^{-iS[\psi']} \tag{4.90}$$

对色散泛函算符进行时间微分可以给出：

$$\partial_t \hat{\mathcal{F}}_j^{(n)}(\omega; t; \{\psi(t)\}) = \partial_t (\hat{B}_{jn} \cdots \hat{B}_{j2} \hat{B}_{j1} \hat{\mathcal{F}})$$

$$= i\Omega_{a\sigma}^{(n)} \hat{\mathcal{F}}_j^{(n)} - i\sum_{k=1}^{n} (-1)^{n-k} C_{jk}(\omega_k) \hat{\mathcal{F}}_{jk}^{(n-1)} - \tag{4.91}$$

$$i\int d\omega \sum_j A_j^{-} \hat{\mathcal{F}}_{jj}^{(n+1)}(\omega, t; \{\psi\})$$

式中，$\Omega_{a\sigma}^{(n)} = \sum_k \sigma_k [\omega_k + \Delta_{ak}(t)]$。

最终，多重频率色散递阶的级联运动方程组可以表述为

$$\phi_j^{(n)}(\omega; t) = -i[\mathcal{L} - \Omega_{a\sigma}^{(n)}(\omega, t)] \phi_j^{(n)}(\omega; t) - i\sum_{k=1}^{n} (-1)^{n-k} C_{jk}(\omega_k) \varphi_{jk}^{(n-1)}(\omega'_k; t) -$$

$$i\int d\omega \sum_{j=\langle a\mu\sigma \rangle} \mathcal{A}_{\mu}^{\bar{\sigma}} \phi_{jj}^{(n+1)}(\omega; t)$$

$$\tag{4.92}$$

至此，多重频率色散递阶的辅助密度矩阵 $\rho_j^{(n)}(t)$ 便可以求解出来。

作为非微扰的、精度可控的理论方法，级联运动方程组方法（HEOM）需要进行如下说明：①对于无相互作用体系的性质，级联运动方程自动在第二层截断（即 $L \equiv n_{max} = 2$）；②对于相互作用体系，原则上级联是无穷的，必须在特定的有限 L 层截断，数值上严格的动力学通过收敛判断得到；③级联运动方程组方法是在数学上一致收敛的非微扰理论，对截断的方式不敏感。通用的方法是设所有 $n > L$ 层的辅助密度算符为零。该截断下的级联运动方程严格处理了 $2L$ 阶体系－环境耦合，高阶的处理并非零而是高斯平均场；④具体的级联运动方程组形式依赖于环境关联函数的统计独立耗散子的处理方式。无论采取何种具体形式，构建得到的级联方程组都反映了多体相互作用、体系－环境耗散作用，以及记忆时间尺度等的综合效应。

4.6　级联运动方程组线性空间中的物理量

下面先来定义级联运动方程组线性空间，其中的基本元素是由算符及其辅助算符为矢量元的 $(N+1)$ 维矢量，从而构成线性空间。这里以任意体系的约化密度矩阵为例：

$$\boldsymbol{\rho}(t) = \{\rho(t), \rho_j^{(n)}(t) \quad [n = 1, 2, \cdots, N]\} \tag{4.93}$$

定义其是时间 t 的演化，由级联运动方程组线性空间中的传播子超算符 $\mathcal{G}_j(t, t_0)$ 给出：

$$\boldsymbol{\rho}(t) = \mathcal{G}_j(t, t_0) \rho(t_0) \tag{4.94}$$

由传播子超算符 $\mathcal{G}_j(t, t_0)$ 的微分方程 $\partial \mathcal{G}_j(t, t_0)/\partial t = -K(t) \mathcal{G}_j(t, t_0)$，可以得到：

$$\dot{\boldsymbol{\rho}}(t) = -K(t) \rho(t) \tag{4.95}$$

推广到一般的普适情形，定义级联运动方程组线性空间的任意元素为

$$\boldsymbol{A}(t) = \{A, A_j^{(n)}(t) \quad [n = 1, 2, \cdots, N]\} \tag{4.96}$$

式中，A 为通常的动力学变量，而$\{A_j^{(n)}(t)[n=1,2,\cdots,N]\}$则为相应的辅助组分。定义级联运动方程组线性空间的任意元素的内积为

$$\langle\langle \boldsymbol{A} \mid \boldsymbol{B} \rangle\rangle = \langle\langle A \mid B \rangle\rangle + \sum_{n=1}^{N} \langle\langle A_j^{(n)} \mid B_j^{(n)} \rangle\rangle \tag{4.97}$$

式中，$\langle\langle A \mid B\rangle\rangle = \mathrm{Tr}[A^+ B]$，其他符号运算类似。由此，就可以定义级联运动方程组线性空间的海森伯绘景和该绘景中算符的运动方程。

4.6.1　线性响应理论和响应函数

从物理上来讲，对物理量的测量是通过所谓的刺激（或扰动、激励等）—响应机制来实现的，也就是说通过对要研究的系统进行扰动之后观察系统对扰动的响应特性。而关于计算响应特性的理论之一就是线性响应理论。对于线性响应理论，先来假设有一个在初始时刻处于平衡态的系统，在初始时刻以后受到一含时扰动，扰动通过系统的力学量算符 B 与系统发生作用，即外场的哈密顿量为

$$H'(t) = -B\varepsilon_{\mathrm{p}}(t) \tag{4.98}$$

那么可以计算系统的力学量 A 的平均值随扰动的变化，即

$$\delta\overline{A}(t) = \mathrm{Tr}\{A[\rho_{\mathrm{T}}(t) - \rho^{eq}]\} \tag{4.99}$$

将含时外场按泰勒（Taylor）级数展开，保留线性项，可得

$$\delta\overline{A}(t) = \int_{-\infty}^{t} \mathrm{d}\tau\, \mathcal{X}_{AB}(t-\tau)\varepsilon(\tau) \tag{4.100}$$

式中，$\mathcal{X}_{AB}(t-\tau)$称为响应函数，其表达式为

$$\mathcal{X}_{AB}(t-\tau) \equiv \mathrm{i}\langle [A(t), B(\tau)] \rangle \tag{4.101}$$

由于系统做出的响应必须要在外场的扰动之后才能发生，即 $t>0$，否则将违反因果律。可以根据响应函数的定义式（4.101），将时间的取值范围延拓到整个实数域，其关系为

$$\mathcal{X}_{AB}(-t) = -\mathcal{X}_{BA}(t) \tag{4.102}$$

而 $t<0$ 的区域是所谓的超前（格林函数）部分。

现在建立级联运动方程组线性空间下的线性响应理论。在级联运动方程组的理论框架下，响应函数可以通过级联运动方程组的动力学变量（辅助约化密度矩阵）来求得，在线性响应区域，系统的力学量 A 的平均值随扰动的变化

$$\delta\overline{A}(t) = \mathrm{Tr}[A\delta\rho(t)] = \langle\langle A(0) \mid \delta\rho(t) \rangle\rangle \tag{4.103}$$

这里，$A(0)$和$\delta\rho(t)$是级联运动方程组线性空间对动力学变量 $A(0)$和$\delta\rho(t)$的扩展，表示如下：

$$A(0) = \{A, 0\} \tag{4.104}$$

$$\delta\rho(t) = \{\delta\rho(t), \delta\rho_j^{(n)}(n=1,2,\cdots,N)\} \tag{4.105}$$

下面对 $\rho(t)$ 的运动方程采用一级微扰，由

$$\dot{\rho}(t) = -K(t)\rho(t) = -[K_{\mathrm{s}} + K_{\mathrm{p}}(t)]\rho(t) \tag{4.106}$$

出发，运用级联运动方程组线性空间中的戴逊（Dyson）方程为

$$\mathcal{G}(t,\tau) = \mathcal{G}_{\mathrm{s}}(t-\tau) - \int_{\tau}^{t} \mathrm{d}\tau'\, \mathcal{G}(t,\tau') K_{\mathrm{p}}(\tau') \mathcal{G}_{\mathrm{s}}(\tau-\tau') \tag{4.107}$$

在一级近似下：

$$\rho(t) = \rho_s(t) + \delta\rho(t) = \mathcal{G}(t,\tau)\rho(\tau) \tag{4.108}$$

设扰动场从 $t=0$ 时刻开始施加,则当 $\tau\to0$ 时,$\delta\rho(\tau=0)=0$,$\rho(\tau=0)=\rho_s(\tau=0)$,将戴逊方程代入式(4.108)并利用上述初始条件,可得

$$\delta\rho(t)=-\int_0^t \mathrm{d}\tau\, \mathcal{G}(t,\tau)K_p(\tau)\rho_s(\tau) \tag{4.109}$$

为了进一步给出对含时外场扰动的线性响应,这里定义不含时的超算符

$$\mathcal{B}=\mathrm{i}K_p(t)/\varepsilon_p(t) \tag{4.110}$$

其作用与 $K_p(t)A=\mathrm{i}[H_p(t),A]$ 一致,表示为

$$\mathcal{B}\rho=[B,\rho] \tag{4.111}$$

由此,可以得到外加扰动场引起物理量 A 的期望值的变化为

$$\delta\overline{A}(t)=\mathrm{i}\int_0^t \mathrm{d}\tau\langle\langle A(0)\mid \mathcal{G}(t,\tau)\,\mathcal{B}\mid\rho(\tau)\rangle\rangle\varepsilon_p(\tau) \tag{4.112}$$

从而可以定义级联运动方程组线性空间下的响应函数为

$$\mathcal{X}_{AB}(t)=\mathrm{i}\langle\langle A(0)\mid\mathcal{G}(t,\tau)\mathcal{B}\mid\rho(\tau)\rangle\rangle \tag{4.113}$$

该定义的响应函数具有普适性,对于系统是否施加外场都是适用的。需要指出的是,很多物理量都是通过响应函数或者关联函数来表达的,原则上级联运动方程组方法在理论上都可以计算这类函数。下面给出物理量—磁化率的推导过程。

当在开放量子点系统中施加一个 z 方向上大小为 H_z 的外磁场后,其局域磁化强度算符

$$m_z=g\mu_B S_z/\hbar=\frac{1}{2}g\mu_B\sum_i(d_{i\uparrow}^\dagger d_{i\uparrow}-d_{i\downarrow}^\dagger d_{i\downarrow}) \tag{4.114}$$

式中,g 为朗德因子,μ_B 为玻尔磁子。为了求得该系统的磁化率,在哈密顿量中附加一探测哈密顿量 H_{pr}

$$H_{pr}=-m_z H_z \tag{4.115}$$

当计算出 $M_z=\langle m_z\rangle$ 后,相应的得到该系统的磁化率为

$$\mathcal{X}=\frac{\partial M_z}{\partial H_z} \tag{4.116}$$

4.6.2 占据数、电流和电导

量子点系统的电子占据数 $N(t)$ 的表达式为

$$N(t)=\mathrm{tr}[d_{i\mu}^\dagger d_{i\mu}\rho(t)] \tag{4.117}$$

通过 α 电极流进量子点的电流的表达式为

$$I_\alpha(t)=-\mathrm{e}\frac{\mathrm{d}}{\mathrm{d}t}<N_\alpha>_\mathrm{T}=\mathrm{e}\frac{\mathrm{i}}{\hbar}<[N_\alpha,H(t)]>_\mathrm{T} \tag{4.118}$$

式(4.118)即为流密度守恒定律,式中 $H(t)$ 是相互作用表象中整个复合体系的哈密顿量,$N_\alpha=f_{\alpha i\mu}^\dagger f_{\alpha i\mu}$ 是电极的粒子数算符,$\langle\cdots\rangle_\mathrm{T}$ 表示对整个复合系统求统计平均。对于复合系统的哈密顿量可以写为

$$H_\mathrm{T}(t)=H(t)+H'(t) \tag{4.119}$$

$$H'(t)=\sum_\mu f_{\alpha i\mu}^\dagger(t)d_\mu+\mathrm{H.c.} \tag{4.120}$$

代入流密度守恒定律公式:

$$I_\alpha(t) = \mathrm{i}\, \mathrm{tr}_\mathrm{T}\left[(N_\alpha H_\mathrm{T}(t) - H_\mathrm{T}(t) N_\alpha)\rho_\mathrm{T}(t)\right] \tag{4.121}$$

由于 $[N_\alpha, H(t)] = 0$,并利用 $\mathrm{tr}_\mathrm{T} = \mathrm{tr}_\mathrm{s}\,\mathrm{tr}_\mathrm{B}$,有

$$I_\alpha(t) = \mathrm{i}\sum_\mu \langle\langle f_{\alpha\mu}^+(t)d_\mu - d_\mu^\dagger f_{\alpha\mu}(t)\rangle\rangle_\mathrm{T} \tag{4.122}$$

由约化密度矩阵:

$$\rho_{\alpha\mu}^\sigma(t) = \mathrm{tr}_\mathrm{B}\left[f_{\alpha\mu}^\sigma(t)\rho_\mathrm{T}(t)\right] \tag{4.123}$$

对系统的密度矩阵求一阶导数为

$$\dot\rho_\mathrm{T}(t) = -\mathrm{i}[H(t), \rho_\mathrm{T}(t)] = -\mathrm{i}\mathcal{L}\rho_\mathrm{T}(t) - \mathrm{i}\sum_{\alpha\mu}\left[f_{\alpha\mu}^+(t)d_\mu + d_\mu^\dagger f_{\alpha\mu}^-(t), \rho_\mathrm{T}(t)\right] \tag{4.124}$$

由此,系统的电流的表达形式可以写为

$$I_\alpha(t) = \mathrm{i}\sum_\mu \mathrm{tr}_\mathrm{s}\{\rho_{\alpha\mu}^+(t)d_\mu - d_\mu^\dagger \rho_{\alpha\mu}^-(t)\} \tag{4.125}$$

式中,tr_B 和 tr_s 分别表示对电极和量子点求迹。电流与第一阶辅助密度算符直接相关,取决于第一阶辅助密度算符的动力学,而与高阶的辅助密度矩阵无关。

当在左右两个电极 $\alpha = L, R$ 分别施加偏压 μ_L 和 μ_R 时,通过流过系统的电流 $I_\mathrm{L}(V, t)$ 可以求得微分电导:

$$G(V, t) = \frac{\mathrm{d}}{\mathrm{d}V}I_\mathrm{L}(V, t) \tag{4.126}$$

4.6.3　谱函数

谱函数作为表征系统对环境响应的重要的物理量,对于系统性质的了解具有重要的作用。另外,还可以通过谱函数推导出一些其他的物理量。谱函数正比于推迟格林函数的虚部,可以通过关联函数和格林函数计算。在线性响应理论中,无论对费米子还是玻色子,响应函数 $\mathcal{X}_{AB}(t)$ 的定义中包含的都是两个算符 A 和 B 的对易关系 $[A(t), B]$。对于费米子而言,推迟格林函数和响应函数并不一致。可以用关联函数来计算费米子的推迟和超前格林函数,关系定义如下:

$$G_{AB}^r(t) = -\mathrm{i}\theta(t)\langle\{A(t), B(0)\}\rangle = -\mathrm{i}\theta(t)\left[C_{AB}(t) + C_{BA}(-t)\right] \tag{4.127}$$

$$G_{AB}^a(t) = \mathrm{i}\theta(-t)<\{A(t), B(0)\}> = \mathrm{i}\theta(-t)\left[C_{AB}(t) + C_{BA}(-t)\right] \tag{4.128}$$

相应的谱函数定义为

$$A_{AB}(\omega) = -\frac{1}{\pi}\mathrm{Im}\left[G_{AB}^r(\omega)\right] = \frac{\mathrm{i}}{2\pi}\left[G_{AB}^r(\omega) - G_{AB}^a(\omega)\right] \tag{4.129}$$

将推迟、超前格林函数的傅里叶变换式 $G_{AB}^{r/a}(\omega) = \int_{-\infty}^\infty \mathrm{d}t\, \mathrm{e}^{\mathrm{i}\omega t}G_{AB}^{r/a}(t)$ 带入谱函数,得

$$A_{AB}(\omega) = \frac{1}{2\pi}\int_{-\infty}^\infty \mathrm{d}t\, \mathrm{e}^{\mathrm{i}\omega t}C_{AB}(t) + \frac{1}{2\pi}\int_{-\infty}^\infty \mathrm{d}t\, \mathrm{e}^{\mathrm{i}\omega t}C_{BA}(-t) \tag{4.130}$$

并利用细致平衡条件 $C_{BA}(-\omega) = \mathrm{e}^{\beta\omega}C_{AB}(\omega)$,其中 $\beta = 1/(k_\mathrm{B}T)$ 是量子点的温度,得到涨落耗散定理

$$A_{AB}(\omega) = \frac{1}{\pi}\left[C_{AB}(\omega) + C_{BA}(-\omega)\right] = \frac{1}{\pi}(1 + \mathrm{e}^{\beta\omega})C_{AB}(\omega) \tag{4.131}$$

式中,$C_{AB}(\omega) = \frac{1}{2}\int_{-\infty}^\infty \mathrm{d}t\, \mathrm{e}^{\mathrm{i}\omega t}C_{AB}(t)$ 为谱函数和关联函数之间的傅里叶变换关系。这里

需要求的谱函数 $A_{AB}(\omega)$ 这一响应函数可以归结到求关联函数 $C_{AB}(t)$ 及其傅里叶变换了。

运用级联运动方程组线性空间中，关联函数表示为

$$C_{AB}(\omega) = \frac{1}{2} \int_{-\infty}^{\infty} dt\, e^{i\omega t} \langle\langle A(0) | \mathcal{G}_s(t) \mathcal{B} | \rho_{eq}(T) \rangle\rangle = \langle\langle A(0) | \mathcal{G}_s(\omega) \mathcal{B} | \rho_{eq}(T) \rangle\rangle$$

(4.132)

相应的谱函数为

$$A_{AB}(\omega) = \frac{1}{2\pi}(1 + e^{-\beta\omega}) \langle\langle A(0) | \mathcal{G}_s(\omega) \mathcal{B} | \rho_{eq}(T) \rangle\rangle$$

(4.133)

令 $\boldsymbol{\rho}(0) = \mathcal{B} | \rho_{eq}(T) \rangle = \{ B\rho_{eq}, \rho_{eq}^{(n)}(n = 1, 2, \cdots, N) \}$，则有 $\boldsymbol{\rho}(\omega) = \mathcal{G}_s(\omega)\boldsymbol{\rho}(0)$，从而可以求解出在薛定谔绘景中的谱函数

$$A_{AB}(\omega) = \frac{1}{2\pi}(1 + e^{-\beta\omega}) \langle\langle A(0) | \boldsymbol{\rho}(\omega) \rangle\rangle = \frac{1}{2\pi}(1 + e^{-\beta\omega}) \mathrm{Tr}[A^+ \boldsymbol{\rho}(\omega)]$$

(4.134)

下面给出格林函数 $\mathcal{G}_s(\omega)$ 的形式解，由 $\mathcal{G}_s(t) = \theta(t)\exp(-K_s t)$ 代入 $\theta(t)$ 的积分表示为

$$\theta(t) = \frac{-1}{2\pi i} \int_{-\infty}^{\infty} d\alpha\, \frac{e^{-i\alpha t}}{\alpha + i\eta}$$

(4.135)

式中，η 为保证因果关系的小的正数，可以得到

$$\mathcal{G}_s(t) = \frac{i}{2\pi} \int_{-\infty}^{\infty} d\omega\, \frac{e^{-i\omega t}}{\omega + i\eta + iK_s}$$

(4.136)

从而得到 $\mathcal{G}_s(\omega)$ 的形式解为

$$\mathcal{G}_s(\omega) = \frac{i}{\omega + i\eta + iK_s}$$

(4.137)

又由 $\boldsymbol{\rho}(\omega) = \mathcal{G}_s(\omega)\boldsymbol{\rho}(0)$ 可得

$$[\omega + i\eta + iK_s]\boldsymbol{\rho}(\omega) = i\boldsymbol{\rho}(0)$$

(4.138)

此式是级联运动方程组线性空间计算谱函数的主要方程式。

4.7 耗散运动方程理论

级联运动方程组理论描述的环境是无相互作用的费米子库，库对系统的影响通过关联函数来计入。当所研究的系统周围的环境为声子库或者激子库时，环境对系统的影响将超出级联运动方程组理论。最近，严以京课题组提出一种级联运动方程组的准粒子图像——耗散运动方程(Dissipaton Equation of Motion，DEOM)理论来描述库对系统的影响[14-18]。通过发展的准粒子图像可以计入参与量子耗散过程的三种量子环境:电子库、声子库以及激子库。耗散运动方程理论(DEOM)描述的动力学量不再仅仅是系统的约化密度矩阵，而且增加了库的准粒子图像描述。下面对耗散运动方程理论(DEOM)做以下介绍。

这里先对库和系统的耦合项做出相应的修改:

$$H_{\text{coupling}} = \sum_{\mu\alpha} (\hat{a}_\mu^\dagger \hat{F}_{\mu\alpha}^- + \hat{F}_{\mu\alpha}^+ \hat{a}_\mu)$$

(4.139)

式中，杂化库算符 $\hat{F}_{\mu\alpha}^- = \sum_k t_{k\mu\alpha} \hat{d}_{k\alpha} = (\hat{F}_{\mu\alpha}^+)^\dagger$ 对系统的影响可以通过杂化的库谱密度函数描述:

$$J_{a\mu\mu'}(\omega) = \pi \sum_k t_{k\mu a} t^*_{k\mu'a} \delta(\omega - \epsilon_{ka}) \tag{4.140}$$

现令 $J_{a\mu\mu'}(\omega) \equiv J^-_{a\mu\mu'}(\omega) \equiv J^+_{a\mu'\mu}(\omega)$，通过反对易关系定义库谱密度函数为

$$J^\varrho_{a\mu\mu'} \equiv \frac{1}{2} \left[\int_{-\infty}^\infty \mathrm{d}t \, \mathrm{e}^{i\omega t} \langle \{ \hat{F}^\varrho_{\mu a}(t), \hat{F}^{\bar\varrho}_{\mu'a}(0) \} \rangle_B \right] \tag{4.141}$$

式中，$\hat{F}^\varrho_{\mu a}(t) \equiv \mathrm{e}^{ih_a t} \hat{F}^\varrho_{\mu a} \mathrm{e}^{-ih_a t}$，$\varrho = +, -$ 和 $\bar\varrho = -\varrho$ 表示相应的产生/湮灭算符。在库相互作用的耗散描述中，库关联函数写为以下形式：

$$\langle \hat{F}^\varrho_{\mu a}(t) \hat{F}^\varrho_{\nu a}(0) \rangle_B \equiv \sum_k \eta^\varrho_{a\mu\nu k} \mathrm{e}^{-\gamma^\varrho_{a\mu\nu k} t} + \delta C^\varrho_{a\mu\nu}(t) \tag{4.142}$$

第一项为库的关联函数的指数化分解项，第二项为剩余部分的贡献，原则上当分解指数足够大时，$\delta C^\varrho_{a\mu\nu}(t) \to 0$，令

$$\langle \widetilde{F}^\varrho_{\mu a}(t) \widetilde{F}^\varrho_{\nu a}(0) \rangle_B \equiv - \sum_k \eta^\varrho_{a\mu\nu k} \mathrm{e}^{-\gamma^\varrho_{a\mu\nu k} t} \tag{4.143}$$

$$\langle \delta \widetilde{F}^\varrho_{\mu a}(t) \delta \widetilde{F}^\varrho_{\nu a}(0) \rangle_B \equiv -\delta C^\varrho_{a\mu\nu}(t) \tag{4.144}$$

则库与系统的耦合项可以表示为

$$H_{\text{coupling}} = \sum_{\varrho\mu a} \hat{a}^{\bar\varrho}_\mu \widetilde{F}^\varrho_{\mu a} + \sum_{\varrho\mu a} \hat{a}^{\bar\varrho}_\mu \delta \widetilde{F}^\varrho_{\mu a} \tag{4.145}$$

由此，库对系统的影响可以通过两套独立的库算符项统计表示。通过耗散算符（$\hat{f}_j = \hat{f}^\varrho_{a\mu\nu k}$）分别处理式（4.145）中的两项。由于库关联函数的指数分解形式使得 $\widetilde{F}^\varrho_{\mu a} \equiv \sum_j \hat{f}_j$，进而得到复合系统的一系列耗散密度算符：

$$\rho^{(n)}_{j_1 \cdots j_n}(t) \equiv \mathrm{tr}_B \left[(\hat{f}_{j_n} \cdots \hat{f}_{j_1})^o \rho_T(t) \right] \tag{4.146}$$

这一系列的耗散密度算符是耗散运动方程理论的核心，此时，$(\hat{f}_{j_n} \cdots \hat{f}_{j_1})^o$ 定义一系列 n 阶耗散算符。利用刘维尔-冯·诺依曼（Liouville-Von Neumann）方程，

$$\dot{\rho}_T(t) = -i[H_{\text{dots}} + H_{\text{leads}} + H_{\text{coupling}}, \rho_T(t)] \tag{4.147}$$

对复合系统的耗散密度算符 $\rho^{(n)}_{j_1 \cdots j_n}$ 进行求解，表示其随时间演化的最终的耗散运动方程理论可表示为

$$\dot{\rho}^{(n)}_{j_1 \cdots j_n} = -\left(i\mathcal{L} + \sum_{r=1}^n \gamma_{j_r} \right) \rho^{(n)}_{j_1 \cdots j_n} - i \sum_j \mathcal{A}_{\bar{j}} \rho^{(n+1)}_{j_1 \cdots j_n j} - i \sum_{r=1}^n (-)^{n-r} C_{j_r} \rho^{(n-1)}_{j_1 \cdots j_{r-1} j_{r+1} \cdots j_n} \tag{4.148}$$

式中，与级联运动方程组理论相同 $A_{\bar{j}} \equiv A^{\bar\varrho}_{a\mu m} = A^{\bar\varrho}_\mu$ 和 $C_{jr} \equiv C^\varrho_{a\mu m}$ 是格拉兹曼变量

$$A^\varrho_\mu \hat{O}_\pm \equiv \hat{a}^\varrho_\mu \hat{O}_\pm \pm \hat{O}_\pm a^\varrho_\mu \equiv [\hat{a}^\varrho_\mu, \hat{O}_\pm]_\pm \tag{4.149}$$

$$C^\varrho_{a\mu m} \hat{O}_\pm \equiv \sum_{\mu'} (\eta^\varrho_{a\mu\mu'm} \hat{a}^\varrho_{\mu'} \hat{O}_\pm \mp \eta^{\bar\varrho *}_{a\mu\mu'm} \hat{O}_\pm \hat{a}^\varrho_{\mu'}) \tag{4.150}$$

式中，$\hat{O}_\pm$ 表示任意算符，偶（+）或者奇（−）费密子个数以及 $\eta^\varrho_{a\mu\mu'm}$ 为指数形式的库关联函数部分。

对于不同的环境（自旋库、声子库），可以通过不同的对易关系重新定义耗散算符之间的关系 $\hat{f}_j$ 即可。耗散运动方程理论（DEOM）包含了级联运动方程组中丢掉的库动力学，该动力学与关联函数和计数统计有直接的关系。从而，耗散运动方程能够较好地描述各变量

的物理意义。同时,耗散运动方程理论已经成功的描述了单杂质安德森模型中不同输运方式下的电流噪声谱的特性。详细的关于耗散运动方程理论的描述与讨论可以参阅文献[14]、[15]和[16]。

4.8 数值结果的收敛性和正确性

对于数值方法,在计算开放量子系统的物理量时,首先是数值计算方法的收敛性测试。级联运动方程组(耗散运动方程组)方法存在以下计算上的特点:

(1) 高温下,库关联函数的指数序列为有限。因此,递阶运动方程是有限的,较低的截断近似就能使得计算结果达到收敛。但是,随着温度的降低,由于松原项趋于无穷,为了准确描述体系(量子点)和电极之间的关联,计算中需要取更多的 Padé 点,以及需要较高的截断阶数才能使得数值结果收敛,计算量会随着截断阶数的增加而增大。

(2) 当体系为单量子点(单杂质)时,由于计算的自由度较少,数值计算量较小,计算相应的物理量所需要的时间就会比较短,所需的计算内存也比较少。但是,随着体系的自由度的增加(比如三量子点),计算量呈指数形式增大。这时,计算自由度较多的体系的物理量所需要的计算时间将会增加,且所需要的计算内存资源也会增大。级联运动方程组(耗散运动方程组)方法目前采用了稀疏矩阵有效地降低了计算过程中所占用的计算机内存资源。对于级联运动方程组(耗散运动方程组)方法所计算的物理量的正确性,将会通过把用级联运动方程组(耗散运动方程组)的计算结果与其他动力学输运理论和方法计算的结果进行比较来验证。

4.8.1 数值结果的收敛性

对于级联运动方程组方法(HEOM)数值结果的收敛性,可以发现随着截断阶数 L 的增加,相应的物理量的计算结果会逐渐达到收敛。图 4.1 所示为由级联运动方程组方法在不同收敛阶数 L 下计算出的单杂质安德森模型的谱函数 $A(\omega)$ 曲线。该曲线清晰地描述了单杂质安德森模型的谱函数特性:

(1) 在 $\omega = \epsilon_d$ 和 $\omega = \epsilon_d + U$ 处的两个共振峰对应着与杂质占据态相关的激发能量。

(2) 费米能级处($\omega = E_F = 0$)的峰表示低温下近藤共振的出现。

(3) $\int A(\omega) d\omega = 1$ 满足数值收敛精度。

图 4.1 明确地显示在全能量域内随着截断阶数 L 的增加级联运动方程组计算结果急剧收敛,在截断阶数达到 $L=4$ 时,谱函数的近藤峰的高度已经与截断阶数 $L=5$ 重合得很好。这证明了级联运动方程组计算结果数值上收敛于相对较低的截断阶数 $L=4$。

下面进一步给出了级联运动方程组方法在对于单杂质的安德森模型的占据数数值计算上的资源消耗情况。如表 4.1(a)和(b)所示,这里分别给出了高温 $T=1.5\Delta$ 情况和低温 $T=0.075\Delta$ 情况下的不同阶数的辅助密度矩阵数目、物理内存(MB)、CPU 时间(t)和占据数(N_d)。模型参数取为:$T=1.5\Delta$,$\epsilon_d = -5\Delta$,$U=15\Delta$,$\Gamma_L = \Gamma_R = 15\Delta$,$W=10\Delta$。计算过程中所采用的 Padé 点为 4,所采用的服务器的参数为 4 核 2.8 GHz Intel(R) Core (TM) i5-2300 处理器。可以发现系统的占据数随着阶数的增加而较快地达到数值收敛。

而且,占据数在低温下达到数值收敛所需要的计算资源明显比高温下所需要的计算资源要多。

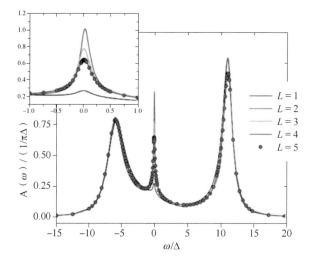

图 4.1　单杂质的安德森模型的谱函数 $A(\omega)$ 随截断阶数 L 的增加而收敛。
插图显示的是在 $\omega=0$ 处的近藤峰。模型参数为 $T=0.075\Delta,\epsilon_d=-5\Delta,U=15\Delta,$
$\Gamma_L=\Gamma_R=15\Delta,W=10\Delta$(引自文献[8,19])

表 4-1(a)　高温情况下的不同阶数的占据数的资源消耗情况

阶数	辅助密度矩阵数目	物理内存(MB)	CPU 时间(t)	占据数(N_d)
1	352	0.1	1.6	0.491 56
2	4 512	0.4	1.6	0.479 80
3	29 152	2.0	2.3	0.476 02
4	188 032	13.0	8.4	0.476 50
5	868 096	59.7	39.7	0.476 49
6	3 920 896	269.3	239.9	0.476 49

高温 $T=1.5\Delta$ 下,级联运动方程组方法(HEOM)计算单杂质的安德森模型的占据数的数值结果,不同阶数的辅助密度矩阵数目、物理内存(MB)、CPU 时间(t)和占据数(N_d)。占据数随着阶数的增加而急剧达到数值收敛。模型参数为:$T=1.5\Delta,\epsilon_d=-5\Delta,U=15\Delta,\Gamma_L=\Gamma_R=15\Delta,W=10\Delta$。计算过程中所采用的 Padé 点为 4,服务器参数为 4 核 2.8 GHz Intel(R) Core(TM) i5-2300 处理器(引自文献[8])

表 4-1(b)　低温情况下的不同阶数的占据数的资源消耗情况

阶数	辅助密度矩阵数目	物理内存(MB)	CPU 时间(t)	占据数(N_d)
1	1 056	0.1	1.6	0.500 00
2	42 528	3.0	3.1	0.491 63
3	774 688	53.2	53.1	0.478 32
4	14 678 816	1 008.0	1 252.3	0.482 24
5	67 721 088	4 650.1	9 004.9	0.482 26

低温 $T=0.075\Delta$ 下,级联运动方程组方法计算单杂质的安德森模型的占据数的数值结果,不同阶数的辅助密度矩阵数目、物理内存(MB)、CPU 时间(t)和占据数(N_d)。占据数随着阶数的增加而较快地达到数值收敛。模型参数以及所采用的服务器的参数与表 4.1(a)相同(引自文献[8])

4.8.2　数值结果的正确性

级联运动方程组(耗散运动方程组)程序在求解量子点问题上有着比较大的优势。特别是,计算的低温近藤区域的谱函数能够和最精确的数值重整化群方法媲美。如图 4.2 所示为级联运动方程组方法计算的不同电子-电子相互作用下单量子点系统的谱函数的变化趋势。作为比较,这里同时给出了由数值重整化群方法计算出来的谱函数结果。系统的参数为 $W=50\Delta,\epsilon_d=-U/2,T=0.2\Delta$。其中,数值重整化群方法离散化参数采用 $\Lambda=2.0$,保留的状态数目取为 $M_s=[600,630]$。可以发现级联运动方程组方法计算出的结果,无论从定性还是定量上都与数值重整化群方法符合得很好。在弱相互作用($U=0.5\pi\Delta$,$U=1.0\pi\Delta$)和中等强度相互作用($U=3.0\pi\Delta$)条件下,级联运动方程组和数值重整化群方法曲线完全重合。只是在强相互作用($U=6.0\pi\Delta$)条件下,在哈伯德(Hubbard)峰的最高处,有微弱的偏离。这是因为对于单量子点系统数值重整化群方法计算结果中只保留了低能态而丢掉了高能态所致。所以,通过该比较清晰地证明了级联运动方程组方法能够达到与最新的高阶数值重整化群方法计算的结果相同的精确度。

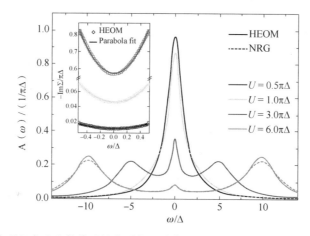

图 4.2　级联运动方程组方法和数值重整化群方法计算对称单杂质安德森模型谱函数 $A(\omega)$ 的比较。系统的参数为 $W=50\Delta,\epsilon_d=-U/2,T=0.2\Delta$(引自文献[8,19])

为进一步确定级联运动方程组方法在求解物理量的正确性,级联运动方程组方法在计算量子杂质系统的平衡态的谱函数上还与其他方法进行了比较,比如:量子蒙特卡罗方法、精确对角化方法、隶玻色子平均场方法以及非交叉近似方法等,详细的介绍请参阅文献[8]和[19]。接下来将详细探讨级联运动方程组方法在求解非平衡态下的物理量的正确性。

4.9　级联运动方程组方法下的非平衡物理量

在本节将利用级联运动方程组方法(HEOM)求解量子杂质系统的含时动力学电流,通过计算单能级共振隧穿的结果与文献中的其他方法进行比较,例如:基于克尔德仕(Keldysh)格林函数的解析公式;非平衡格林函数(NEGF);含时密度矩阵重整化群(TD-DMRG)以及含时数值重整化群方法(TD-NRG)来验证级联运动方程组方法在求解动力学物理量的正确性。最后,将简要讨论级联运动方程组方法在求解动力学输运问题上的主要特点。

级联运动方程组方法对于求解开放量子杂质系统具有强大的优势[20,21]。该方法对描述系统的平衡态特性具有突出的效果,其特点和优势已经在前面章节内容中介绍。目前,级联运动方程组方法已经被用来研究开放量子系统的动力学输运特性[9,22],例如:量子点系统中的动力学库仑阻塞和动力学近藤记忆现象。重要的是,需要采取必要的截断阶数来封闭这一系列方程组。随着阶数的增加,数值计算的结果越精确。

本节介绍的是局域的杂质和与之相连的电极组成的开放系统,巡游电子库被视为影响局域杂质的环境,系统的总哈密顿量为

$$H_T = H_S + H_B + H_{SB} \tag{4.151}$$

其中相互作用杂质部分:

$$H_S = \sum_{i\sigma} \epsilon_{i\sigma} \hat{a}_{i\sigma}^\dagger \hat{a}_{i\sigma} + \frac{U}{2} \sum_{i\sigma} n_{i\sigma} n_{i\bar{\sigma}} + \gamma \sum_{<ij>\sigma} (\hat{a}_{i\sigma}^\dagger \hat{a}_{j\sigma} + \text{H.c.}) \tag{4.152}$$

式中,$\epsilon_{i\sigma}$ 表示杂质 i 上自旋为 $\sigma(\sigma = \uparrow, \downarrow)$ 电子的在位能,$\hat{a}_{i\sigma}^\dagger$ 和 $\hat{a}_{i\sigma}$ 为杂质 i 上具有自旋-σ 电子的产生、湮灭算符。$n_{i\sigma} = \hat{a}_{i\sigma}^\dagger \hat{a}_{i\sigma}$ 是杂质 i 上电子数算符,U_i 为杂质内电子 σ-电子 $\bar{\sigma}$(σ 的相反符号)库仑相互作用,γ 是杂质 i 和 j 之间的耦合强度。H.c.表示算符的厄米共轭。

在接下来的论述中,将采用符号 μ 定义系统中电子轨道(包括自旋、空间等),例如 $\mu = \{\sigma, i \cdots\}$。电极被处理为无相互作用的费米库,其哈密顿量为

$$H_B = \sum_{k,\mu,a=L,R} \epsilon_{ka} \hat{d}_{k\mu a}^\dagger \hat{d}_{k\mu a} \tag{4.153}$$

式中,ϵ_{ka} 为 α-电极中波矢为 k 的电子的能量,$\hat{d}_{k\mu a}^\dagger$($\hat{d}_{k\mu a}$)对应 α 库中能量 ϵ_{ka} 的电子的产生(湮灭)算符。在库相互作用绘景下,电极和杂质的耦合项可写为

$$H_{SB} = \sum_\mu [f_\mu^\dagger(t) \hat{a}_\mu + \hat{a}_\mu^\dagger f_\mu(t)] \tag{4.154}$$

此时,$f_\mu^\dagger = e^{iH_B t} \left[\sum_{ka} t_{ak\mu}^* \hat{d}_{k\mu a}^\dagger \right] e^{-iH_B t}$ 为随机相互作用算符并且满足高斯统计,$t_{ak\mu}$ 为传输耦合矩阵元。电子库对杂质的影响可以通过杂化函数来描述。这里,将考虑洛伦兹形式:

$$\Delta_\alpha(\omega) = \pi \sum_k t_{ak\mu} t_{ak\mu}^* \delta(\omega - \epsilon_{ka}) = \Delta W^2 / [2(\omega - \mu_a)^2 + W^2] \tag{4.155}$$

式中,Δ 为杂质-电极之间的有效耦合强度,W 为电极的有效带宽,μ_a 为 α-电极的化学势。

在本节中,将利用级联运动方程组方法计算量子杂质系统中的动力学输运特性。这里定义数值结果的收敛标准为系统态密度的矩阵元和谱函数的计算结果对 $L=N$ 和 $L=N+1$ 截断的数值误差小于 5%。在此条件下,将会计算得出足够精确的输运电流,例如:当系统所施加的偏压为 $V_L = -V_R = 2$ mV 时,对于不同的截断阶数,稳态的电流值分别为 $I = 21.6368$ nA($L=2$),$I = 20.7969$ nA($L=3$),$I = 20.8235$ nA($L=4$)和 $I = 20.8279$ nA($L=5$)。可以发现在截断阶数 $L=4$ 和 $L=5$ 下电流的数值误差为 0.02113%,此时可以认为 $L=4$ 已经达到收敛标准。以下的计算中将采用截断阶数为 $L=4$[9]。

从最初的平衡稳态出发,此时 $\mu_a = \mu^{eq} = 0$。当在量子杂质系统的左右电极上施加一含时偏压时,系统将不再处于平衡状态,通过一阶辅助密度矩阵算符得到系统的时间依赖的电流 $I_a(t)$,表示为

$$I_\alpha(t) = i\sum_\mu \mathrm{tr}_s\{\rho_{\alpha\mu}^+(t)d_\mu - d_\mu^\dagger \rho_{\alpha\mu}^-(t)\} \tag{4.156}$$

所以,从左电极流向右电极的电流为 $I(t)=I_L(t)=-I_R(t)$,与流密度守恒得到一致的结果。

4.9.1　与解析公式克尔德仕格林函数的比较

1993 年,温格林(N. S. Wingreen)等人利用克尔德仕(Keldysh)格林函数研究了与双栏直接耦合的单能级系统中时间依赖的输运电流,并给出了含时输运电流的普适解析公式[23]:

$$J_L(t) = -\frac{2e}{\hbar}\int_{-\infty}^{t}dt'\int\frac{d\epsilon}{2\pi}\mathrm{ImTr}\{e^{i\epsilon(t-t')}\Gamma^L(\epsilon,t',t)[G^<(t,t') + f_L(\epsilon)G^r(t,t')]\} \tag{4.157}$$

图 4.3(a)所示为流过该系统的电流对矩形偏压脉冲的响应。在时间 $t=0$ 时刻,一矩形形式的偏压突然施加到系统的电极上,系统中的电流产生了明显的振荡行为。在 $t=3$ 时刻,去掉矩形偏压,电流逐渐下降到零。这里采用一组参数,利用级联运动方程组方法计算单能级系统中的含时输运电流。当在该系统中施加一段时间的矩形偏压时,电流中同样产生了所期待的振荡行为,如图 4.3(b)所示,当失去偏压后,电流逐渐降为零。级联运动方程组方法得到了与解析公式比较一致的电流振荡的动力学行为。

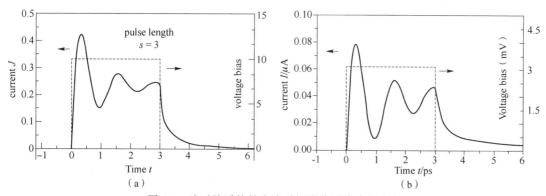

图 4.3　流过该系统的电流对矩形偏压脉冲的响应

(a)格林函数的克尔德仕解析公式计算的双栏结构中时间依赖的电流 $I(t)$ 对矩形偏压脉冲的响应(引自文献[23]);
(b)级联运动方程组方法计算的电流 $I(t)$ 对矩形偏压脉冲的响应,参数为 $V_L(t)=-V_R(t)=3\ \mathrm{mV}$,$\epsilon_d=-0.1\ \mathrm{meV}$,$\Delta=0.2\ \mathrm{meV}$
(引自文献[9])

4.9.2　与非平衡格林函数的比较

接下来,将利用级联运动方程组方法与宽带近似(WKB)下的非平衡格林函数方法进行比较。文献[24]中给出了宽带近似下非平衡格林函数计算的一维原子链的含时输运电流对偏压脉冲的响应。在施加偏压期间,电流中同样出现了对时间依赖的振荡行为,如图 4.4(a)所示。为了和该方法进行比较,这里利用级联运动方程组方法计算了含时偏压下的电流输运,并很好地重复了上述变化行为。如图 4.4(b)所示,在施加偏压时间 $0<t<5\ \mathrm{ps}$ 内,电流急剧增大后开始产生振荡行为。当 $t>5\ \mathrm{ps}$ 后,系统所加偏压为零,通过系统的电流较快地下降,并最终消失。

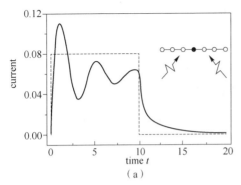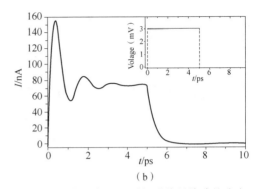

图 4.4 （a)WKB 近似下非平衡格林函数计算的一维原子链的电流 $I(t)$ 对矩形偏压脉冲的响应
（引自文献[24]）;(b)级联运动方程组方法计算的电流 $I(t)$ 对矩形偏压脉冲的响应,参数为 $V_L(t)=$
$-V_R(t)=3$ mV,$\epsilon_d=0.1$ meV,$\Delta=0.5$ meV,内插图给出了系统中所施加的矩形脉冲偏压（引自文献[9]）

4.9.3　与含时密度矩阵重整化群的比较

当密度矩阵重整化群方法扩展到含时条件下,同样可以求解量子点系统中的动力学输运特性。在文献[25]中,作者利用含时密度矩阵重整化群方法求解了如图 4.5(a)内插图所示模型的动力学特性。在有限原子链体系中,关注其中一个,假设为无自旋的费米子系统,其他部分考虑为电极。给出了不同希尔伯特(Hilbert)空间维度 M 下的含时输运电流并与精确求解的结果相比较。这里利用级联运动方程组方法同样给出了该系统的输运电流随着时间的变化行为。在 $t=4$ ps 时刻,当系统施加一偏压后,系统的电流急剧升高并产生振荡行为,在一定时间后通过系统的输运电流逐渐趋于一稳定值。这种振荡行为强烈地依赖于电极上所施加的偏压,偏压的形式和大小都会对振荡行为起到调制作用。

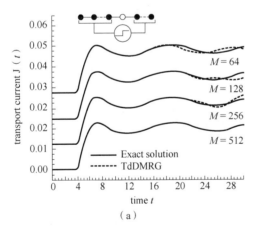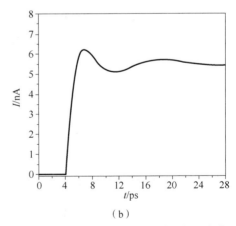

图 4.5 （a)含时密度矩阵重整化群方法计算的无自旋的量子点系统的输运电流随着时间的变化
（引自文献[25]）;(b)级联运动方程组方法计算的电流 $I(t)$ 随着时间的变化,参数为
$V_L(t)=-V_R(t)=0.25$ mV,$\epsilon_d=-0.5$ meV,$\Delta=0.3$ meV(引自文献[9])

4.9.4　与含时数值重整化群的比较

最后,本节把级联运动方程组方法的计算结果与最新的含时数值重整化群方法(TD-

NRG)进行了比较。模型为文献[26]中的量子点的单能级模型。单能级中施加阶跃形式的含时栅压 $E_\mu(t)=\theta(-t)E_\mu^0+\theta(t)E_\mu^1$。图 4.6(a)所示为不同温度下时间依赖的占据数 $n_\mu(t)$ 的变化趋势并与宽带近似下的精确求解进行比较。这里从一简并态 $E_\mu^0=\Delta/2$ 开始。在 $t=0$ 时刻,能级的能量突然改变为 $E_\mu^1=-U/2-\Delta/2$,并且此时保持系统的粒子-空穴对称 $E_\mu(t)=-U/2$。量子点占据数的时间依赖关系为 $n_\mu(t)=\langle\hat{n}_\uparrow+\hat{n}_\downarrow\rangle(t)$。从图中可以看出,在较长时间范围内数值重整化群方法和级联运动方程组方法精确求解的结果都符合得很好。但是当时间很大时,含时数值重整化群方法与级联运动方程组方法精确求解的结果在低温下还是有偏离。级联运动方程组方法计算的数值结果包括了完全的时间记忆效应,从而能够更好地描述量子点中的占据数随着时间的变化行为,如图 4.6(b)所示。占据数随着温度的降低而增大,且在时间比较长时的变化行为仍能很好地被级联运动方程组方法所描述。

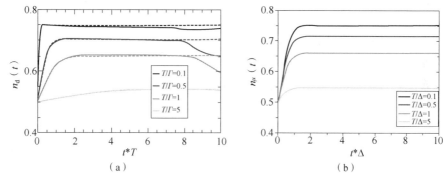

图 4.6 (a)含时数值重整化群方法(TD-NRG)计算的不同温度下共振单能级系统的占据数随着时间的变化(引自文献[26]);(b)级联运动方程组方法计算的共振单能级系统的占据数随着时间的变化,参数为 $\Delta=0.5$ meV(引自文献[9])

以上针对研究介观体系中的含时动力学的物理学量的变化性质,级联运动方程组方法与其他四种研究介观系统的方法逐一进行了比较。发现级联运动方程组方法能够很好地重复和描述单杂质系统的动力学输运行为,甚至在数值的定量求解上要优于含时数值重整化群方法,这也为我们研究量子点系统的近藤区域的动力学输运性质提供了较好的理论前提。

最后,本节对级联运动方程(耗散运动方程)组方法在研究开放量子系统的动力学输运方面的优势和不足进行一些阐述[9,14,19]。主要的优势在于:

(1)级联运动方程(耗散运动方程)组方法采用普适的哈密顿量,可以用来求解比较宽的参数范围,而不需要额外的推导过程和程序更改,不同的输运过程都可以通过统一的方式去描述和求解,具有更大的普适性和有效性。量子耗散的动力学理论方法有很多,但以前的常用方法都在很大程度上做了相当大的近似,例如假设系统和库的耦合是微弱的,对库进行描述时忽略库的色散效应等。

(2)级联运动方程(耗散运动方程)组方法是非微扰的、精确的数值方法,非微扰地综合考虑了体系-热库耦合、多体相互作用以及非马尔可夫记忆效应等。利用开放系统的耗散动力学来研究量子杂质问题时,对于求解无相互作用的电子库,级联运动方程(耗散运动方程)组方法原则上是精确的。同样,级联运动方程(耗散运动方程)组方法可以非微扰地处理电子-电子相互作用等四算符项和不同的外场。

（3）级联运动方程（耗散运动方程）组理论的建立基于费曼-费弄（Feynman-Vernon）路径积分,系统-库关联项都可以被考虑进去。通过对环境关联函数的参数化处理,引入有效的谱分解方案,将积分形式的理论转换成了封闭的线性方程组。因此,该方法非常适合于处理强关联系统中的稳态和瞬态的电子输运问题。

（4）级联运动方程（耗散运动方程）组方法是高精度的数值方法,能够达到最新的数值重整化群方法的最高精度。级联运动方程（耗散运动方程）组方法与传统的非平衡格林函数运动方程在形式上有着相似的级联结构,但是两者最大的区别是在对环境（或库）的自由度的处理上。非平衡格林函数对于电子库自由度与系统自由度一样进行严格处理,在运动方程中电子库的自由度将导致方程的不封闭和无限性。运动方程的数目将是无限多,必须采用人为的截断处理,导致非平衡格林函数方法的有效性和精确性不高。级联运动方程（耗散运动方程）组方法一开始就对环境（或库）的自由度进行了统计处理,大大降低了运动方程中自由度的数目,从而使得方程自然地封闭。从影响泛函理论的角度来看,当环境（或库）的自由度非常大时,环境（或库）对系统的影响是满足统计性质的。因而对开放系统中环境（或库）的自由度做出统计处理是符合物理的。级联运动方程（耗散运动方程）组方法的计算结果也表明了这种处理方法的准确性和有效性。

但是,级联运动方程（耗散运动方程）组方法也有一些不足之处：该方法目前只能处理有限温度的情况,对于零温系统是无效的。原因是零温时松原奇点有无穷多个,计算上需要有无限多的展开项。同时,现阶段的级联运动方程（耗散运动方程）组方法,随着体系复杂度的增加、温度的降低,以及体系-环境耦合强度的增强等,体系-环境相互作用模式数、热库相关函数分解项数、需要截断的级联层数增大而导致计算量的急剧增加。从而,导致所需计算资源的增大。当然,级联运动方程（耗散运动方程）组理论公式的构造以及数值方法都还有很大的改进空间。可以通过采用更为有效的库记忆效应的分解方法来降低计算所需的内存资源。

本章参考文献

［1］ 孙昌璞.量子开系统理论及其应用［J］.物理,2010,39:1-8.

［2］ 严以京.开放量子体系的级联运动方程理论方法进展［J］.中国科学技术大学学报,2013,11:861-869.

［3］ Zheng Xiao, Jin Jinshuang, Yan Yijing. Dynamic electronic response of a quantum dot driven by time-dependent voltage［J］.The Journal of Chemical Physics, 2008,129:184112.

［4］ Zheng Xiao, luo Junyan, jin Jinshuang, et al. Complex non-Markovian effect on time-dependent quantum transport［J］. The Journal of Chemical Physics, 2009, 130：124508.

［5］ Zheng Xiao, Jin Jinshuang, Yan Yijing. Dynamic Coulomb blockade in single-lead quantum dots［J］.New Journal of Physics, 2008, 10：093016.

［6］ Zheng Xiao, Jin Jinshuang, WELACK S, et al. Numerical approach to time-dependent quantum transport and dynamical Kondo transition［J］.The Journal of Chemical Physics, 2009, 130：164708.

[7]　Jin Jinshuang，Zheng Xiao，Yan Yijing. Exact dynamics of dissipative electronic systems and quantum transport: Hierarchical equations of motion approach[J]. The Journal of Chemical Physics，2008，128：234703.

[8]　Li ZhenHua，Tong Ninghua，Zheng Xiao，et al. Hierarchical Liouville-Space approach for accurate and universal characterization of quantum impurity systems[J]. Physical Review Letters，2012，109：266403.

[9]　Cheng Yongxi，Hou Wenjie，Wang Yuandong，et al. Time-Dependent Transport through Quantum-Impurity Systems with Kondo Resonance[J]. New Journal of Physics，2015，(17)：033009.

[10]　Cheng Yongxi，Wei Jianhua，Yan Yijing. Reappearance of the Kondo effect in serially coupled symmetric triple quantum dots[J]. Europhysics Letters，2015，(112)：57001.

[11]　Cheng Yongxi，Wang Yuandong，Wei Jianhua，et al. Long-range exchange interaction in triple quantum dots in the Kondo regime[J]. Physical Review B. 2017，95：155417.

[12]　Cheng Yongxi，Li Zhenhua，Wei Jianhua，et al. Transient dynamics of a quantum-dot: From Kondo regime to mixed valence and to empty orbital regimes[J]. The Journal of Chemical Physics. 2018，148：134111.

[13]　Cheng Yongxi，Li Zhenhua，Wei Jianhua，et al. Kondo resonance assistant thermoelectric transport through strongly correlated quantum dot[J]. SCIENCE CHINA Physics，Mechanics & Astronomy，2020，63：297811.

[14]　Yan Yijing. Theory of open quantum systems with bath of electrons and phonons and spins: Many dissipaton density matrixes approach[J]. The Journal of Chemical Physics，2014，140：054105.

[15]　Jin Jinshuang，Wang Shikuan，Zheng Xiao，et al. Current noise spectra and mechanisms with dissipaton equation of motion theory[J]. The Journal of Chemical Physics，2015，142：234108.

[16]　Zhang Houdao，Xu Ruixue，Zheng Xiao，et al. Nonperturbative spin-boson and spin-spin dynamics and nonlinear Fano interferences: A unified dissipaton theory based study[J]. The Journal of Chemical Physics，2015，142：024112.

[17]　Zheng Xiao，Xu Ruixue，Xu Jian，et al. Hierarchical equations of motion for quantum dissipation and quantum transport[J]. Progress in Chemistry，2012，24：1129-1152.

[18]　Xu Ruixue，Yan Yijing. Theory of open quantum systems[J]. The Journal of Chemical Physics，2002，116：9196-9206.

[19]　Ye LvZhou，Wang Xiaoli，Hou Dong，et al. HEOM-QUICK: a program for accurate，efficient，and universal characterization of strongly correlated quantum impurity systems[J]. WIREs Computational Molecular Science，2016，6：608.

[20]　Ye LvZhou，Hou Dong，Zheng Xiao，et al. Local temperatures of strongly-correlated quantum dots out of equilibrium[J]. Physical Review B. 2015，91：205106.

[21] Hou Dong，Wang Rulin，Zheng Xiao，et al. Hierarchical equations of motion for an impurity solver in dynamical mean-field theory［J］. Physical Review B. 2014，90：045141.

[22] HÄRTLE R，COHEN G，REICHMAN D R，et al. Decoherence and lead-induced interdot coupling in nonequilibrium electron transport through interacting quantum dots：A hierarchical quantum master equation approach［J］. Physical Review B，2013，88：235426.

[23] WINGREEN N S，JAUHO A P，MEIR Y. Time-dependent transport through a mesoscopic structure［J］.Physical Review B，1993，48：8487-8490.

[24] Zhu Yu，MACIEJKO J，JI Tao，et al. Time dependent quantum transport：Direct analysis in the time domain［J］.Physical Review B，2005，71：075317.

[25] CAZALILLA M A，MARSTON J B. Time-dependent density-matrix renormalization group：A systematic method for the study of quantum many- body out-of-equilibrium systems［J］.Physical Review Letters，2002，88：256403.

[26] ANDERS F B，SCHILLER A. Real-time dynamics in quantum impurity systems：A time-dependent numerical renormalization-group approach［J］.Physical Review Letters，2005，95：196801.

第 5 章　单量子点系统中的近藤效应及其动力学

5.1　量子点中的近藤效应简介

近藤问题的最早的研究一般是局限在金属中的磁性杂质和稀磁合金中。后来,在1988 年吴大琪(Tai Kai Ng)和李雅达(Patrick A. Lee)等人从理论上预言了量子点结构也会出现近藤效应,并在十年之后得到了实验证实[1-8]。1998 年在实验中首次观察到了量子点体系中的近藤效应。哥德哈伯-戈登(D. Goldhaber-Gordon)等人在 Nature 上发表了单电子晶体管中的近藤效应的实验结果[7-8]。克罗妮韦特(Cronenwett)等人在 Science 上同样验证了上述理论预言[6]。通过 GaAs/AlGaAs 异质结表面的二维电子上沉积金属栅极制备出单电子晶体管,通过施加栅极电压,形成量子点体系。量子点体系与二维电子气的源极和漏极通过隧道结耦合,如图 5.1 所示。低温下,近藤效应出现在具有简并基态的纳米结构的库仑阻塞区域中[8]。克罗妮韦特等人对量子点中电导-栅压($G-V_g$)函数曲线的温度依赖性关系进行了实验研究[6]。他们发现,当系统的温度从高温(150 mK)降低到低温(45 mK)时,与自旋配对过程相对应的峰间阻塞区的电导 G 反常增加,如图 5.2 所示。并且发现电导峰的最大值与温度 T 呈对数关系,峰的宽度与温度 T 是线性关系。由此出现了电导作为温度的函数具有极小值的现象,这正是理论所预言的量子点系统中近藤效应的典型行为。

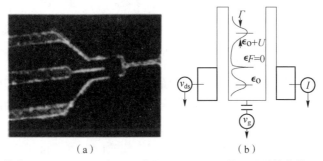

（a）　　　　　　　　　（b）

图 5.1　(a)单电子晶体管的显微照相图,中心区域为 150 nm;(b)单电子晶体管能级示意图。通过从电极隧穿实现电子滴。当电子数为奇数个时,局域态密度在费米面处出现尖锐的近藤共振峰(引自文献[8])

近藤效应的出现,要求量子点内的电荷涨落被抑制,且具有局域磁矩。这就需要量子点系统中的电子数为奇数个。随着温度的降低,量子点中的局域磁矩将会受到电极中自旋相反的巡游电子的屏蔽,从而形成无磁性的"准点"(quasi-dot)[9]。此类杂化,引起"准点"中费米能级处态密度的增强,态密度在费米面处出现很窄的尖峰(近藤共振),如图 5.1(b)所示。从而使量子点系统中的隧穿电导随温度的降低而增强。这种多体散射使得量子点上增大了电子的透射,从而电子通过量子点的概率大为增大,对应微分电导曲线上则为 $V=0$ 处的电导峰,对应谱函数 $A(\omega)$ 则在 $\omega=0$ 处,出现一个近藤峰,如图 5.3 所示。

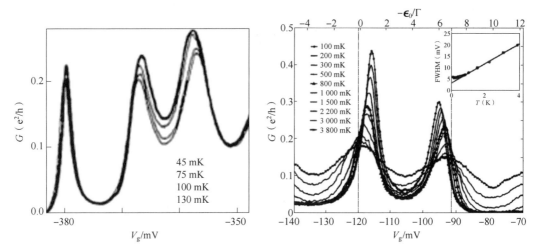

图 5.2 不同温度下,电导作为栅极电压的函数,近藤效应增强电导(引自文献[6]和[8])

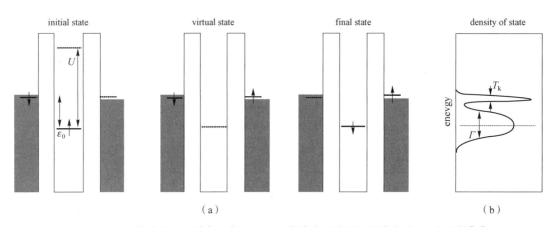

图 5.3 (a)近藤效应电子隧穿示意图;(b)近藤效应对应的局域态密度(引自文献[9])

量子点系统中的近藤效应比稀磁金属中的近藤效应对人们研究近藤效应更有优势。稀磁金属中的杂质状态由其原子本身决定,实验很难控制其中的参量,因而限制了近藤效应的研究。然而,量子点具有可调控性,不仅为研究平衡态下的近藤物理提供了理想平台,也能够为研究非平衡近藤物理和多量子点、多通道的近藤效应提供了可能性[10-15]。随着实验技术和测量手段的发展,实验学家们开始关注大分子以及极化分子中的近藤效应。通过扫描隧穿显微镜(STM)或者扫描隧穿谱学(STS)技术测量体系的零偏微分电导,并在一定条件下获得了近藤共振峰。

量子点结构作为研究强关联多体问题的理想平台成为实验和理论物理学家关注的热点之一。特别是多量子点体系在实验上被相继制备成功,为在实验上研究强关联多体问题提供了可能。强关联多体问题作为凝聚态物理中的复杂问题,已经超越了能带理论和费米液体理论。对于单电子近似等方法已经不能准确地描述其中的物理现象。近藤问题是强关联电子体系中典型的多体问题,已经不能用能带理论求解。近期,量子点与费米库组成的开放量子系统为研究这一问题提供了条件。并且该系统可以通过描述金属中量子杂质的安德森模型来求解。对于近藤问题的解决将会有助于重费米子、高温超导以及近藤绝缘体等强关联体系中多体问题的研究。低温下,量子点中的电子会与电极中传导电子形成反铁磁相互作用。对于单量子点系统,量子点中的自旋 1/2 会被电极中传导电子所屏蔽,其局域磁矩会被传导电子完全猝灭,从而系统表现为正常的费米液体的基态。其具体表现在 $T\sim 0$ 低温区,电阻、磁化率和比热容对温度的平方依赖关系。当系统中量子点的个数增加时,会形成有趣的、奇异的近藤物理。如:双杂质近藤效应、双通道近藤效应[11]、SU(4) 近藤效应[12] 等。

对单量子点系统中近藤效应的研究已经有了大量的工作。大量的文献关注单量子点系统中的近藤物理,特别是在威尔逊(Wilson)发展了数值重整化群方法之后,通过研究单量子点系统中近藤效应,给出了一些近藤效应普适的性质,其在热动力学、谱函数和线性响应输运特性中都有重要的表现行为。例如:低温下,近藤效应的增强现象;对具有自旋简并能级的量子点系统,态密度中的近藤峰会导致量子点中的共振隧穿,增强系统的输运特性;开放的量子点系统中,在左右电极上施加的偏压会导致近藤峰的劈裂,在两个电极所施加的偏压处分别对应一个峰;在施加一外磁场 B 下,塞曼(Zeeman)能会使得电子的自旋简并消失,近藤峰会劈裂成两个较小的峰,并且劈裂的近藤双峰的位置背离 $\omega=0$ 处偏移,最终导致双峰之间的距离为 $2g\mu_{\mathrm{B}}B$,如图 5.4 所示[7]。本节主要关注单量子点系统的近藤效应依赖的动力学输运行为和热电输运特性。

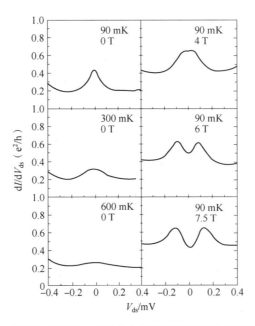

图 5.4 单量子点系统中的微分电导峰随着温度的升高而降低,磁场会使得微分电导峰发生劈裂,并形成双峰结构(引自文献[7])

5.2　单量子点系统中的近藤输运特性

5.2.1　量子点系统中时间依赖的输运研究现状

　　量子点系统中输运性质的研究对理解纳米材料中的电子隧穿相干具有非常重要的作用。虽然,对于量子点系统中的电子波函数的空间相干已经在理论上被广泛研究[16]。但是,对于量子点系统中时间依赖的相干行为,文献中研究的较少。其主要原因是由于处理时间记忆效应的困难性。特别地,当考虑的电子-电子($e-e$)相互作用不能被微扰处理时,理论计算的困难尤其大。

　　目前,在研究量子点系统的动力学输运的文献中,大部分直接忽略量子点中的电子-电子($e-e$)相互作用,个别文献利用平均场方法处理电子-电子($e-e$)相互作用。早在1993年,温格林(N. S. Wingreen)等人研究了与双栏直接耦合的介观系统中时间依赖的输运电流[16]。并利用克尔德仕（Keldysh）格林函数给出了含时输运电流的普适解析公式。他们发现,当在系统上施加一个矩形偏压脉冲时,含时的输运电流中出现了明显的振荡行为。产生这种振荡行为的原因是,偏压突然改变时,电子通过共振能级隧穿的响应时间相干导致振荡行为。随后,一个重要的基于宽带近似下的孔恩-沈吕九方程的理论被提出。此时,假设电极中的能带并没有能量依赖性。该方法被广泛应用于纳米结构的物理体系材料中,但是该方法对于有限的电极带宽和能量依赖的态密度是无效的。另外,朱(Y. Zhu)等人通过直接求解时域的格林函数研究了分子体系中的动力学输运电流[17]。当在系统上施加一偏压时,通过时域分解法（TDD）直接求出了数值的含时输运电流$I(t)$。在求解开放量子系统中,采取时间截断时域分解法来处理电子的相记忆效应。当所研究的系统与电极弱耦合相连时,时域分解法（TDD）将会遇到严重的数值求解困难。为解决该困难,这一小组对一些形式比较特殊的偏压脉冲,在远离平衡态的区域给出了输运方程的精确解析公式[18]。但是,当所施加的偏压形式改变时,需要重新推导输运电流公式的表达式。显然,这些数值的时域分解方法和解析表达公式都无法精确解决和处理电子-电子($e-e$)相互作用。

　　虽然存在以上诸多问题,仍有文献对量子点系统中的输运性质进行了研究。例如:密度矩阵重整化群（DMRG）方法被扩展为含时版（TD-DMRG）以处理时间依赖的一维体系和单量子点系统的输运问题[19-21]。单量子点系统中粒子-空穴对称点和混价区的电流-电压特性被呈现[21]。含时版的数值重整化群方法（TD-NRG）也同样被用来研究量子点系统中的非平衡动力学输运问题和非平衡占据数的变化行为[22]。占据数随着量子点上所加含时栅压的变化会出现明显的拉比(Rabi)振荡行为。在这些工作中,量子点系统中含时输运特性的研究仍采用微扰处理已经不能精确地解释近来的物理现象。这些前期的工作集中于单能级的共振隧穿输运,对于近藤区域的含时输运特性这一有趣现象还缺乏研究和理解。

5.2.2　单量子点系统近藤区域的动力学输运电流

　　本节研究单量子点系统近藤区域的动力学输运电流的振荡行为。该区域的输运行为比单能级系统更为有趣和接近物理实验的实际情况。在费米面附近没有量子点的能级,即在偏压窗口中没有输运电子的直接通道。所以,在没有近藤效应的情况下,不会出现明显的输运电流和电流的振荡行为。我们知道,低温下的近藤共振能够辅助电子的隧穿从而产生较大的共振输运电流[23]。在此条件下,一种不同于以上单能级系统的新型的电流振荡行为将会出现。接下来,本节利用第4章提出的非微扰的级联运动方程组(HEOM)方法去精确描述单量子点系统近藤区域的含时输运电流行为。量子点中有限的电子-电子相互作用(U)、温度(T)和电极带宽(W)对输运性质的影响将会被详细研究。这些理论结果将会对量子点和量子线中的实验研究提供理论指导。

这里首先考虑与电极耦合的开放单量子点系统,其系统的总哈密顿量可写为

$$H_T = H_S + H_B + H_{SB} \tag{5.1}$$

接下来的论述中,在系统中采用符号 μ 定义电子轨道(包括自旋、空间等),例如 $\mu = \{\sigma, i\cdots\}$。电极被处理为无相互作用的费米库,其哈密顿量为

$$H_B = \sum_{k,\mu,\alpha=L,R} \epsilon_{k\alpha} \hat{d}_{k\mu\alpha}^\dagger \hat{d}_{k\mu\alpha} \tag{5.2}$$

式中,$\epsilon_{k\alpha}$ 为 α-电极中波矢为 k 的电子的能量,$\hat{d}_{k\mu\alpha}^\dagger$($\hat{d}_{k\mu\alpha}$)对应 α 库中能量 $\epsilon_{k\alpha}$ 的电子的产生(湮灭)算符。

在库相互作用绘景下,电极和量子点的耦合项可写为

$$H_{SB} = \sum_\mu \left[f_\mu^\dagger(t) \hat{a}_\mu + \hat{a}_\mu^\dagger f_\mu(t) \right] \tag{5.3}$$

此时,$f_\mu^\dagger = e^{iH_B t} \left[\sum_{k\alpha} t_{\alpha k\mu}^* \hat{d}_{k\mu\alpha}^\dagger \right] e^{-iH_B t}$ 为随机相互作用算符并且满足高斯统计。$t_{\alpha k\mu}$ 为传输耦合矩阵元。电子库对量子点的影响可以通过杂化函数来描述。这里考虑洛伦兹形式

$$\Delta_\alpha(\omega) = \pi \sum_k t_{\alpha k\mu} t_{\alpha k\mu}^* \delta(\omega - \epsilon_{k\alpha}) = \Delta W^2 / [2(\omega - \mu_\alpha)^2 + W^2] \tag{5.4}$$

式中,Δ 为量子点-电极之间的有效耦合强度,W 为电极的有效带宽,μ_α 为 α-电极的化学势。

单量子点部分哈密顿量为

$$H_S = \sum_\sigma \epsilon_\sigma \hat{a}_\sigma^\dagger \hat{a}_\sigma + \frac{U}{2} \sum_\sigma n_\sigma n_{\bar{\sigma}} \tag{5.5}$$

这里 ϵ_σ 表示量子点上自旋为 $\sigma(\sigma = \uparrow, \downarrow)$ 电子的在位能,$\hat{a}_\sigma^\dagger$ 和 $\hat{a}_\sigma$ 为量子点上具有自旋-σ 电子的产生和湮灭算符。$n_\sigma = \hat{a}_\sigma^\dagger \hat{a}_\sigma$ 是量子点的电子数算符,U 为量子点的电子 σ-电子 $\bar{\sigma}$(σ 的相反符号)库仑相互作用。

量子点系统中比较经典且容易理解的情况是粒子-空穴对称。在系统处于粒子-空穴对称点处,近藤效应最为明显。系统的谱函数在费米面 $\omega = 0$ 处出现比较尖锐的近藤共振峰。近藤峰的高度随着温度的升高而降低,此时近藤效应随着温度的升高而减弱。当系统的温度高于近藤温度后,系统的近藤效应消失,$\omega = 0$ 处的近藤共振峰也将不复存在[24]。

这里首先关注低温下单量子点系统存在近藤效应时,粒子-空穴对称(p-h)情况下的含时动力学输运行为。图5.5所示为拥有粒子-空穴对称($\epsilon_\uparrow = \epsilon_\downarrow = -U/2$)的单量子点系统中电流 $I(t)$ 的变化特征。其中,电极上所加的偏压的形式为

$$V(t) = \begin{cases} 0 & (t < 0) \\ V_0 & (t \geqslant 0) \end{cases} \qquad (5.6)$$

式中,V_0 是阶跃电压值。如图 5.5 中所示,V_0 分别取为 $V_0 = 0.10$ mV,0.15 mV,0.20 mV,0.30 mV。当时间 $t > 0$ 后,系统电极上施加一偏压脉冲,通过该量子点系统的电流产生。在输运电流急剧升高到极大值后,出现规则的振荡行为。这种振荡行为来源于通过量子点系统的电子隧穿对偏压响应的时间相干性。当所加偏压突然变化时,两电极的电荷的堆积和耗散的电容贡献使得电流的振荡行为产生。可以发现,电流的振荡行为强烈地依赖于所加偏压的形式。随着偏压的增大,输运电流增强而且振荡的振幅增大。例如:在偏压为 $V_L = -V_R = 0.10$ mV 时,振荡电流的最大振幅只有 7 000 pA,而当偏压为 $V_L = -V_R = 0.30$ mV 时,电流的最大振幅达到 13 000 pA。同时,电流振荡的频率随着所加偏压的增大而增大。但是,值得我们注意的是,在较长时间 $t > 30$ ps 后,所有的振荡行为将会消失,电流最终达到一稳态值。这些电流值显然表明了此条件下该系统的稳态电流。

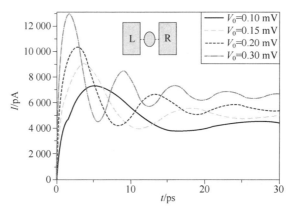

图 5.5 不同阶跃偏压 V_0 下,单量子点系统(内插图所示)中输运电流 $I(t)$ 随时间 t 的变化趋势。参数为 $k_B T = 0.015$ meV,$\Delta = 0.2$ meV,$W = 2$ meV,$U = 2$ meV,$\epsilon_\uparrow = \epsilon_\downarrow = -1$ meV(引自文献[27])

在此,对于含时输运电流中出现的振荡行为的物理机制做出如下解释和理解:通过系统的含时输运电流包括两个电极之间的电荷积累和耗散的电容的贡献,电子隧穿通过共振能级的时间相干导致这种振荡行为[25-27]。这种时间相干使得电极上积累的电荷没有足够的时间去跟随变化的电压。电流振荡的周期大约为 $\Delta t_{L/R} = 2\pi h / |eV_{L/R} - \epsilon_k|$,其中 $V_{L/R}$ 为左(右)电极的偏压值,ϵ_k 为中间共振单能级的能量。电流的振荡行为反映出通过左右电极的费米面处边带的态密度的变化。

为了详细探讨所加偏压对电流 $I(t)$ 振荡行为的影响。这里改变阶跃偏压到线性形式。如图 5.6(a)所示,偏压通过不同的时间间隔 t_c 逐渐线性增大到 $V_m(t) = 0.20$ mV。a 仍作为对比的阶跃偏压形式,b、c、d 和 e 分别为线性增加的偏压形式:$t_c = 10$ ps、20 ps、40 ps 和 80 ps。图 5.6(b)所示为图 5.6(a)中不同偏压形式下的时间依赖的电流 $I(t)$ 随时间的变化行为。其中,温度 T 和电极带宽 W 保持不变。其参数取为 $k_B T = 0.015$ meV,$\Delta = 0.2$ meV,$W = 2$ meV,$U = 2$ meV 和 $\epsilon_\uparrow = \epsilon_\downarrow = -1$ meV。令人感兴趣的是,在不同形式的线性增长偏压下电流仍会保持振荡行为。这种振荡行为随着时间的推移而减弱,最终在足够长的时间下消失。振荡行为随着时间间隔 t_c 的增大而减弱,同时最大振幅也逐渐减小。例如:在 $t_c=10$ ps 时,振幅能够达到 9 000 pA,而当时间间隔增大到 $t_c=80$ ps 后,振荡的振幅只有 5 000 pA。

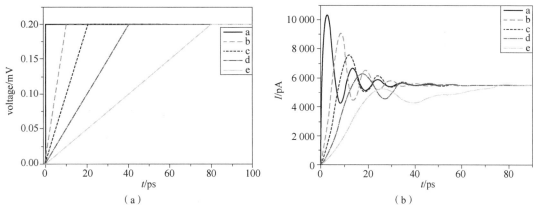

图 5.6　所加偏压对电流 $I(t)$ 行为的影响

(a) 系统电极上施加的不同线性增长形式的偏压 $V(t)$,通过不同的时间间隔 t_c 线性增大到 $V_m(t)=0.20$ mV。

$a(t_c=0,$ 阶跃形式$),b(t_c=10$ ps$),c(t_c=20$ ps$),d(t_c=40$ ps$),e(t_c=80$ ps$)$;

(b)不同线性增长形式偏压 $V(t)$ 下,通过系统的时间依赖的电流 $I(t)$,与图(a)偏压形式相对应。

参数为 $k_BT=0.015$ meV,$\Delta=0.2$ meV,$W=2$ meV,$U=2$ meV,$\epsilon_\uparrow=\epsilon_\downarrow=-1$ meV(引自文献[27])

通过以上数据,可以发现电流的振荡行为主要依赖通过系统的隧穿电子的时间相干性。其可以通过所加偏压的不同形式来调控这种振荡行为。如图 5.6(a)中的不同形式的偏压会导致不同的振荡行为。当时间间隔比较小时(如 $t_c=10$ ps),电流的振荡较快,频率较大,且伴随着较大的振荡振幅。这是由于输运电子没有足够的时间去响应电极所加偏压的突然变化。而当时间间隔增大时(如 $t_c=80$ ps),电流的振荡行为变得十分微弱。这时,较长的弛豫时间使得隧穿电子有足够的时间响应电极偏压的变化。

为进一步研究这种有趣的输运电流的特性,接下来通过改变温度 T、电极带宽 W 和电子-电子相互作用 U,来探讨这些参量对输运电流振荡行为的影响。在图 5.7 中,给出了近藤区域($T<T_K$)中,不同温度下的 $I(t)$-t 的变化曲线。通过图中电流的变化曲线,可以发现在较低温度下(如 $k_BT=0.015$ meV),电流的振荡行为明显增强,振荡的振幅明显增大。随着温度的升高,电流中的振荡行为将会逐渐被抑制。例如:当温度为 $k_BT=0.045$ meV 时,电流只是在稳态值附近有较小的蠕动。而当温度升高到 $k_BT=0.060$ meV 后,电流的振荡几乎消失,电流在较短的时间内就会达到稳态值。图 5.7 内插图中给出了无偏压条件下,量子点系统相对应的四个不同温度下的谱函数变化曲线。如图 5.7 所示,$\omega=0$ 处会出现近藤共振峰($T<T_K$)。随着温度的升高,近藤峰的高度将降低,近藤效应减弱。当系统电极施加偏压后,$\omega=0$ 处的近藤峰将会发生劈裂,且形成在 $\omega=\pm eV$(V 是电极上所加偏压的大小)处的双峰结构。此时,温度的升高将会对量子点系统中的输运电流扮演抑制的角色。从而导致如图 5.7 中所示的电流以及振荡的变化行为。温度的升高会抑制量子点系统中的近藤效应,进而导致输运电流振荡行为的减弱和稳态电流值的降低。这种时间依赖的输运电流的振荡行为与单能级系统中的输运行为是不同的。

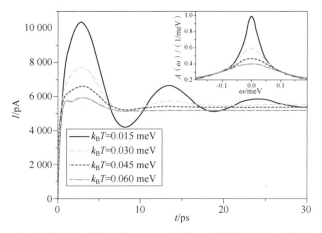

图 5.7　不同温度下单量子点系统中的 $I(t)$-t 曲线。内插图为所对应的谱函数变化曲线。
参数为 $V_L=-V_R=0.20$ mV, $\Delta=0.2$ meV, $W=2$ meV, $U=2$ meV, $\epsilon_\uparrow=\epsilon_\downarrow=-1$ meV(引自文献[27])

下面来研究有限带宽 W 对输运电流振荡行为的影响。当然,宽带近似(WBL)的非平衡格林函数(NEGF)方法对有限带宽的研究是无能为力的。图 5.8 给出不同带宽下通过单量子点系统的动力学电流 $I(t)$ 的输运特性。这里发现带宽的增加会导致较强的振荡电流的振幅以及最终的稳态电流值。这种效果主要是由于带宽 W-增强的电极电容贡献。电荷在两个电极上的积累和耗散都会加强,从而使得电流出现增强的效果。但是,电流振荡的频率与带宽 W 无关。这也为实验上观测这种电流振荡行为提供了理论基础。

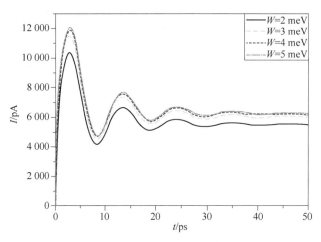

图 5.8　不同电极带宽 W 下单量子点系统中的 $I(t)-t$ 曲线。参数为 $k_BT=0.015$ meV,
$V_L=-V_R=0.20$ mV, $\Delta=0.2$ meV, $U=2$ meV, $\epsilon_\uparrow=\epsilon_\downarrow=-1$ meV(引自文献[27])

下面进而研究了电子-电子相互作用 U 对电流振荡行为的影响。在这里的计算中,始终保持量子点的粒子-空穴对称(p-h),即每个量子点的在位能为 $\epsilon_\uparrow=\epsilon_\downarrow=-U/2$。图 5.9 中给出了近藤区域 $T<T_K$(图 5.9(a))和非近藤区域 $T>T_K$(图 5.9(b))的输运电流的计算结果。总体来说,电子-电子($e-e$)相互作用 U 会导致量子点中电子的局域性,从而使得系统中最终的稳态电流值会随着 U 的增大而减小,正如图 5.9(a)和 5.9(b)所示。在近藤区域,电流振荡的振幅随着 U 的增加而减小,而电流的振荡频率几乎保持不变。其物理机制可以通过以下理解,依据近藤温度的解析表达式[24]:

$$T_K = \sqrt{\frac{U\widetilde{\Delta}}{2}}\, e^{-\pi U/8\widetilde{\Delta}+\pi\widetilde{\Delta}/2U} \tag{5.7}$$

式中,($\widetilde{\Delta}=2\Delta$ 系统中存在两个电极), T_K 随着电子-电子相互作用 U 的增大而降低。此时,系统的温度保持不变($k_B T=0.015$ meV),所以较大的 U 会导致系统温度 T 和近藤温度 T_K 之间较小的差值。最终,对于较小的电子-电子相互作用 U,电流中会产生较明显的振荡行为。例如:电流振荡的最大振幅会从 $U=2.4$ meV 的 4 600 pA 升高到 $U=2.0$ meV 的 11 000 pA。

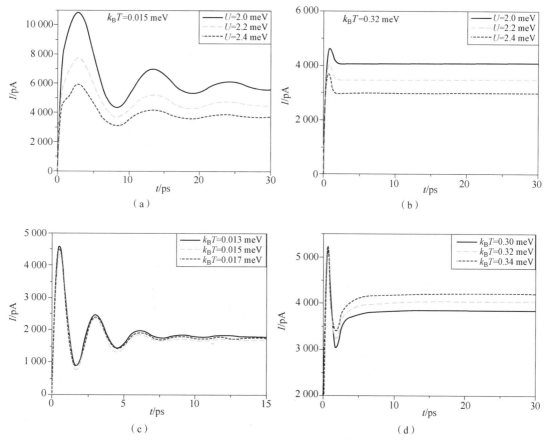

图 5.9　不同电子-电子相互作用和温度下,单量子点系统中 $I(t)-t$ 曲线

(a)近藤区域($T<T_K$),参数为 $V_L=-V_R=0.20$ mV,$W=2$ meV,$k_B T=0.015$ meV,$\Delta=0.2$ meV,

$\epsilon_\uparrow=\epsilon_\downarrow=-U/2$;(b)非近藤区域($T>T_K$),参数为 $V_L=-V_R=0.20$ mV,$W=2$ meV,$k_B T=0.32$ meV,

$\Delta=0.2$ meV,$\epsilon_\uparrow=\epsilon_\downarrow=-U/2$。无电子-电子相互作用极限($U=0$)和较大偏压($V_{SD}=0.6$ mV)条件下,

不同温度下的单量子点系统的 $I(t)-t$ 曲线;(c)为低温区域 $k_B T\ll\Delta$;(d)为高温区域 $k_B T>\Delta$(引自文献[27])

为了进一步证实低温导致电流的振荡增强现象是系统中的近藤共振导致的结果。这里又计算了在无电子-电子相互作用极限($U=0$)和较大偏压($V_{SD}=0.6$ mV$>\Delta$)条件下的量

子点系统中的输运电流随时间的变化趋势。图 5.9(c)和图 5.9(d)分别给出了低温区域 $k_BT \ll \Delta$ 和高温区域 $k_BT > \Delta$ 两种情况下的数值结果。可以发现,在低温度条件 $(k_BT \ll \Delta)$ 下,电流的振荡行为几乎与温度 T 无关,而在高温区域 $(k_BT > \Delta)$,简单的热涨落效应会使得电流的振幅随着温度的升高有轻微的上涨。该情形下,温度依赖的输运电流的振荡行为与有限电子-电子相互作用 U 的情形(图 5.9(a)和(b))是完全不同的。在存在有限电子-电子相互作用 U 的近藤区域,电流振荡的振幅随着温度的降低而升高。该现象是由于量子点系统中近藤效应的结果,而不再是简单的温度效应。

现在给出小偏压 $V_{SD} \ll k_BT_K$ 条件下的电子-电子相互作用 U 依赖的稳态电流的讨论。在温度 $T = 0$ 时,近藤共振的费米液体行为使得 $\omega = 0$ 处的谱函数与电子-电子相互作用 U 无关。从而会使得在小偏压 $V_{SD} \ll k_BT_K$ 下系统的输运电流与 U 无关[25-26]。但是,对于有限温度的情况下,谱函数 $\omega = 0$ 处的近藤共振峰将会随着电子-电子相互作用 U 的增加而降低。这种效应导致量子点系统中的输运电流在极低有限温度下表现出对电子-电子相互作用 U 较弱的依赖。特别是在较小偏压 $V_{SD} \ll k_BT_K$ 下,该输运现象更明显地表现出对 U 的弱依赖关系。

综上所述,温度对单量子点系统近藤区域的输运电流的振荡行为起到抑制作用。温度的升高会压制系统的近藤效应,从而使得隧穿电流减小。电极的能带宽度 W 使得电流振荡的振幅增大。近藤区域中,电子-电子相互作用 U 使得振荡电流的振幅减小。这是由于电子-电子相互作用 U 的增大会降低量子点系统的近藤温度,在系统温度一定的条件下,近藤共振将会减弱,继而导致电流振荡振幅的减小。并且,可以发现高温 $T > T_K$ 和低温 $T < T_K$ 区域下,单量子点系统中最终的稳态电流值随着 U 的增大而减小。但是,振荡的频率与电极所加偏压有关,与温度 T、电极带宽 W 和电子-电子相互作用 U 都无关。

5.3 非对称单量子点系统中法诺-近藤共振

5.3.1 非对称单量子点系统混价区介绍

前一节主要关注于单量子点系统中粒子-空穴对称情况下的含时动力学输运特性。当系统偏离粒子-空穴对称点时,不同的条件下,量子点系统将会分别进入近藤区(Kondo regime)($|\epsilon_d| \leqslant \Delta$)、混价区(mixed valence regime)($\epsilon_d \ll -\Delta$)或者空轨道区(empty orbital regime)($\epsilon_d > \Delta$)并伴随更为丰富的物理[28-33],如法诺-近藤共振、单粒子共振和近藤共振之间的干涉效应、费米能级附近的谱函数非对称线型等。这些现象都引起了实验和理论物理工作者的极大兴趣。特别是混价区的一些物理性质能够很好地解释稀土元素的原子的物理行为。因此,对量子点系统混价区混合价键的相关研究对于很多含有稀土离子的化合物具有较大意义。

稀土元素的原子在某些材料如重费米子材料中总是表现出一个混合价态。这种状态是由在 f 壳层电子占据和涨落引起的,与导带中的电子杂化是弱的。这种涨落使 f 电子的状态在能量非常接近的 f^n 和 f^{n-1} 之间变化。通常情况下，f^n 是单重态，f^{n-1} 是简并的多重态。在这些稀土元素材料中，另一个重要的特征是电子-电子的相互作用。在考虑相互作用的贡献时，法丽卡(Falicov)和金博尔(Kimball)最初提出了一个解释绝缘体-金属转变的模型[30]。f-f 相互作用大于 f 电子和传导电子之间的相互作用，基于实际的窄带宽的情况下，双带哈伯德(Hubbard)哈密顿量比较适合来研究混合价问题[31]。因此，f 电子杂化作用和 f-f 电子之间的相互作用在这些混合价材料中起了比较关键作用。

f^n 和 f^{n-1} 状态中的其中一个是磁性的，在温度趋于零时，体系磁化率是一个有限的定值。该磁化率的变化行为和近藤问题中的行为是一样的。近藤问题中考虑一个局域的 d- 或 f-电子，传导电子和局域电子的杂化作用和电子-电子之间的相互作用。因此，非对称安德森哈密顿量可用作研究混价区域问题的一种简化模型[32-33]。这个安德森模型哈密顿量考虑的是单能级的杂质，可以容纳两个自旋相反的局域电子。这些局域电子高度类似于 f 电子。所以，杂质项可以用来描述 f 壳层电子的稀土元素的原子。当电子-电子相互作用 U 比较强时，双占据态具有较高的能量，在具体计算过程中双占据态可以忽略不计。因此，杂质中电子的最大占据数是 1。当单电子能级接近费米能级时，占据数会小于 1 且在两个电荷状态 f^1 和 f^0 之间波动。另外，混合价键和强关联之间的竞争作用对于理解材料中的有序状态及相关特性具有重要作用。目前，混合价键也存在于拓扑的近藤绝缘体中，并且产生了丰富的新奇现象。最近，在 $Ba_3InIr_2O_9$ 中，发现了由混合价键导致的量子自旋液体行为[34]。在 $YbXCu_4$ 材料中，对于不同 X 原子如 Mg，Cd，In，Sn，$5p$ 电子可以控制 Yb 中的 $4f$ 电子的混价态，从而导致近藤温度的变化范围在 25～1 109 K 之间[35]。

5.3.2　非对称量子点系统混价区的法诺-近藤共振

本节内容为采用级联运动方程组方法(HEOM)计算非对称量子点系统(以安德森杂质为模型)混价区的谱函数。通过对费米能级附近态密度进行拟合，得到法诺因子和近藤温度，并给出相关的法诺-近藤共振的相关物理。

通过求解单安德森杂质哈密顿量

$$H_S = \sum_\sigma \epsilon_\sigma \hat{a}_\sigma^\dagger \hat{a}_\sigma + \frac{U}{2} \sum_\sigma n_\sigma n_{\bar\sigma} \tag{5.8}$$

令杂质的在位能 $\varepsilon_d = \epsilon_\uparrow = \epsilon_\downarrow$，杂质的格林函数可定义为

$$G_{d,U=0}^0(\omega) = \frac{1}{\omega - \varepsilon_d - \Delta(\omega)} \tag{5.9}$$

此时，$\Delta(\omega) = \sum_k |t_k|^2/(\omega - \varepsilon_d + i0^+)$ 为杂化函数，其依赖于电极中传导电子的 k 态和态密度。在实际的计算中(如数值重整化群方法(NRG)等)，为简化和方便通常忽略电子的 k 态并用常数杂化函数来代替;动力学平均场计算方法中，通过自洽求解杂化函数;在级联运动方程组方法中，采用洛伦兹形式的杂化函数，表示如下:

$$\Delta(\omega) = \Gamma \frac{W}{\omega + iW} \tag{5.10}$$

式中，Γ 为能量单位，在此取 $\Gamma = 1$。W 为左右电极(费米库)的带宽。

通过级联运动方程组方法,可以求得中间杂质系统(或 f 壳层电子)的密度矩阵 $\boldsymbol{\rho}^0(t)$ 随着截断增加而收敛的结果,进而求解系统的推迟格林函数:

$$G_d(t)=-\mathrm{i}\theta(t)\mathrm{Tr}[\rho^0(t)\{a_\sigma,a_\sigma^+\}] \tag{5.11}$$

通过推迟格林函数的傅里叶变换,可以求得与虚部相关的局域态密度(谱函数)。

当 $\Delta(\omega)$ 趋于零时,杂质系统的严格格林函数为

$$G_d^0(\omega)=\frac{1-n_d/2}{\omega-\varepsilon_d-\Delta(\omega)}+\frac{n_d/2}{\omega-\varepsilon_d-U-\Delta(\omega)} \tag{5.12}$$

由格林函数戴逊方程,可以给出杂质的总格林函数为

$$G_d(\omega)=G_d^0(\omega)+G_d^0(\omega)T_d(\omega)G_d^0(\omega) \tag{5.13}$$

式中,$T_d(\omega)$ 代表相对应的近藤共振。格林函数 $G_d(\omega)$ 的虚部给出杂质的局域态密度,其具有法诺(Fano)非对称结构:

$$\rho_d(\omega)=\rho_d^0(\omega)\frac{(\omega'+q)^2}{\omega'^2+1} \tag{5.14}$$

式中,$\rho_d^0(\omega)$ 为单粒子哈伯德带,即格林函数 $-\frac{1}{\pi}G_d^0(t)$ 的虚部。$\omega'=\omega/T_K$(T_K 为单杂质系统的近藤温度)。法诺因子由格林函数决定,即 $q=-\mathrm{Re}G_d^0(\omega)/\mathrm{Im}G_d^0(\omega)$。

在接下来的计算中,将利用级联运动方程组方法计算单量子点系统的局域态密度 $\rho_d(\omega)$,并利用格林函数推导出来的局域态密度的表达式(5.14)拟合曲线参数,获得系统的近藤温度和法诺因子并进行详细讨论。这里取级联运动方程组方法的截断阶数为 $L=5$。这样不仅保证了数值计算结果的收敛性,同时,也保证了费米面处局域态密度的精确度。这里所采取的单量子点系统的参数为较大的电子-电子库仑相互作用 $U=9\Gamma$,以使得量子点能级上具有电子占据,即在 $-U/2$ 和 0 之间存在较大的能级间隔。同时,较大的电子-电子库仑相互作用也可以节省级联运动方程组方法的计算资源。为系统地研究单量子点系统的混价区域问题,这里改变量子点的能级从粒子-空穴对称点 $\varepsilon_d=-U/2=-4.5\Gamma$ 到费米面 $\varepsilon_d=0$。系统的温度采用 $k_BT=0.05\Gamma$,该温度参数小于单量子点系统的近藤温度 k_BT_K,以使得在局域态密度上能够产生明显的近藤峰,如图 5.10 所示。图 5.10 给出了不同量子点能级 ε_d 下的局域态密度,内插图为费米面附近的近藤峰的详细变化趋势。当体系在粒子-空穴对称点 $\varepsilon_d=-4.5\Gamma$ 处,费米面 $\omega=0$ 处出现了非常尖锐的近藤峰,$\omega=\varepsilon_d$ 和 $\omega=\varepsilon_d+U$ 处的两个较低的哈伯德峰分别处于近藤峰的两侧。体系在粒子-空穴对称点时,整个局域态密度关于 $\omega=0$ 对称。随着量子点能级的增大并逐渐接近费米面,$\omega=\varepsilon_d$ 处的哈伯德峰会逐渐向右移动,峰的高度会逐渐降低,并在费米面附近与近藤峰混合;$\omega=\varepsilon_d+U$ 处的哈伯德峰也会逐渐向右移动,峰的高度出现先减小后增大的不规律的变化行为。这里主要关注费米面附近的峰的变化趋势,如图 5.10 所示。随着量子点能级的升高,比较尖的近藤峰会逐渐变宽变高,最终成为包络形式,这来源于 $\omega=0$ 处的近藤峰和 $\omega=\varepsilon_d$ 处的哈伯德峰的交叠。同时,这种不对称的线型也反映了单量子点系统中近藤诱导的多体共振隧穿和单电子次序隧穿之间的干涉效应,从而导致系统中出现明显的法诺-近藤干涉效应。

早在 2004 年,罗洪刚等人利用法诺-近藤共振理论很好地解释和分析了费米能级附近不对称的局域态密度[36-38]。他们考虑将法诺共振应用于安德森杂质模型来解释不对称线条形状的费米面附近的局域态密度。他们指出法诺共振现象来自两方面的贡献,较宽的单

粒子(电子和空穴)共振以及狭窄的近藤共振。这两个共振在费米面处会发生相互干涉,从而形成了局域态密度的不对称线型[39]。

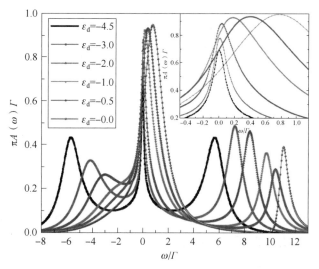

图 5.10　不同量子点能级 ε_d 下的局域态密度,内插图给出费米面附近的近藤峰的变化趋势。
参数为温度 $k_B T = 0.05\Gamma$,电子-电子相互作用 $U = 9\Gamma$,电极带宽 $W = 5\Gamma$(引自文献[39])

这里进而计算了量子点能级 ε_d 变化时,量子点电子的占据数 n_d 以及空穴与电子权重之比 $(1-n_d/2)/(n_d/2)$ 的变化趋势。在粒子-空穴对称点($\varepsilon_d = -4.5\Gamma$),近藤效应最为明显,电荷涨落被较强的近藤屏蔽所抑制,导致体系的电子占据数为精确的 $n_d = 1$。此时,系统中的空穴与电子权重相等 $(1-n_d/2)/(n_d/2) = 1$。当量子点的能级 ε_d 逐渐升高并接近费米面时,系统的电荷涨落逐渐加强,电子的占据数逐渐减小,如图 5.11 左栏所示。同时,系统中空穴与电子权重之比 $(1-n_d/2)/(n_d/2)$ 随着量子点能级 ε_d 的升高越来越大,可以从 1 升高到 2.3,如图 5.11 右栏所示。该变化趋势与单量子点系统的严格格林函数 $G_d^0(\omega)$ 有关。

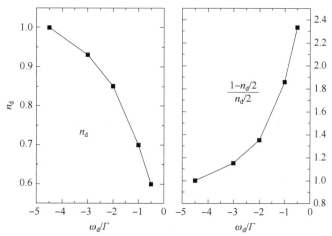

图 5.11　左栏:量子点电子的占据数 n_d 随能级 ε_d 的变化趋势。右栏:空穴与电子权重之比 $(1-n_d/2)/(n_d/2)$ 随能级 ε_d 的变化趋势。参数为温度 $k_B T = 0.05\Gamma$,电子-电子相互作用 $U = 9\Gamma$,电极带宽 $W = 5\Gamma$
（引自文献[39]）

单量子点系统的输运性质主要由费米面处的近藤峰决定,为了拟合费米面 $\varepsilon_d=0$ 附近的局域态密度,这里给出了态密度式(5.14)的变形表达式如下:

$$\rho_d(\omega\approx0)=-f_n\,\mathrm{Im}\left(\frac{n_h}{\omega-\varepsilon_d+\mathrm{i}\Gamma}+\frac{n_e}{\omega-\varepsilon_d-U+\mathrm{i}\Gamma}\right)\times\frac{(\omega+q_b)^2}{\omega^2+b}+C \tag{5.15}$$

式中,常数 C 包含了局域态密度中非相干贡献部分。在拟合中,用费米面处的 $\Delta(0)=-\mathrm{i}\Gamma$ 来近似代替方程(5.10)中的 $\Delta(\omega)$。此时,粒子和空穴的占据数分别是 $n_e=n_d/2$ 和 $n_h=1-n_d/2$。通过比较方程(5.14)和方程(5.15),可以得到单量子点系统的近藤温度为 $T_K=\sqrt{b}$ 和法诺因子为 $q=q_b/\sqrt{b}$。

接下来,利用态密度的表达式(5.15)对系统费米面附近的态密度进行了拟合,结果如图 5.12 所示。由于局域态密度的近藤峰在半高度的峰宽为 0.31Γ,所以这里所采用的拟合的频率区域为 $-0.3\Gamma<\omega<0.3\Gamma$。图 5.12 中给出了 $\varepsilon_d=-4.5\Gamma$,$\varepsilon_d=-3.0\Gamma$,$\varepsilon_d=-2.0\Gamma$,$\varepsilon_d=-1.0\Gamma$,$\varepsilon_d=-0.5\Gamma$ 等不同量子点能级下费米面附近的局域态密度的拟合结果。散点为级联运动方程组方法计算的结果,实线为拟合结果。发现在不同量子点能级 ε_d 下,费米面附近局域态密度拟合的结果与级联运动方程组方法的计算结果符合得非常好。从而证实了法诺-近藤共振理论在分析费米能级附近不对称的局域态密度的适用性。

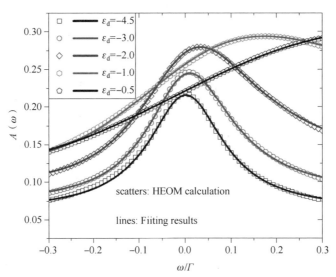

图 5.12 单量子点系统混价区域费米面附近的局域态密度的拟合结果和数值结果。散点为级联运动方程组方法的计算结果,实线为方程式(5.15)的拟合结果。参数为:温度 $k_BT=0.05\Gamma$,电子-电子相互作用 $U=9\Gamma$,电极带宽 $W=5\Gamma$(引自文献[39])

从上述拟合结果可以较精确地获得系统此参数下近藤温度的大小。对单量子点系统的近藤温度也有其他的表述形式,如霍尔丹(Haldane)近藤温度为

$$k_BT_K^H=\sqrt{\frac{U\Gamma}{2}}\exp^{\pi\varepsilon_d(\varepsilon_d+U)/2U\Gamma} \tag{5.16}$$

威尔逊(Wilson)近藤温度为

$$k_BT_K^W=|\varepsilon_d^*|\sqrt{\rho_0J_{eff}}\exp^{-1/\rho_0J_{eff}} \tag{5.17}$$

式中,ε_d^* 是有限带宽下重整化的单粒子能量,定义为

$$\varepsilon_d^* = \varepsilon_d + \frac{\Gamma}{\pi}\ln\frac{-\varepsilon_d^*}{\Gamma} \tag{5.18}$$

$\rho_0 J_{eff}$ 是量子点系统偏离粒子-空穴对称点时的有效的反铁磁近藤相互作用,定义为

$$J_{eff} = \rho_0 J\left[1 + (\pi\rho_0 K)^2\right] \tag{5.19}$$

$$\rho_0 J = \frac{2\Gamma}{\pi}\left(\frac{1}{|\varepsilon_d|} + \frac{1}{|\varepsilon_d + U|}\right) \tag{5.20}$$

$$\rho_0 K = \frac{\Gamma}{2\pi}\left(\frac{1}{|\varepsilon_d|} - \frac{1}{|\varepsilon_d + U|}\right) \tag{5.21}$$

这里把级联运动方程组方法数值计算获得的近藤温度与霍尔丹近藤温度和威尔逊近藤温度进行了比较,结果如图 5.13(a)所示。在粒子-空穴对称点 $\varepsilon_d = -4.5\Gamma$ 附近,三个近藤温度比较一致。霍尔丹近藤温度和威尔逊近藤温度的值完全相同,级联运动方程组方法结果拟合得到的近藤温度与两种解析表达式略有偏差。这是因为当 $\varepsilon_d = -4.5\Gamma$ 时,单粒子能级远离近藤峰,存在的非常微弱的法诺-近藤共振使得系统的近藤温度完全由费米面处的近藤共振峰来确定。法诺-近藤共振并不能很好地描述粒子-空穴对称点的对称局域态密度[39]。

随着量子点能级升高并逐渐接近费米面,霍尔丹近藤温度与另外两个近藤温度有较大的偏离。级联运动方程组方法数值拟合的近藤温度和威尔逊近藤温度相差不多。随着量子点能级逐渐接近费米面,级联运动方程组方法拟合的近藤温度给出了与威尔逊近藤温度比较一致的指数变化行为,而霍尔丹近藤温度表现出较快的指数增长趋势。并且发现,有限带宽下重整化的单粒子能量 ε_d^* 对系统的近藤温度具有较大的影响,在计算不同能级下的近藤温度时需要考虑进该项的作用。

图 5.13(b)和(c)给出了相对应的法诺因子 q 和拟合系数 f_n 随量子点能级的变化趋势。在粒子-空穴对称点 $\varepsilon_d = -4.5\Gamma$,此时量子点能级离费米面较远,准连续性的单粒子共振非常弱。费米能级 $\omega = 0$ 周围的局域态密度的线形状完全由近藤共振决定,表现出完全对称的结构。此时,级联运动方程组方法结果拟合近藤温度与霍尔丹近藤温度和威尔逊近藤温度几乎相同,并伴随较大的法诺因子。随着量子点能级的升高,法诺因子减小。该变化趋势说明单粒子共振随着量子点能级的升高逐渐加强并成为主导,而近藤共振的作用越来越小。拟合系数 f_n 作为归一化因子,主导着费米能级周围的局域态密度中单粒子共振态和近藤共振态的比例。当系统处在粒子-空穴对称点 $\varepsilon_d = -4.5\Gamma$ 时,费米面处的局域态密度几乎全部由近藤共振态构成,使得拟合系数 f_n 几乎为零。随着量子点能级的升高,单粒子共振态在局域态密度中的比例逐渐增大,致使拟合系数 f_n 逐渐增大,以确保局域态密度的归一化。

需要指出的是,近藤温度 T_K,法诺因子 q 和拟合系数 f_n 可以从曲线的拟合中获得。粒子-空穴对称点 $\varepsilon_d = -4.5\Gamma$ 处的局域态密度也可以通过其他几组拟合参数获得。此时,仅仅是法诺因子 q 变化较大,变化的范围可以从 24 到 851,而其他的拟合参数几乎不变。同时,不同参数下近藤温度的误差最多只相差 10%。事实上,在粒子-空穴对称点 $\varepsilon_d = -4.5\Gamma$ 处,由于拟合参数 f_n 几乎为零,使得法诺因子可以有一个较大的变化范围。这里采用比较小的法诺因子 q 以至于使它尽可能接近 $-\mathrm{Re}G_d^0(0)/\mathrm{Im}G_d^0(0)$。同理,在费米面 $\varepsilon_d = 0$

处,近藤温度是发散的,对于不同的拟合参数具有不同的值。事实上,费米面 $\varepsilon_d = 0$ 处,是一个单粒子共振过程,利用法诺-近藤共振很难拟合此时的局域态密度。因此,这里虽然能够计算出费米面处的局域态密度(图 5.10),但没有给出此时的拟合结果。

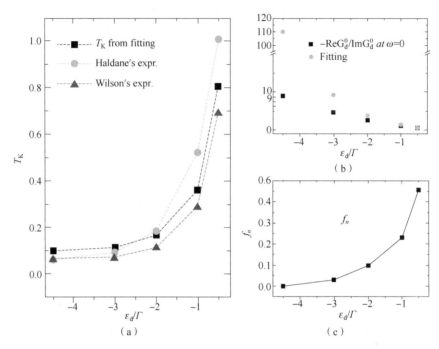

图 5.13 (a)级联运动方程组方法数值计算获得的近藤温度与霍尔丹近藤温度和威尔逊近藤温度进行比较,近藤温度在接近费米能级时表现出指数变化行为;(b)和(c)为不同量子点能级下的法诺因子 q 和拟合系数 f_n 随量子点能级的变化趋势,参数为:温度 $k_B T = 0.05\Gamma$,电子-电子相互作用 $U = 9\Gamma$,电极带宽 $W = 5\Gamma$
(引自文献[39])

在 f-壳层电子的原子体系中,基态 f^n 距离费米面非常近,与这里计算的 $\varepsilon_d = -0.5\Gamma$ 情形非常类似。此时,所有的拟合参数的物理意义是非常清楚的。所以,法诺—近藤共振理论可以用来研究和理解混价区域的局域态密度的非对称线型问题。

总之,本节以非对称安德森杂质为模型给出了单量子点系统中混价区的局域态密度的非对称线型。通过近藤共振和准线性单粒子共振之间的干涉效应可以理解该非对称线型,并可以通过拟合局域态密度的非对称线型给出系统的近藤温度和法诺因子的变化行为。明确了法诺—近藤共振理论为解释该混价区域的局域态密度的非对称线型问题提供了一种可行的方法。

5.4　单量子点系统空轨道区、混价区和近藤区的含时输运

本节中,利用级联运动方程组方法(HEOM)求解含时外场调控下的单量子点系统的动力学输运行为,如图 5.14 所示。通过栅极电压调控量子点的能级,使得量子点系统有一个从近藤区域(Kondo Regime,KR)向混价区域(Mixed Valence Regime,MVR)最后到空轨道

区域(Empty Orbital Regime,EOR)的连续变化过程[40-41]。这里将系统研究三个区域的瞬态动力学行为和稳态输运特性。系统的总哈密顿量为

$$H = H_{\text{dot}} + H_{\text{leads}} + H_{\text{coupling}} \tag{5.22}$$

式中,$H_{\text{dot}} = \sum_{\sigma}(\varepsilon_d + eV_g)\hat{a}_{\sigma}^{+}\hat{a}_{\sigma} + \dfrac{U}{2}\sum_{\sigma}n_{\sigma}n_{\bar{\sigma}}$ 为量子点部分的哈密顿量。$H_{\text{leads}} = \sum_{k\mu\alpha=\text{L,R}}\left(\varepsilon_{k\alpha} + \dfrac{C_{\alpha}V_{\text{SD}}(t)}{2}\right)\hat{d}_{k\mu\alpha}^{+}\hat{d}_{k\mu\alpha}$ 为电极部分哈密顿量,其中 $C_{\alpha=L}=1$ 和 $C_{\alpha=R}=-1$ 为调控参数,$V_{\text{SD}}(t)$ 为含时外场,这里取阶跃形式的偏压

$$V_{\text{SD}}(t) = \begin{cases} 0, & t < 0 \\ V_{\text{SD}} & t \geqslant 0 \end{cases} \tag{5.23}$$

$H_{\text{coupling}} = \sum_{k\mu\alpha}t_{k\mu\alpha}\hat{a}_{\sigma}^{+}\hat{d}_{k\mu\alpha} + \text{H.c.}$ 为量子点和电极之间的耦合项。

级联运动方程组(HEOM)线性空间下的物理量,如谱函数、电流、占据数等的相关定义和推导,详见第4章内容。

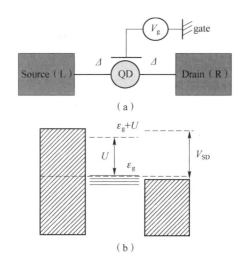

图 5.14　(a)单量子点体系示意图,量子点通过耦合 Δ 与左右电极相连,通过栅极电压可以调控量子点的能级;(b)当施加外场后,系统中会出现动力学输运行为(引自文献[41])

这里给出了含时输运电流在近藤区域(KR)、混价区域(MVR)和空轨道区域(EOR)的变化行为,如图 5.15 所示。可以发现,在三个区域中,电流的极大值出现在 $t \approx 1$ ps 处。在较短时间内($t < 1$ ps)输运电流出现线性响应行为,但在长时间内($t > 1$ ps)电流出现了非线性响应行为。近藤区域中的含时输运电流出现的非线性响应最为明显,且伴随着强烈的振荡行为。该行为在混价区域减弱,且在空轨道区域消失。长时间($t \approx 9$ ps)后的稳态电流在混价区域是最大的。

为了解释上述新奇行为,这里抽取了图 5.15 中不同能级下的含时输运电流的变化曲线,如图 5.16(a)所示,并计算了相应的谱函数,如图 5.16(b)所示。可以发现近藤区域,谱函数在 $\omega=0$ 处出现了比较窄且比较尖的近藤峰。该近藤峰将会导致系统中出现电子的多体共振隧穿。通过系统的含时输运电流包含两边电极中隧穿电荷的累积和消耗的

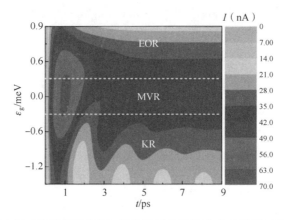

图 5.15 含时输运电流在近藤区域(KR)、混价区域(MVR)和空轨道区域(EOR)的变化趋势,
参数为:$U=3$ meV,$W=5$ meV,$k_B T=0.03$ meV,$\Delta=0.3$ meV,$V_{SD}=2.0$ meV(引自文献[41])

电容性贡献。近藤效应的多体特征导致了电子隧穿过程中的时间相干性,从而导致输运电流的非线性行为。近藤效应的增强将会使得非线性输运行为增强,且伴随着电流中强烈的振荡行为(图 5.16(a)中 $\varepsilon_g=-1.5$ meV 曲线)。可以发现,谱函数(局域态密度)落入电导窗口($V_S=1.0$ mV 和 $V_D=-1.0$ mV)在近藤区域是最少的,从而导致稳态的电流值也是最小的。在混价区域,随着量子点能级逐渐接近费米面,谱函数的峰将会逐渐变高变宽。在该区域近藤效应的多体共振隧穿和费米面处的单电子次序隧穿是共存的,法诺-近藤共振理论给出了平衡态下 $\omega=0$ 附近非对称局域态密度的解释。近藤效应的多体共振隧穿将会导致输运电流的非线性响应和振荡行为。费米面处的电荷涨落会辅助系统的单电子次序隧穿过程,从而会抑制含时电流的振荡行为。随着量子点能级逐渐升高而接近费米面,近藤效应的多体共振隧穿逐渐减弱,而费米面处的单电子次序隧穿逐渐占据了主导地位。所以,混价区域的瞬态电流的变化行为同时受制于近藤效应的多体共振隧穿和单电子次序隧穿过程。这两者之间的竞争将会导致含时输运电流的非线性响应和振荡行为的减弱[41]。

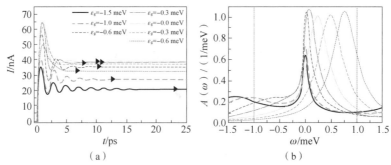

图 5.16 (a)不同量子点能级下的含时输运电流的变化趋势;(b)不同量子点能级下相应的谱函数的
变化趋势,参数为:$U=3$ meV,$W=5$ meV,$k_B T=0.03$ meV,$\Delta=0.3$ meV,$V_{SD}=2.0$ meV(引自文献[41])

另外,出现在 $t\approx1$ ps 处的电流振荡的最大幅度随着量子点能级的升高而增大,在混价区域出现极大值。由于费米面处的电荷涨落辅助的单电子次序隧穿的增强,使得在混价区

域的稳态电流值比另外两个近藤区域和空轨道区域都大。相应地,混价区域落入电导窗口的谱函数是最多的,如图 5.16(b)所示。当系统进入空轨道区域,只有单电子次序隧穿辅助系统的输运行为,导致含时输运电流在急剧增加到一极大值后,会迅速下降并最终达到一稳态值。随着量子点能级的升高,谱函数中 $\omega=\varepsilon_g$ 处的电荷转移峰会逐渐右移,导致落入电导窗口的谱函数减少,从而电流的最大幅度和稳态值也会降低。

在强关联单量子点系统中,栅极电压依赖的近藤温度可以采用霍尔丹形式 $k_B T_K = \sqrt{\dfrac{U\Delta}{2}}\,e^{\pi\varepsilon_d(\varepsilon_d+U)/2U\Delta}$,相应的近藤特征时间可以定义为 $t_K = \dfrac{h}{k_B T_K}$。为了研究单量子点系统中能级依赖的近藤温度和含时动力学输运行为之间的关系,这里定义另一个特征时间 t_0,其表示系统首次达到稳态电流值的时间。该特征时间 t_0 已用三角标注在图 5.16(a)中。图 5.17 给出了不同能级下的特征时间 t_0 的变化行为,插图给出了近藤特征时间 t_K 的变化行为。可以发现,两个特征时间有一个定性相同的变化行为,都随着量子点能级的升高而降低。表征系统非线性响应的特征时间 t_0 在粒子-空穴对称点能达到 22.0 ps,在混价区域降低到 10.0 ps,在空轨道区域降低到 5.0 ps。而表征近藤效应的特征时间 t_K 在整个能级变化范围内,具有比 t_0 更大的时间尺度。随着量子点能级从粒子-空穴对称点升高到费米面,表征近藤效应的特征时间 t_K 会从 300 ps 逐渐降为 0,而 t_0 在混价区域会保持在 10.0 ps 附近。这是由于 t_0 不仅包含了动力学近藤效应还包含费米面处的电荷涨落的贡献,而 t_K 只表征近藤效应。

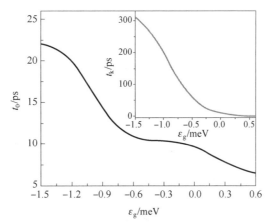

图 5.17　不同能级下的特征时间 t_0 随量子点能级的变化趋势。内插图为近藤特征时间 t_k 随量子点能级的变化趋势,参数为:$U=3$ meV,$W=5$ meV,$k_B T=0.03$ meV,$\Delta=0.3$ meV,$V_{SD}=2.0$ meV

（引自文献[41]）

为进一步系统地研究该单量子点系统从近藤区域到混价区域到空轨道区域的动力学行为的瞬态特性,这里计算了输运电流、相应的占据数和谱函数在不同参数下(温度、偏压和库仑相互作用)的变化趋势。这里研究了温度对含时动力学行为的影响。图 5.18(a)、(c)、(e)分别给出了空轨道区域、混价区域和近藤区域不同温度下的含时输运电流曲线。图 5.18(b)、(d)、(f)分别给出了空轨道区域、混价区域和近藤区域不同温度下的谱函数的变化趋势。这里令量子点的能级在空轨道区域为 $\varepsilon_g=0.6$ meV、混价区域为 $\varepsilon_g=0.0$ meV、近藤区域为 $\varepsilon_g=-1.5$ meV,其他参数与图 5.15 相同。可以发现,在空轨道区域,含时输运电流在所有温度下都先急剧增加到一极大值后,逐渐达到稳态值。电流的最大幅度和稳态值都随着温度的升高而降低。表征电子共振隧穿的谱函数表现了相同的变化趋势。随着温度的升高,电导窗口($V_S-1.0$ mV 和 $V_D=-1.0$ mV)内的谱函数的峰高会逐渐降低。比较有趣的是系统的混价区域,随着温度的降低,含时输运电流中逐渐出现了非线性响应和振荡行为。低温下,近藤效应的增强将会使得上述行为进一步增强。同样,谱函数 $\varepsilon_g=0.0$ meV 处包含近藤共振和电荷次序隧穿的电子峰也随着温度的降低而升高。从而,电流的振荡振幅和稳态值随着温度的降低而增大。然而,输运电流的非线性响应行为在 $T>T_K$(如图 5.18(c)中 $k_BT=0.7$ meV 曲线)而消失。此时,近藤效应的多体共振隧穿将消失,输运电流中只有费米面处的单电子次序隧穿的贡献。近藤区域,输运电流的非线性响应在低温下是比较明显的。电流的振荡振幅也是最大的(如图 5.18(e)中 $k_BT=0.03$ meV 曲线)。这是由于低温下,谱函数中的近藤峰会升高(如图 5.18(f)中 $k_BT=0.03$ meV 曲线),增强的近藤效应将会加强电子共振隧穿过程中的时间相干性,从而导致输运电流的非线性行为的加强。随着温度的升高,近藤效应减弱,该非线性行为将会被抑制。在较高温度下,含时输运电流的振荡行为消失,电流的振幅几乎接近稳态值。总之,温度对强关联单量子点系统中动力学输运行为起到抑制作用。

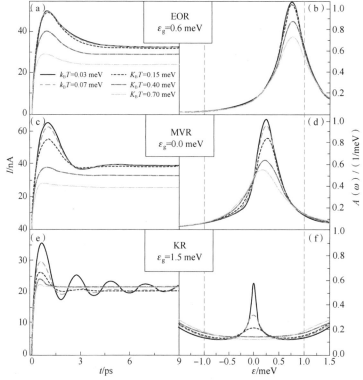

图 5.18 不同温度下含时输运电流的变化趋势(a)空轨道区域($\varepsilon_g=0.6$ meV)、(c)混价区域($\varepsilon_g=0.0$ meV)、(e)近藤区域($\varepsilon_g=-1.5$ meV);相应的谱函数的变化趋势(b)空轨道区域、(d)混价区域、(f)近藤区域,参数为:$U=3$ meV,$W=5$ meV,$\Delta=0.3$ meV,$V_{SD}=2.0$ meV(引自文献[41])

下面进一步研究了不同的偏压对动力学输运行为的影响。图 5.19 给出了不同偏压下含时输运电流(图 5.19(a)、(c)、(e))和量子点系统的占据数(图 5.19(b)、(d)、(f))的变化趋势。偏压 V_{SD} 的取值从 0.2 mV 逐渐增大到 2.0 mV。可以发现瞬态电流的变化行为强烈地依赖于不同的偏压。在比较低的偏压下,含时输运电流在三个区域都只出现线性响应行为。

例如：在 $V_{SD}=0.2$ mV 时，电流随着时间线性增加并逐渐达到稳态值。在较高的偏压下，含时输运电流的非线性振荡行为逐渐增强。在空轨道区域，含时输运电流随着时间急剧增加到一极大值后，逐渐地达到稳态值，如图 5.19(a)所示。在混价区域，含时输运电流将会从小偏压下的线性行为逐渐转变为大偏压下的非线性行为，如图 5.19(c)所示。然而，电流的非线性行为在近藤区域变得异常明显，并伴有明显的振荡行为的出现。该振荡行为来源于系统中电子共振隧穿过程中的时间相干性，其强烈地依赖于外加偏压。随着偏压的增大，电流的振荡行为明显增强，振荡的频率增大，振幅增高。另外，偏压越大，含时输运电流出现非线性振荡行为的时间也越早。因此，偏压对含时电流中非线性振荡行为的影响比温度还要大。这是因为，偏压不仅影响近藤效应的多体共振隧穿还调控单电子次序隧穿过程，温度只是对近藤效应的多体共振隧穿起作用。

作为比较，图 5.19(b)、(d)、(f)分别给出了空轨道区域、混价区域和近藤区域相应的量子点占据数的变化趋势。可以发现，在空轨道区域，不同偏压下，占据数随着时间总是线性增加到稳态值，图 5.19(b)所示。在混价区域，在较大偏压条件下，占据数随着时间逐渐出现非单调变化行为，图 5.19(d)所示。其证明了含时输运电流中较强偏压依赖的非线性变化行为。另外，占据数的稳态值在空轨道区域和混价区域都是随着偏压的增大而增大。但是占据数在粒子-空穴对称点对不同的偏压都保持为 $N_d=1$，如图 5.19(f)所示。这也说明，近藤区域的含时输运特性与空轨道区域和混价区域是不同的。

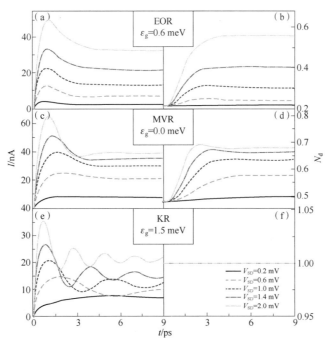

图 5.19　不同偏压下含时输运电流的变化趋势(a)空轨道区域($\varepsilon_g=0.6$ meV)、(c)混价区域($\varepsilon_g=0.0$ meV)、(e)近藤区域($\varepsilon_g=-1.5$ meV)；相应的占据数的变化趋势(b)空轨道区域、(d)混价区域、(f)近藤区域，参数为：$U=3$ meV，$W=5$ meV，$\Delta=0.3$ meV，$k_BT=0.03$ meV(引自文献[41])

最后，这里研究了量子点系统中的库仑相互作用对瞬态动力学行为的影响。图 5.20(a)、(c)、(e)分别给出了空轨道区域、混价区域和近藤区域不同库仑相互作用下的含时输运电流曲线。图 5.20(b)、(d)、(f)分别给出了空轨道区域、混价区域和近藤区域不同库仑相互作用下的占据数的变化趋势。可以发现,较大的库仑相互作用会抑制空轨道区域和混价区域电流和占据数的动力学行为。在混价区域,随着库仑相互作用的增加,电流振荡的振幅和稳态值都会降低。这是因为,在较低的库仑相互作用下,谱函数中的处在 ε_g 和 $\varepsilon_g + U$ 处的两个电荷转移峰都会落入电导窗口($V_S = 1.0$ mV 和 $V_D = -1.0$ mV),导致振幅和稳态电流都有较大值。随着库仑相互作用的增加,谱函数中的处在 $\varepsilon_g + U$ 处的电荷转移峰将会右移,导致较少的谱函数落入电导窗口。所以,电流和占据数都会随着库仑相互作用的增加而减少,如图 5.20(c)和(d)所示。另外,混价区域的动力学瞬态行为对库仑相互作用的依赖比空轨道区域要强。这是由于在混价区域始终有一个电荷转移峰处在电导窗口辅助电子的隧穿。而空轨道区域随着量子点能级的升高,两个电荷转移峰都会右移,使得电导窗口中的谱函数比混价区域要少。这时,只有电子的高阶隧穿过程发生,所以空轨道区域的稳态电流值和稳态占据数都比混价区域要小。库仑相互作用将导致近藤区域出现丰富的输运特性。电流振荡的振幅将产生对库仑相互作用的非单调依赖。库仑相互作用的增加将会使得量子点系统从占据数为 $N_d = 1$ 向 $N_d = 2$ 的变化。在较低库仑相互作用下(如 $U = 0.5$ meV、$U = 1.0$ meV、$U = 2.0$ meV),谱函数中处于 $\varepsilon_g + U$($\varepsilon_g = -1.5$ meV)的电荷转移峰也落入电导窗口。此时,量子点的占据数 $N_d > 1$。所以,电流的振幅和稳态值随着库仑相互作用而增大,如图 5.20(e)所示。对于较强的库仑相互作用(如 $U = 3.0$ meV、$U = 4.0$ meV),谱函数中处于 ε_g 和 $\varepsilon_g + U$ 处的两个电荷转移峰都不在电导窗口,只有高阶的隧穿效应导致系统中出现较弱的瞬态电流和稳态值。且系统中的占据数随着时间不再发生变化,如图 5.20(f)所示。总之,单量子点系统中动力学的非线性行为对库仑相互作用具有较强的依赖,且振荡的振幅和稳态值随着库仑相互作用出现非单调变化趋势。

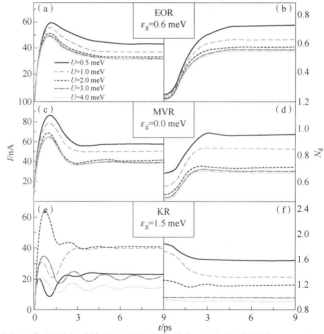

图 5.20　不同库仑相互作用下含时输运电流的变化趋势(a)空轨道区域($\varepsilon_g = 0.6$ meV)、(c)混价区域($\varepsilon_g = 0.0$ meV)、(e)近藤区域($\varepsilon_g = -1.5$ meV);相应的占据数的变化趋势(b)空轨道区域、(d)混价区域、(f)近藤区域,参数为:$V_{SD} = 2.0$ mV,$W = 5$ meV,$\Delta = 0.3$ meV,$k_B T = 0.03$ meV(引自文献[41])

综上所述,强关联单量子点系统的瞬态和稳态动力学行为表现出:在近藤区域,输运电流中出现了明显的非线性行为和电流振荡行为;在混价区域,由于存在近藤效应的多体共振隧穿和单电子次序隧穿的竞争,导致输运电流的非线性行为被抑制。在空轨道区域,电流中的非线性行为和电流振荡行为消失。上述这些结果能够较容易地被实验观测到,且对于量子点设备中的自旋比特的调控具有重要意义。

5.5　近藤效应依赖的热电输运特性

前面章节介绍了单量子点系统中近藤效应依赖的动力学输运行为。当系统中两个电极施加的不是偏压,而且温度差时,系统中将产生由温度差而导致的热电输运行为。与系统施加偏压下的动力学输运相比,量子点系统的热电输运过程包含更多的输运信息[42-45]。同时,由于热涨落产生的剩余电流噪声,使得热电输运行为更加难以研究。本节将给出强关联单量子点系统中近藤效应依赖的热电输运行为。

这里利用级联运动方程组方法(HEOM)研究的模型如图 5.21(a)中所示,左右电极为具有温度差的无相互作用费米库,中间体系为单量子点系统。量子点通过耦合强度 Δ 与左右电极相连。左电极为热库,右电极为冷库。两个电极的温度差为 $\Delta T = T_h - T_c$,系统的温度定义为 $T = (T_h + T_c)/2$。整个系统的哈密顿量为

$$H = H_{QD} + H_{leads} + H_{coupling} \tag{5.24}$$

式中,量子点部分由单杂质安德森模型来描述

$$H_{QD} = \sum_\sigma (\varepsilon_d + eV_g)\hat{a}_\sigma^\dagger \hat{a}_\sigma + Un_\sigma n_{\bar{\sigma}} \tag{5.25}$$

量子点的能级 $\epsilon_d = \varepsilon_d + eV_g$ 可以通过系统施加栅极电压来调控,U 是量子点的库仑相互作用。左右电极部分认为是无相互作用的费米库,其哈密顿量为

$$H_{leads} = \sum_{k\mu\alpha = L,R} \epsilon_{k\alpha}\hat{d}_{k\mu\alpha}^\dagger \hat{d}_{k\mu\alpha} \tag{5.26}$$

系统中量子点-电极耦合部分哈密顿量为 $H_{coupling} = \sum_{\mu\alpha}(\hat{a}_\mu^\dagger \hat{F}_{\mu\alpha}^- + \hat{F}_{\mu\alpha}^+ \hat{a}_\mu)$,且 $\hat{F}_{\mu\alpha}^- = \sum_k t_{k\mu\alpha}\hat{d}_{k\alpha} = (\hat{F}_{\mu\alpha}^+)^\dagger$。两个电极对量子点体系的作用可以通过库谱密度函数 $J_{\alpha\mu\mu'}(\omega) = \pi \sum_k t_{k\mu\alpha} t_{k\mu'\alpha}^* \delta(\omega - \varepsilon_{k\alpha})$ 来考虑。通过级联运动方程组方法可以求得本节所用到的相关物理量。

(1)通过系统的热电流为

$$I_\alpha(t) = \text{Tr}_T[\hat{I}_\alpha \rho_T(t)] \tag{5.27}$$

式中的电流算符为

$$\hat{I}_\alpha = -\frac{d}{dt}\left(\sum_k \hat{d}_{k\alpha}^\dagger \hat{d}_{k\alpha}\right) = -i\sum_\mu (\hat{a}_\mu^\dagger \hat{F}_{\mu\alpha}^- - \hat{F}_{\mu\alpha}^+ \hat{a}_\mu) \tag{5.28}$$

(2)系统的谱函数为

$$A_\mu(\omega) = \frac{1}{\pi}\text{Re}\left\{\int_0^\infty dt\{\widetilde{\mathcal{C}}_{\hat{a}_\mu^\dagger \hat{a}_\mu}(t) + [\widetilde{\mathcal{C}}_{\hat{a}_\mu \hat{a}_\mu^\dagger}(t)]^*\}e^{i\omega t}\right\} \tag{5.29}$$

式中,$\widetilde{\mathcal{C}}_{\hat{a}_\mu^\dagger \hat{a}_\mu}(t)$ 和 $\widetilde{\mathcal{C}}_{\hat{a}_\mu \hat{a}_\mu^\dagger}(t)$ 为系统的关联函数,上述物理量的详细推导过程参见第 4 章。

这里采用的参数为 $U=2.2$ meV, $W=5.0$ meV, $\Delta=0.2$ meV 分别表示量子点的库仑相互作用、电极带宽和量子点-电极耦合强度。这里给出了无温度差下单量子点的电荷稳态图,数值结果如图 5.21(b)所示。这里系统的温度取为 $T=0.348$ K。图 5.21 中给出了系统的微分电导 G 作为量子点能级 ϵ_d 和偏压 V 的函数的变化趋势。可以发现,量子点的电子数随量子点能级 ϵ_d 的降低从 $N=0$ 变为 $N=1$,再变为 $N=2$。这为研究近藤关联的量子点系统的热电输运性质提供了理想的平台。图 5.21(c)给出了不同温度下电导 G 随量子点能级的变化趋势,发现电导在量子点能级范围为 -2.1 meV $<\varepsilon_d-\varepsilon_{\text{sym}}<2.1$ meV($\varepsilon_{\text{sym}}=-1.1$ meV)内存在双峰的振荡结构,且在粒子-空穴对称点 $\varepsilon_d-\varepsilon_{\text{sym}}=0$ 处最小。奇电子数 $N=1$ 区域,电导随着温度的降低而升高。其原因是在低温条件下,量子点与传导电子之间形成的近藤单态将辅助输运过程,费米能级处的近藤峰增强了电子的共振隧穿,使得系统的输运能力增强[42-43]。

当系统的两个电极存在温度差 $\Delta T=0.023$ 2 K 时,系统中会出现热电流。这里重点给出左右电极存在温度差下系统的热电输运行为。通过改变温度范围从远大于近藤温度到远小于近藤温度的区域,给出了系统的热电流从近藤区域到库仑阻塞区域的连续变化行为,如图 5.21(d)所示,并与微分电导进行比较。可以发现,在高温条件(库仑阻塞区域,如 $T=3.48$ K 曲线)下,热电流随量子点能级的变化呈明显的锯齿形,且以电流 $I=0$ 为中心振荡,振荡周期与电导相同。在奇电子数 $N=1$ 的区域,由于库仑阻塞效应,热电流随量子点能级的升高出现由正(空穴电荷)到负(粒子电荷)的变化行为。在 $N=2$ 的区域,热电流呈负值(粒子型输运)。在 $N=0$ 的区域,热电流变为正值(空穴型输运)。

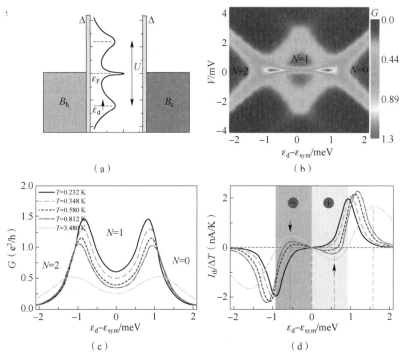

（a）

（b）

（c）

（d）

图 5.21 （a）强关联单量子点系统的热电输运示意图；（b）电荷的稳态图给出系统的电子数分别为 2、1、0 的区域；（c）微分电导双峰随温度的降低而升高；（d）高温下锯齿形的热电流随着温度的降低将逐渐发生电荷的极性反转,参数为 $U=2.2$ meV, $W=5.0$ meV, $\Delta=0.2$ meV（引自文献[42]）

然而,比较新奇的现象是在奇电子数 $N=1$ 的区域,热电流会以粒子-空穴对称点 $\varepsilon_d-\varepsilon_{sym}=0$ 为中心发生电荷的极性反转行为。高温下(如 $T=3.48$ K 曲线),热电流随量子点能级的升高出现由正(空穴电荷)到负(粒子电荷)的变化行为;低温下(如 $T=0.232$ K 曲线),当近藤效应发生时,热电流随量子点能级的升高出现由负(粒子电荷)到正(空穴电荷)的变化行为,且低温下由于近藤关联效应增强,使得热电流的振幅也明显增强。上述结果与文献[43]和[44]中报道的实验观察结果一致。

这里进一步给出了单量子点系统中上述电流改变符号的物理解释:①高温下,量子点系统中的库仑阻塞效应决定了系统的输运性质。当量子点的能级小于粒子-空穴对称点 $\varepsilon_d<\varepsilon_{sym}$ 时,电子占据占主导。库仑阻塞效应会抑制电子跃迁,系统中空穴电荷的隧穿导致热电流呈正值。相反,当量子点的能级高于粒子-空穴对称点 $\varepsilon_d>\varepsilon_{sym}$ 时,空穴占据占主导,库仑阻塞效应会阻断空穴电荷隧穿,导致系统出现负的电子电流。②在低温下,近藤效应引起的多体共振隧穿决定了系统的输运性质。这就导致了粒子-空穴对称点以下 $\varepsilon_d<\varepsilon_{sym}$,系统中会出现多电子共振隧穿形成的负热电流。对于粒子-空穴对称点以上 $\varepsilon_d>\varepsilon_{sym}$,空穴形成的近藤单态将辅助输运,通过系统的电流会变为正值。此外,由于费米能级处近藤共振峰的出现,如图 5.21(a)所示,使得热电流的幅度在近藤区域得到增强。总之,系统中库仑阻塞效应与近藤效应的竞争机制导致了热电流的电荷极性反转行为。

为进一步研究近藤效应对强关联单量子点系统中热电输运行为的影响,这里给出了量子点的库仑相互作用 $U=0$ 时,不同温度下热电流作为量子点能级 ε_d 的函数的变化趋势。此时,系统中的近藤效应将会消失。这里计算的系统的热电流的数值结果如图 5.22(a)所示。可以发现,能级 $\varepsilon_d=\varepsilon_{sym}-1.1$ meV 附近的热电流的振荡行为和电荷极性反转行为消失。系统的热电流只在费米能级 $\varepsilon_d=0$ 出现了由负向正的简单转变,此时单电子的次序隧穿过程决定了系统的输运行为。量子点系统的热涨落导致热电流随温度升高而显著增强。因此,近藤物理下的强关联单量子点系统的热电流的输运行为与没有近藤效应时的热电输运行为是不同的。

近藤效应作为一种多体效应,会导致传导电子的自旋翻转散射。因此,通过强关联单量子点系统的热电流将在近藤区域得到增强。量子点系统的库仑相互作用会导致电子-电子散射,这对热电输运具有重要作用。在 $T=0.232$ K 的低温下,计算了不同库仑相互作用 U 的热电流,数值结果如图 5.22(b)所示。结果表明,$\varepsilon_d=-U/2$ 处的单电子隧穿峰随着库仑相互作用的增加而向左移动;费米能级 $\varepsilon_d=0$ 处的隧穿峰与库仑相互作用无关。在近藤区域,通过系统的热电流被库仑相互作用所抑制。例如,在库仑相互作用 $U=2.2$ meV 下,量子点能级为 $\varepsilon_d-\varepsilon_{sym}=-0.5$ meV 时,系统中的热电流较强。当库仑相互作用增加到 $U=2.6$ meV 时,系统中的热电流变弱,当库仑相互作用继续增加到 $U=3.0$ meV 时,系统中的热电流几乎消失。因此,在实验中,库仑相互作用可以调控强关联量子点系统的热电流。

为指导实验观测,这里定义一个特征转变温度 T_c,在此温度下库仑阻塞效应和近藤多体共振对热电流的影响达到有效平衡,即通过系统的热电流在此温度时刚刚发生符号反转。这里关注粒子-空穴对称点 $\varepsilon_d=-U/2$,特征转变温度随库仑相互作用的变化趋势如图 5.23 所示。可以发现,特征转变温度 T_c 对不同的量子点-电极耦合强度 Δ 具有相同的标度行为,且随着库仑相互作用 U 的增大而减小。这里同时给出了对应的近藤温度

$T_K = \left(\dfrac{U\Delta}{2}\right)^{\frac{1}{2}} \exp\left(-\dfrac{\pi U}{8\Delta} + \dfrac{\pi\Delta}{2U}\right)$ 的变化趋势,发现特征转变温度 T_c 明显高于近藤温度 T_K。另外,特征转变温度 T_c 可以通过栅极电压调控,同时也为实验上探测热电流符号反转现象提供了有力工具。

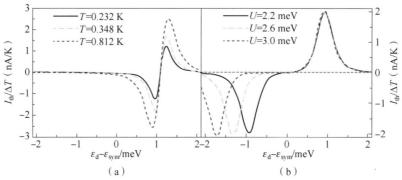

(a)   (b)

图 5.22　(a)库仑相互作用 $U=0$,热电流作为量子点能级 ε_d 的函数随温度的变化趋势;(b)温度为 $T=0.232$ K 下,热电流作为量子点能级 ε_d 的函数随库仑相互作用的变化趋势。参数为 $W=5.0$ meV,$\Delta=0.2$ meV(引自文献[42])

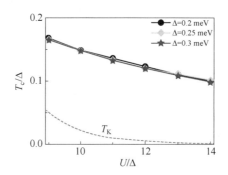

图 5.23　特征转变温度 T_c 随库仑相互作用的增大逐渐降低,
且远大于近藤温度,参数为 $U=2.2$ meV,$W=5.0$ meV(引自文献[42])

通过上述库仑阻塞效应与近藤效应的竞争机制,可以给出分析热电流符号改变的物理量。这里定义物理量——"粒子与空穴的占据差"[42]

$$\Delta N_d = \int_{-T}^{0} A(\omega)\,\mathrm{d}\omega - \int_{0}^{T} A(\omega)\,\mathrm{d}\omega \tag{5.30}$$

来分析输运电流的符号改变现象。$A(\omega)$ 为温度为 T 时,量子点系统的平衡态的谱函数。ΔN_d 为正时,量子点系统中为电子隧穿过程,对应的电流为负值。ΔN_d 为负时,量子点系统中为空穴隧穿过程,对应的电流为正值。通过给出高温($T=3.48$ K)和低温($T=0.348$ K)下 $\Delta\varepsilon_d = -1.6$ meV,$\Delta\varepsilon_d = -0.6$ meV,$\Delta\varepsilon_d = 0$ meV,$\Delta\varepsilon_d = 0.6$ meV,$\Delta\varepsilon_d = 1.6$ meV 五个不同量子点能级的谱函数,如图 5.24(a)和(b)所示,并积分求得相应的 ΔN_d,如图 5.24(c)和(d)所示。可以发现,在粒子-空穴对称点 $\varepsilon_d - \varepsilon_{sym} = 0$ 处,ΔN_d 为零,其所对应热电流在高温和低温下都是零,如图 5.21(d)所示。在高温下($T=3.48$ K),谱函数中只有 $\omega=\varepsilon_d$ 和 $\omega=\varepsilon_d + U$ 处的两个哈伯德峰。随着量子点能级的升高,两个哈伯德峰会向右移动,且 $\omega=\varepsilon_d$ 处的哈

伯德峰会升高，$\omega=\varepsilon_d+U$ 处的哈伯德峰会降低，导致谱函数在 $\varepsilon_d>\varepsilon_{sym}$ 条件下 $A(\omega=\varepsilon_d)>A(\omega=\varepsilon_d+U)$。谱函数中此双峰的变化使得 ΔN_d 在不同的能级出现不同值，其正负符号正好解释图 5.21(d)中热电流的正负，例如：ΔN_d 在量子点能级 $\Delta\varepsilon_d=-1.6$ meV，$\Delta\varepsilon_d=0.6$ meV时为正值，此时系统中粒子型的输运占主导，伴随负的热电流；ΔN_d 在量子点能级 $\Delta\varepsilon_d=-0.6$ meV，$\Delta\varepsilon_d=1.6$ meV 时为负值，此时系统中空穴型的输运占主导，伴随正的热电流。低温下($T=0.348$ K)，谱函数费米面 $\omega=0$ 处出现的近藤峰会主导系统中的输运过程。如图 5.24(b)插图强调了近藤峰的出现，其会使得 ΔN_d 在粒子-空穴对称点以下($\Delta\varepsilon_d=-1.6$ meV，$\Delta\varepsilon_d=-0.6$ meV)为正值，对应系统中粒子型的负电流，ΔN_d 在粒子-空穴对称点以上($\Delta\varepsilon_d=0.6$ meV，$\Delta\varepsilon_d=1.6$ meV,)为负值，对应系统中空穴型的正电流。

值得说明的是，单量子点系统中的这种热电输运电流改变符号的行为也可以通过郎道尔-比蒂克(Landauer-Büttiker)公式进行分析。

$$I_\alpha=\frac{2\pi}{h}\int d\omega\,\Delta(\omega)[f_L(\omega)-f_R(\omega)]A(\omega) \tag{5.31}$$

式中，$f_L(\omega)$ 和 $f_R(\omega)$ 分别是左右电极的费米分布函数。包含近藤效应的谱函数 $A(\omega)$ 对温度的变化非常敏感，特别是近藤区域，谱函数出现的近藤峰将导致积分后电流的变化。

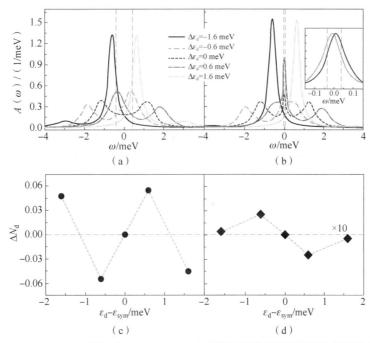

图 5.24　(a) $T=3.48$ K(高温)和(b) $T=0.348$ K(低温)下谱函数随量子点能级的变化趋势；(b)插图突出谱函数在温度窗口内的近藤峰；(c)和(d)是上面两个温度下所对应的占据数差值 ΔN_d，参数为 $U=2.2$ meV，$W=5.0$ meV，$\Delta=0.2$ meV(引自文献[42])

下面进一步研究了量子点能级分别为电子占据($\Delta\varepsilon_d=-0.6$ meV)和空穴占据($\Delta\varepsilon_d=0.6$ meV)的谱函数对温度的依赖，如图 5.25 所示。随着温度的降低，谱函数费米面 $\omega=0$ 处的近藤峰将变高，导致系统中增强的多体共振隧穿行为。相应地，系统在电子占据的能级处为电子多体隧穿的负电流，系统在空穴占据的能级处为空穴多体隧穿的正电流。随温度升高，近藤效应被抑制并最终消失。此时，库仑阻塞效应在系统的输运中占主导地位，导致系统在电子占据的能级处为空穴次序隧穿的正电流，系统在空穴占据的能级处为单电子次序隧穿的负电流。系统中谱函数的变化行为与"粒子与空穴的占据差"ΔN_d 和热电流的正负符号的改变都有非常密切的关系，相互之间能够证明和解释。所以，实验上也可以通过探测不同条件下的热电流的变化行为来研究和分析系统中的非平衡近藤效应。

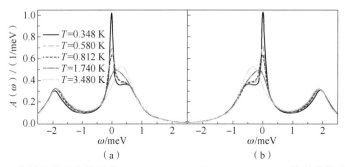

图 5.25 （a）和（b）分别是量子点能级为 $\Delta\varepsilon_d = -0.6$ meV，$\Delta\varepsilon_d = 0.6$ meV 的谱函数随温度变化趋势，谱函数的近藤峰随着温度的降低而升高，参数为 $U = 2.2$ meV，$W = 5.0$ meV，$\Delta = 0.2$ meV（引自文献[42]）

这里最后研究了磁场对单量子点系统中输运热电流的影响，如图 5.26 所示。磁场会使得单量子点系统中简并的能级发生劈裂 $\varepsilon_d = \varepsilon_s \pm \mu_B B$，磁场与近藤效应的竞争，会使得谱函数中的近藤峰在磁场的影响下发生劈裂行为，$\omega = \pm \mu_B B$ 处劈裂的双峰结构将主导系统中的热电流的输运行为。热电流中出现的以粒子-空穴对称点 $\varepsilon_d - \varepsilon_{sym} = 0$ 为中心发生的电荷极性反转行为也将会被磁场所抑制。另外，磁场会使得单量子点系统中自旋为上和自旋为下的热电流分开，并表现出不同的变化行为，从而导致系统中出现较明显的自旋极化流。

图 5.26 所示为不同磁场（a）$\mu_B B = 0.06$ meV、（b）$\mu_B B = 0.14$ meV、（c）$\mu_B B = 0.6$ meV 下热电流 $I_{th} = I_\uparrow + I_\downarrow$ 随温度的变化趋势。（d）、（e）、（f）为上述三个磁场下自旋极化热电流 $I_{sp} = I_\uparrow - I_\downarrow$ 的变化趋势。右边的插图是粒子-空穴对称点的自旋极化热电流 $I_{sp} = I_\uparrow - I_\downarrow$ 随温度的变化趋势。可以发现 $N = 1$ 的区域，弱磁场、低温下从负到正变化的热电流会逐渐转变为高磁场下的从正到负的变化行为。其原因是：磁场的增强会破坏单量子点系统的近藤效应，使得热电流从负到正的变化趋势被抑制。高磁场和高温下，系统的近藤效应完全消失，所有的热电流都表现出了相同的从正到负的变化趋势。

此外，这里给出了磁场所诱导的自旋极化热电流 $I_{sp} = I_\uparrow - I_\downarrow$ 的变化行为。由于在 $\varepsilon_\uparrow < \varepsilon_\downarrow$ 下，$I_\uparrow$ 和 $I_\downarrow$ 分别来自空穴和电子的隧穿过程，分别伴随着正电流和负电流。弱磁场下，近藤效应会导致系统中出现较强的正自旋极化流，且随温度的降低而升高，如图 5.26（d）所示。相反，高磁场下系统中的近藤效应消失，简单的热涨落会导致自旋极化流随温度的升高而升高，如图 5.26（f）所示。在中间磁场下，自旋极化流会出现先升高后下降的非单调变化行为。该变化行为来自库仑阻塞效应和近藤效应的共存竞争机制，如图 5.26（e）所示。

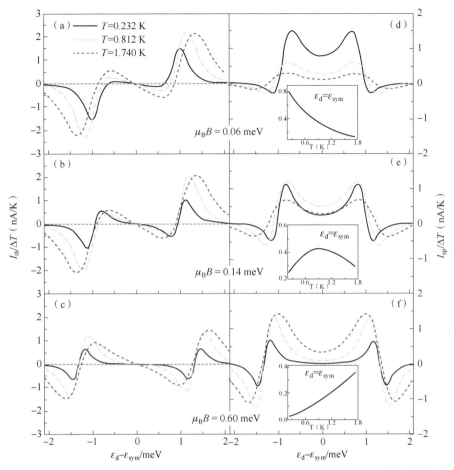

图 5.26 不同磁场 (a)$\mu_B B = 0.06$ meV、(b)$\mu_B B = 0.14$ meV、(c)$\mu_B B = 0.6$ meV 下热电流随温度的变化趋势，随着磁场的增加，由负到正的变化趋势将逐渐转变为由正到负的变化。(d)、(e)、(f) 为上述三个磁场下的自旋极化热电流的变化趋势。右边的插图是粒子-空穴对称点的自旋极化热电流随温度的变化趋势，低磁场下随温度升高单调下降，高磁场下随温度升高单调升高，中间磁场下表现出先升高后降低的非单调变化行为，参数为 $U=2.2$ meV，$W=5.0$ meV，$\Delta=0.2$ meV（引自文献[42]）

　　为了进一步理解上述热电流和自旋极化流的变化行为，下面进一步分别给出不同自旋的热电流的变化行为。图 5.27 给出了与图 5.26 相同参数下的自旋为上的热电流 $I_\uparrow$ 和自旋为下的热电流 $I_\downarrow$ 的变化行为，可以发现自旋电流表现出了不同的磁场依赖。

　　对于量子点能级 $\varepsilon_d < \varepsilon_{sym}$，低磁场下（如 $\mu_B B = 0.06$ meV），自旋为上的热电流 $I_\uparrow$ 具有正值且随着温度的增加而减小，如图 5.27(a) 所示；自旋为下的热电流 $I_\downarrow$ 具有较强的负值且随着温度的增加而减弱，当温度较高时（$T > T_c$）自旋为下的热电流 $I_\downarrow$ 急剧地转变成正值，如图 5.27(b) 所示。从而导致低温下系统的总的热电流为粒子型输运的负值；高温下系统的总的热电流为空穴型输运的正值。随着磁场的增加，自旋为上的正热电流 $I_\uparrow$ 和自旋为下的负热电流 $I_\downarrow$ 的幅度都会降低，导致总的热电流出现符号的极性反转，如图 5.27(c) 和 (d) 所示。

　　对于量子点能级 $\varepsilon_d > \varepsilon_{sym}$，低磁场下（如 $\mu_B B = 0.06$ meV），自旋为上的热电流 $I_\uparrow$ 具有

较强的正值且比自旋为下的负热电流 $I\downarrow$ 具有更大的幅度,致使系统中总的热电流为空穴型的正值,如图 5.27(a)和(b)所示。自旋为上的正热电流 $I\uparrow$ 和自旋为下的负热电流 $I\downarrow$ 的幅度都会随着温度的增加而降低。此时,系统的近藤效应越来越弱,辅助的多电子共振隧穿也越来越弱。最终导致高温($T>T_c$)下,自旋为上的热电流 $I\uparrow$ 和自旋为下的热电流 $I\downarrow$ 都为粒子型输运的负值。此时,库仑阻塞效应主导系统中的输运特性。在强磁场下(如 $\mu_B B=$ 0.60 meV),系统中的近藤效应被抑制,只有简单的电荷热涨落导致自旋为上的正热电流 $I\uparrow$ 和自旋为下的负热电流 $I\downarrow$ 的幅度随着温度的增加而单调增大。从而,磁场和温度之间的竞争将会导致系统中出现比较复杂而丰富的自旋极化输运现象。

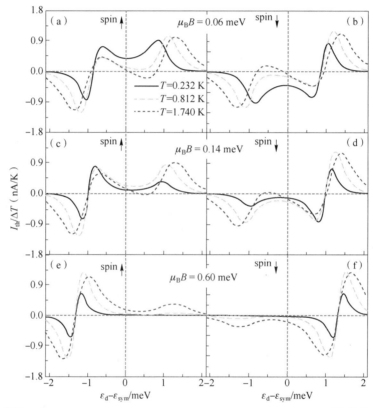

图 5.27 不同磁场(a)$\mu B_B=0.06$ meV、(c)$\mu B_B=0.14$ meV、(e)$\mu B_B=0.6$ meV 下自旋为上的热电流 $I\uparrow$ 随温度的变化趋势。(b)、(d)、(f)为上述三个磁场下的自旋为下的热电流 $I\downarrow$ 的变化趋势,参数为 $U=2.2$ meV,$W=5.0$ meV,$\Delta=0.2$ meV(引自文献[42])

随着能源危机和环境风险的不断加剧,热电领域的研究变得日益活跃。大量不同结构的纳米材料,如量子点(QDs)[44]、分子结[45]、纳米线[46],正在被用来探索其潜在的热电方面的应用:包括热整流、低温测量和微型冷冻[47]。目前,大多数理论和实验研究集中在库仑阻塞(CB)区域的热电塞贝克(Seebeck)效应[48-49]。在量子点系统中,热电输运特性依赖入射电子能量、态密度和温度等因素。在实验中,量子点的热电输运特性可以通过电子加热技术(electron heating techniques)和电流加热技术(current heating techniques)等方法来研究。实验上观察到的热电势(thermopower)作为系统栅极电压的函数,显示出锯齿状振荡行为和符号反转特性。理论上,可以通过微扰理论、非平衡格林函数、数值重整化群、隶玻色子平均场理论等研究量子点系统中的热电输运行为。

与库仑阻塞效应不同,近藤效应是一种仅在低温下发生的多体效应现象,此时局域磁矩的自旋被传导电子所屏蔽。由此产生的近藤单态能够显著地影响量子点系统的输运特性。目前,对于强关联量子点系统的热电输运研究,理论上主要集中于热电势(或 Seebeck 系数)方面[50-54]。作为基本的热电物理量之一,热电势对传导电子的近藤共振散射、栅极电压和磁场等物理量非常敏感。卡斯特(T.A.Costi)等人研究了单能级量子点系统中自旋近藤效应下的热电势[50]。在近藤关联的量子点系统中,发现热电势与电导率之间的半经典莫特(Mott)关系存在明显的偏差。通过调节栅极电压和磁场可以改变热电势的大小和符号。系统中的近藤效应将导致热电势产生明显的振荡行为。此外,热电势还是研究阿哈罗诺夫-玻姆(Aharonov-Bohm)干涉仪和自旋熵通量的实用的实验手段[52]。

最近,实验上对量子点系统中近藤共振下的热电输运特性进行了相关研究。发现近藤物理在纳米材料的热电功能中发挥了重要作用[53-54]。同时,热电输运行为将是探测强关联量子点系统中非平衡近藤效应的灵敏工具和手段。然而,量子点系统中近藤区域的热电输运性质仍然是一个未彻底解决的问题。理论研究面临的挑战是如何精确描述近藤关联作用以及热涨落。

在本节内容中,探究了一个强关联单量子点系统中近藤效应下的热电输运性质。对于单量子点系统中不同的库仑相互作用,热导率和热电势作为温度和栅电压的函数已经被广泛研究。文献中报道热电势随栅极电压的变化出现了两次转变符号的行为。这里关注强关联单量子点系统的热电流,该物理量很容易被实验观察和探测。结果表明,在 $N=1$ 区,高温下由于库仑阻塞效应,热电流随着量子点能级的增加出现由正电流(空穴电荷)转变为负电流(粒子电荷)的变化行为。然而,低温下由于近藤效应的出现,热电流出现电荷极性反转现象,且幅度也显著增强。这里不仅重现了文献中的实验观测结果,确定了特征转变温度 T_c,而且进一步研究了与磁场有关的自旋极化热电流。这些研究结果不仅对于探究强关联量子点系统中的非平衡近藤问题具有重要意义,而且对于纳米结构的量子器件的制作提供了相关的理论指导。

本章参考文献

[1]　NG T K, LEE P A. On-site Coulomb repulsion and resonant tunneling[J].Physical Review Letters, 1988,61:1768-1771.

[2]　张广铭,于渌.近藤共振现象及其在低维电子系统中的实现[J].物理,2007,6:434-442.

[3]　GLAZMAN L I, RAIKH M. E. Resonant Kondo transparency of a barrier with quasilocal impurity states[J].JETP Letters, 1988,47:452-455.

[4]　MEIR Y, WINGREEN N S, LEE P A. Low-temperature transport through a quantum dot: the Anderson model out of equilibrium[J]. Physical Review Letters, 1993,70: 2601-2604.

[5]　WINGREEN N S, MEIR Y. Anderson model out of equilibrium: Noncrossing approximation approach to transport through a quantum dot[J].Physical Review B,1994,49:11040-11052.

[6] CRONENWETT S M, OOSTERKAMP T H, KOUWENHOVEN L P. A Tunable Kondo Effect in Quantum Dots[J].Science,1998, 281:540-544.

[7] GORDON D G, SHTRIKMAN H, MAHALU D, et al. Kondo effect in a single-electron transistor[J].Nature,1998,391:156-158.

[8] GORDON D G, GÖRES J, KASTNER M A, et al. From the Kondo Regime to the Mixed-Valence Regime in a Single-Electron Transistor[J].Physical Review Letters, 1998,81:5225-5228.

[9] KOUWENHOVEN L, GLAZMAN L. Revival of the Kondo effect[J].Physics world, 2001, 1: 33-37.

[10] KARAN S, JACOB D, KAROLAK M, et al. Shifting the voltage drop in electron transport through a single molecule[J].Physical Review Letters,2015, 115: 016802.

[11] POTOK R M, RAU I G, SHTRIKMAN H, et al. Observation of the two-channel Kondo effect[J].Nature Letter,2007, 446: 167-171.

[12] KELLER A J, AMASHA S, WEYMANN I, et al. Emergent SU(4) Kondo physics in a spin-charge-entangled double quantum dot[J].Nature Physics, 2014, 10: 145-150.

[13] MEHTA P, ANDREI N, COLEMAN P, et al. Regular and singular Fermi-liquid fixed points in quantum impurity models[J].Physical Review B, 2005, 72: 014430.

[14] ROCH N, FLORENS S, COSTI T A, et al. Observation of the underscreened Kondo effect in a molecular transistor[J].Physical Review Letters, 2009, 103:197202.

[15] OREG Y, GORDON D G. Two-Channel Kondo Effect in a Modified Single Electron Transistor[J].Physical Review Letters,2003,90:136602.

[16] WINGREEN N S, JAUHO A P, MEIR Y. Time-dependent transport through a mesoscopic structure[J].Physical Review B, 1993, 48:8487-8490.

[17] ZHU Yu, MACIEJKO J, JI Tao, et al. Time dependent quantum transport: Direct analysis in the time domain[J].Physical Review B, 2005, 71: 075317.

[18] MACIEJKO J, WANG Jian, GUO Hong. Time-dependent quantum transport far from equilibrium: An exact nonlinear response theory[J]. Physical Review B, 2006, 74: 085324.

[19] CAZALILLA M A, MARSTON J B. Time-dependent density-matrix renormalization group: A systematic method for the study of quantum many-body out-of-equilibrium systems[J].Physical Review Letters, 2002, 88: 256403.

[20] SCHMITTECKERT P. Nonequilibrium electron transport using the density matrix renormalization group method[J].Physical Review B, 2004, 70: 121302.

[21] MEISNER F H, FEIGUIN A E, DAGOTTO E. Real-time simulations of nonequilibrium transport in the single-impurity Anderson model [J]. Physical Review B, 2009, 79: 235336.

[22] ANDERS F B, SCHILLER A. Real-time dynamics in quantumimpurity systems: A time-dependent numerical renormalization-group approach [J]. Physical Review Letters, 2005, 95: 196801.

[23] ZHENG Xiao，YAN YiJing，VENTRA M D. Kondo memory in driven strongly correlated quantum dots[J].Physical Review Letters，2013，111：086601.

[24] HEWSON A C. The Kondo Problem to Heavy Fermions[M].Cambridge：Cambridge University Press，1993.

[25] COSTI T A，HEWSON A C. A new approach to the calculation of spectra for strongly correlated systems[J].Physica B：Condensed Matter，1990，163：179-181.

[26] SCHILLER A，HERSHFIELD S. Exactly solvable nonequilibrium Kondo problem [J].Physical Review B，1995，51：12896.

[27] CHENG YongXi，HOU WenJie，WANG YuanDong，et al. Time-dependent transport through quantum-impurity systems with Kondo resonance[J].New Journal of Physics，2015,17：033009.

[28] COLEMAN P. New approach to the mixed-valence problem[J].Physical Review B，1984，29：3035.

[29] NEWNS D M，HEWSON A C.A local Fermi liquid theory of intermediate valence systems[J].Journal of Physics F：Metal Physics,1980,10:2429.

[30] FALICOV L M，KIMBALL J C. Simple Model for Semiconductor-Metal Transitions：SmB_6 and Transition-Metal Oxides[J].Physical Review Letters，1969，22：997.

[31] VARMA C M. Mixed-valence compounds[J].Reviews of Modern Physics,1976，48：219.

[32] VARMA C M，YAFET Y. Magnetic susceptibility of mixed-valence rare-earth compounds [J].Physical Review B，1976，13：2950.

[33] ANDERSON P W. Localized Magnetic States in Metals[J].Physical Review，1961，124：41.

[34] DEY T，MAJUMDER M，ORAIN J C，et al. Persistent low-temperature spin dynamics in the mixed-valence iridate $Ba_3 InIr_2 O_9$[J].Physical Review B，2017，96：174411.

[35] ANZAI H，ISHIHARA S，SHIONO H. Mixed-valence state of the rare-earth compounds $YbXCu_4$（X＝Mg，Cd，In，and Sn）：Magnetic susceptibility，x-ray diffraction，and x-ray absorption spectroscopy investigations[J].Physical Review B，2019，100：245124.

[36] LUO Hong Gang，XIANG Tiao，WANG XiaoQun，et al. Fano Resonance for Anderson Impurity Systems[J].Physical Review Letters，2004，92：256602.

[37] HALDANE F D M. Scaling Theory of the Asymmetric Anderson Model[J]. Physical Review Letters，1978，40：911.

[38] KRISHNA-MURTHY H R，WILKINS J W，WILSON K G. Renormalization-group approach to the Anderson model of dilute magnetic alloys. Ⅱ. Static properties for the asymmetric case[J].Physical Review B，1980，21：1044.

[39] LI ZhenHua，CHENG YongXi，ZHENG Xiao，et al. Study the mixed valence problem in asymmetric Anderson model：Fano-Kondo resonance around Fermi level[J].Journal of Physics：Condensed Matter,2022,34:255601.

[40] ANTIPOV A E, DONG Qiaoyuan, GULL E. Voltage Quench Dynamics of a Kondo System[J].Physical Review Letters, 2016,116: 036801.

[41] CHENG YongXi, LI ZhenHua, WEI JianHua, et al. Transient dynamics of a quantum-dot: From Kondo regime to mixed valence and to empty orbital regimes[J].The Journal of Chemical Physics, 2018, 148:134111.

[42] CHENG YongXi, LI ZhenHua, WEI JianHua, et al. Kondo resonance assistant thermoelectric transport through strongly correlated quantum dot[J]. SCIENCE CHINA Physics, Mechanics & Astronomy,2020,63:297811.

[43] SVILANS A, JOSEFSSON M, BURKE A M, et al. Thermoelectric Characterization of the Kondo Resonance in Nanowire Quantum Dots[J].Physical Review Letters, 2018, 121: 206801.

[44] DUTTA B, MAJIDI D, CORRAL A G, et al. Direct Probe of the Seebeck Coefficient in a Kondo-Correlated Single-Quantum-Dot Transistor[J].Nano Letters,2019, 19:506-511.

[45] DUBI Y, VENTRA M D. Colloquium: Heat flow and thermoelectricity in atomic and molecular junctions[J].Reviews of Modern Physics, 2011,83:131.

[46] ERLINGSSON S I, MANOLESCU A, NEMNES G A, et al. Reversal of Thermoelectric Current in Tubular Nanowires[J].Physical Review Letters, 2017,119: 036804.

[47] GIAZOTTO F, HEIKKILÄ T T, LUUKANEN A, et al. Opportunities for mesoscopics in thermometry and refrigeration: Physics and applications [J]. Reviews of Modern Physics,2009,78:217.

[48] SIERRA M A, SÁNCHEZ D. Strongly nonlinear thermovoltage and heat dissipation in interacting quantum dots[J].Physical Review B, 2014,90: 115313.

[49] DZURAK A, SMITH C G, PEPPER M, et al. Observation of Coulomb blockade oscillations in the thermopower of a quantum dot[J].Solid State Communications, 1993, 87: 1145-1149.

[50] COSTI T A, ZLATIĆ V. Thermoelectric transport through strongly correlated quantum dots[J].Physical Review B, 2010,81:235127.

[51] DONG Bing, LEI X L. Effect of the Kondo correlation on the thermopower in a quantum dot[J].Journal of Physics: Condensed Matter,2002,14:11747.

[52] KIM T S, HERSHFIELD S. Thermopower of an Aharonov-Bohm Interferometer: Theoretical Studies of Quantum Dots in the Kondo Regime[J]. Physical Review Letters, 2002,88:136601.

[53] SCHEIBNER R, BUHMANN H, REUTER D, et al. Thermopower of a Kondo Spin-Correlated Quantum Dot[J].Physical Review Letters, 2005,95:176602.

[54] KARKI D B, KISELEV M N. Thermoelectric transport through a SU(N) Kondo impurity[J].Physical Review B, 2017,96:121403(R).

第6章　双量子点系统的近藤效应及其动力学

6.1　双量子点系统介绍

双量子点系统作为一种简单的"人造分子"在量子计算、量子信息和量子调控中具有重要的应用价值[1]。因其固有的量子相干性,双量子点系统已经成为研究各种量子力学效应(如固态量子比特等)的理想模型。双量子点系统是由两个相互耦合的量子点以及环境(电极)所构成的体系。每一个量子点的在位能、电子数、量子点之间耦合强度和量子点-环境之间耦合强度等物理量都可以通过实验条件进行调节。双量子点系统中的两个量子点可以通过串联、侧联或者并联等方式耦合在一起,从而形成不同的开放双量子点体系构型。串联构型是两个耦合的量子点分别与源极(source electrode(S))和漏极(drain electrode(D))相连,如图 6.1(a)所示。并联构型是指两个耦合的量子点分别都会与源极和漏极相连,如图 6.1(b)所示。侧联构型是指两个耦合的量子点中只有其中一个量子点会与源极和漏极相连,另外一个量子点只与该量子点耦合,不会与源极和漏极相连,如图 6.1(c)所示。

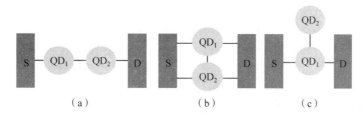

图 6.1　三种双量子点系统耦合构型

(a)串联双量子点系统;(b)并联双量子点系统;(c)侧联双量子点系统

目前,在二维电子气、半导体异质结、石墨烯等材料和结构中已经成功地制备出了双量子点结构[2-3],如图 6.2 所示。具有灵敏度较高的量子点接触探测器被广泛应用于双量子点系统的动力学输运行为的研究中。由于双量子点系统具有多种可以调控的几何构型(如串联、并联、侧联等)以及较多的耦合自由度(如自旋自由度、电荷自由度、轨道自由度等),系统中电子的隧穿路径比单量子点系统要复杂得多。在双量子点系统中,电子可以选择不同的费曼路径隧穿,同时也会保持其量子相干性,导致双量子点系统具有比单量子点系统更为复杂和丰富的物理现象和新奇特性,比如泡利(Pauli)自旋阻塞[4]、法诺-近藤(Fano-Kondo)效应[5-7]、阿哈罗诺夫-玻姆(Aharonov-Bohm)振荡[8-9]和量子相变[10]等。

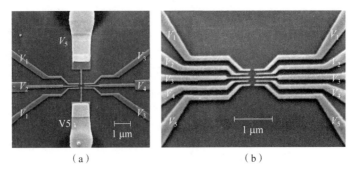

图 6.2　实验上串联(a)和并联(b)双量子点构型的电子显微镜扫描图(引自文献[2]和文献[3])

20 世纪末,卡姆波(T.H.Ooster kamp)和藤泽(T.Fujisawa)等人研究发现,依赖于量子点之间耦合强度的不同,两个量子点能够形成离子键或者共价键[11-13]。对于离子键,系统中的电子局域在单个量子点上,电子的静态分配会导致系统中的库仑相互作用。对于共价键,电子在两个量子点上都是离域的,电子可以在两个量子点之间以相位相干的方式隧穿多次。而且,双量子点系统的共价键会造成系统出现成键态(Bonding States)和反键态(Antibonding States)。成键态和反键态的能量差与电子在两个量子点之间的隧穿强度成正比。

双量子点系统中,电子的输运过程强烈地依赖量子点的库仑相互作用和量子点之间的轨道库仑相互作用[14-18]。双量子点系统的库仑阻塞电导峰将会劈裂成双峰结构。劈裂的双峰的间距与由经典量子点之间的电容和量子隧穿导致的相互作用能量成正比。双量子点系统中不同的耦合强度将会导致不同的电子数占据以及不同的输运性质。电荷的稳态图(Stability Diagram)是初步探测双量子点系统的常用手段。这是由于双量子点系统的电荷的稳态图不仅在实验上很容易测得,而且还可以通过量子理论方法计算得到。如图 6.3 是迪卡洛(L. DiCarlo)等人通过集成电荷传感器测量的双量子点系统的电荷稳态图[17-18]。

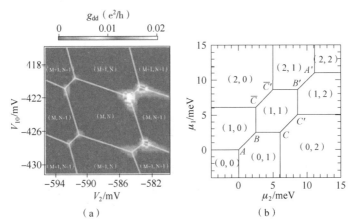

图 6.3　(a)实验测得双量子点系统的电荷稳态图,M 和 N 分别表示左和右的量子点的电子数,
每一个蜂窝格子表示每个量子点的电子数是一定的(引自文献[17]);(b)量子理论计算的
双量子点系统的电荷稳态图,每个蜂窝格子表示每个量子点上不同的电子数(引自文献[18])

在双量子点系统中当量子点的个数增加以及调控参数改变时,会形成有趣的、奇异的近

藤物理现象。如:双杂质近藤效应[19]、双通道近藤效应[20]、SU(4)近藤效应[21]、欠屏蔽近藤效应[22-23]以及正常和奇异费米液体行为[24]等。另外,双量子点系统中也存在着诸如RKKY相互作用、海森伯相互作用以及反铁磁相互作用等都会导致系统中出现新奇的近藤物理和基态特征。早在1988年,琼斯(B.A. Jones)等人就率先研究了串联耦合的双量子点近藤效应[25]。2001年,贞(H.Jeong)等人在串联双量子点的实验研究中,给两个量子点加上一个跃迁耦合,发现了成键和反键近藤态的双峰结构[2]。同时还观测到在这一串联双量子点中,劈裂的近藤峰的高度小于单量子点的近藤峰的高度。同时,系统也会由于不同的屏蔽通道而产生不同的基态。当量子点的自旋完全被电子库中的传导电子所屏蔽时,其情形与单量子点单通道类似,系统的基态为费米液体行为。当通道数目比较多时,会导致过屏蔽现象,此时系统的基态为非费米液体。当通道中的电子不足以完全屏蔽杂质自旋时,这种欠屏蔽情形会导致系统的基态为奇异费米液体。比如:在侧联双量子点系统中,在一定参数下,系统会出现正常费米液体和剩余自旋1/2的欠屏蔽现象,即被称为奇异费米液体行为。当计入轨道自由度后,在多量子点系统中还会出现SU(4)近藤效应,导致温度依赖的电导的变化趋势与正常费米液体体系有较大的不同。2005年,加尔平(Martin R. Galpin)等人用数值重整化群方法(NRG)计算了双电子占据下的对称双量子点系统[26]。随着量子点之间耦合强度的增加,系统中一些新奇的行为被发现。首先,系统通过一个具有纠缠自旋和电荷自由度的中间SU(4)态经历从自旋近藤向电荷近藤的转变。接着,系统会向具有有限剩余熵和反常输运特性的非费米液体"电荷有序"相转变。

同时,在双量子点系统中,可调节参数比单量子点系统中要多。不同的竞争机制将会导致不同的近藤物理[27-32]。比如:双量子点之间的耦合强度与近藤关联之间存在竞争,近藤关联与系统中的RKKY相互作用也存在着竞争[31],近藤关联与直接的海森伯相互作用以及伊辛(Ising)相互作用之间的竞争[30]。从而,在不同的参数调节下,双量子点系统中将会出现不同的基态,伴随着不同的谱函数和微分电导形式。比较有趣的是在双量子点系统(或者大量子点和局域磁矩)中通过调节参数可以形成双通道近藤效应。在双通道近藤体系(2CK)中,一个被局域化的自旋S分别与两个独立的电子库中的电子反铁磁耦合。当两个独立的通道(电子库)完全与磁性杂质耦合时,就会形成对称的双通道近藤体系。此时,每一个电子库都会分别试图填满局域自旋,导致部分填充的不稳定状态的新基态。费米液体的准粒子概念不再适用双通道近藤状态。当两个通道中耦合出现任何不同,都将会使系统偏离非费米液体的双通道近藤状态,进而转为正常费米液体的单通道近藤状态。目前,双通道近藤效应已经被用来解释一些重费米子材料和玻璃金属中的相关低能特性。

6.2　串联双量子点系统中近藤效应

本节利用级联运动方程组方法(HEOM)研究串联双量子点系统的近藤效应,重点关注量子点隧穿依赖的近藤峰的劈裂及共振效应的增强特性。研究的双量子点系统的总哈密顿量为

$$H = H_s + H_{int} + H_B \tag{6.1}$$

式中,$H_B = \sum_{k\sigma\alpha = L,R} \varepsilon_{k\sigma\alpha} \hat{c}^+_{k\sigma\alpha} \hat{c}_{k\sigma\alpha}$ 为左(L)右(R)电极部分哈密顿量,一般认为是无相互作用的

费米库。$\varepsilon_{k\sigma\alpha}$ 为 α 电极中具有 k 态 σ 自旋的单粒子能量。$\hat{c}_{k\sigma\alpha}^{+}$ 和 $\hat{c}_{k\sigma\alpha}$ 分别为电极中电子的产生和湮灭算符。

$$H_s = \sum_{i=1,2\sigma} \varepsilon_i \hat{d}_{i\sigma}^{+} \hat{d}_{i\sigma} + U \sum_i n_{i\uparrow} n_{i\downarrow} + t \sum_{\sigma} (\hat{d}_{1\sigma}^{+} \hat{d}_{2\sigma} + \hat{d}_{2\sigma}^{+} \hat{d}_{1\sigma}) \tag{6.2}$$

为量子点部分的哈密顿量，ε_i 为 i — 量子点 σ 自旋简并的电子的能量，$\hat{d}_{i\sigma}^{+}$ 和 $\hat{d}_{i\sigma}$ 为 i — 量子点 σ 自旋电子的产生和湮灭算符，t 为两个量子点之间的耦合强度。

$$H_{int} = \Gamma_L \sum_{k\sigma} (\hat{d}_{1\sigma}^{+} \hat{c}_{Lk\sigma} + H.c.) + \Gamma_R \sum_{k\sigma} (\hat{d}_{2\sigma}^{+} \hat{c}_{Rk\sigma} + H.c.) \tag{6.3}$$

为量子点和电极之间的耦合项哈密顿量。量子点 1 与左电极耦合，耦合强度为 Γ_L，量子点 2 与右电极耦合，耦合强度为 Γ_R，如图 6.1(a) 所示。一般情况下，量子点与电极之间的耦合强度 $\Gamma_L(\Gamma_R)$ 由于动量指标 k 而导致包含无限多自由度。在级联运动方程组方法中，用洛伦兹形式的谱密度函数来计入库对量子点体系的影响：

$$D_{\alpha\sigma\sigma'}(\omega) = \frac{\Delta_\alpha \delta_{\sigma\sigma'} W_\alpha^2}{(\omega^2 + W_\alpha^2)} \tag{6.4}$$

式中，Δ_α 为有效的量子点-电极耦合强度，W_α 为 α 电极的带宽。

为了更好地研究与电极耦合的开放双量子点系统中的问题，先来求解孤立双量子点系统。设孤立双量子点系统的哈密顿量为

$$H_s = \sum_{i=1,2\sigma} \varepsilon_i \hat{d}_{i\sigma}^{+} \hat{d}_{i\sigma} + U \sum_i n_{i\uparrow} n_{i\downarrow} + t \sum_{\sigma} (\hat{d}_{1\sigma}^{+} \hat{d}_{2\sigma} + \hat{d}_{2\sigma}^{+} \hat{d}_{1\sigma}) \tag{6.5}$$

这里将系统的 16 维希尔伯特空间按照力学量完全集划分为子空间的直和。由于总粒子数 $N = N_\uparrow + N_\downarrow$ 与哈密顿量 H_s 对易，因而可以取 $N_\uparrow N_\downarrow$ 和 H_s 为力学量完全集，通过守恒量将孤立双量子点系统划分为不同的不变子空间：

$$
\begin{array}{lllll}
N=0 & N=1 & N=2 & N=3 & N=4 \\
|0,0\rangle & |\uparrow,0\rangle & |\uparrow,\uparrow\rangle & |\uparrow,\uparrow\downarrow\rangle & |\uparrow\downarrow,\uparrow\downarrow\rangle \\
 & |0,\uparrow\rangle & |\downarrow,\downarrow\rangle & |\uparrow\downarrow,\uparrow\rangle & \\
 & |\downarrow,0\rangle & |\uparrow,\downarrow\rangle & |\downarrow,\uparrow\downarrow\rangle & \\
 & |0,\downarrow\rangle & |\downarrow,\uparrow\rangle & |\uparrow\downarrow,\downarrow\rangle & \\
 & & |\uparrow\downarrow,0\rangle & & \\
 & & |0,\uparrow\downarrow\rangle & &
\end{array}
\tag{6.6}
$$

通过严格求解哈密顿量矩阵，求得相应的本征值为

$$N=0, \quad E_g = 0 \tag{6.7}$$

$$N=1, \quad E_g = \begin{cases} \varepsilon_i + t \\ \varepsilon_i - t \end{cases} \text{（为二重简并态）} \tag{6.8}$$

$$N=2, \quad E_g = \begin{cases} 2\varepsilon_i \\ 2\varepsilon_i + U \\ 2\varepsilon_i + \dfrac{U}{2} - \sqrt{4t^2 + \dfrac{U^2}{4}} \\ 2\varepsilon_i + \dfrac{U}{2} + \sqrt{4t^2 + \dfrac{U^2}{4}} \end{cases} \tag{6.9}$$

$$N=3, \quad E_g = \begin{cases} 3\varepsilon_i + U + t \\ 3\varepsilon_i + U - t \end{cases} \tag{6.10}$$

$$N=4, \quad E_g = 4\varepsilon_i + 2U \tag{6.11}$$

这里分别计算了不同的量子点能级 $\varepsilon_i = -1.5$ meV, $\varepsilon_i = -1.1$ meV, $\varepsilon_i = -0.7$ meV 下,系统的本征能量随着量子点之间耦合强度 t 的变化趋势,如图 6.4 所示。可以发现,简并的能级随着量子点之间耦合强度的增加会发生退简并,图 6.4(a)和(c)中的 10 条能量曲线的激发态能级还随着量子点之间耦合强度的增加发生交叉。粒子-空穴对称点条件($\varepsilon_i = -U/2 = -1.1$ meV)下,孤立双量子点系统的简并的能级较多,且能级和能级之间未发生交叉现象,如图 6.4(b)所示。

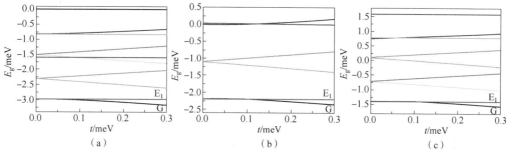

图 6.4　孤立双量子点系统本征能量随着量子点之间耦合强度 t 的变化趋势。(a)、(b)、(c)分别为量子点的能级 $\varepsilon_i = -1.5$ meV, $\varepsilon_i = -1.1$ meV, $\varepsilon_i = -0.7$ meV,参数为 $U=2.2$ meV, $k_B T = 0.03$ meV

可以发现,孤立双量子点系统的基态为轨道自旋单重态,第一激发态为局域自旋三重态。这里关注系统的基态和第一激发态

$$\begin{cases} E_1 = 2\varepsilon_i \\ E_g = 2\varepsilon_i + \dfrac{U}{2} - \sqrt{4t^2 + \dfrac{U^2}{4}} \end{cases} \tag{6.12}$$

两个态的本征能量之间的能量差 $J_{eff} = \sqrt{4t^2 + \dfrac{U^2}{4}} - \dfrac{U}{2}$,定义了双量子点之间有效的反铁磁相互作用。图 6.5 给出了不同量子点能级 $\varepsilon_i = -1.5$ meV, $\varepsilon_i = -1.1$ meV 和 $\varepsilon_i = -0.7$ meV 下 J_{eff} 与 $4t^2/U$ 的比较,发现在条件 $t \ll U$ 下,该反铁磁相互作用近似表示为 $J_{eff} \approx 4t^2/U$,即文献中经常报道的量子点之间有效反铁磁相互作用项。

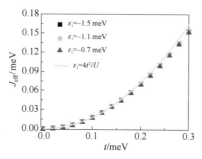

图 6.5　不同量子点能级下,孤立双量子点系统中基态和第一激发态之间的能量差 J_{eff} 和 $4t^2/U$ 之间的比较。在较低的量子点之间耦合强度 t 下 J_{eff} 和 $4t^2/U$ 比较一致,参数为 $U=2.2$ meV, $k_B T = 0.03$ meV

这里进而给出了孤立双量子点系统的本征能量随着量子点能级 ε_i 的变化趋势,如

图 6.6 所示。竖直的虚线标出了粒子-空穴对称点的位置。以粒子-空穴对称点为中心左右较大的范围-1.6 meV$<\varepsilon_i<-0.2$ meV 内,系统的基态和第一激发态不会发生改变也不会发生交叉,导致基态与第一激发态的能量差保持不变。有了以上孤立双量子点系统完整的本征值和本征态的性质,就为研究与电极耦合的开放双量子点体系提供了基本前提。

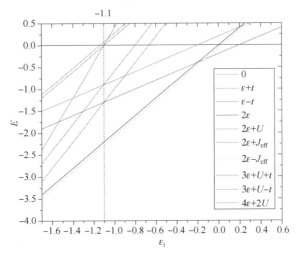

图 6.6 孤立双量子点系统的本征能量随着量子点能级 ε_i 的变化趋势,
参数为 $U=2.2$ meV,$k_B T=0.03$ meV

双量子点系统中,可调控参数比单量子点系统要多,包括系统的温度、电极-量子点之间耦合强度、量子点栅极电压等[33-35]。特别是两个量子点之间的耦合强度 t 会改变系统的基态性质以及诱导有效的反铁磁相互作用,是调控近藤效应的关键因素之一。接下来以与电极耦合的串联双量子点为模型,研究量子点之间耦合强度 t 对近藤效应的调控和影响。先来利用级联运动方程组方法(HEOM)计算了串联双量子点系统的谱函数随量子点之间耦合强度的变化趋势,如图 6.7 内插图所示。计算过程中所采取的参数为:每个量子点的能级 $\varepsilon_{1,2}=-2$,每个量子点的库仑相互作用 $U_{1,2}=4$,电极的带宽 $W=6.67$,系统的温度 $T=$ 0.1(以量子点-电极之间耦合强度 $\Delta=0.3$ meV 为单位)。

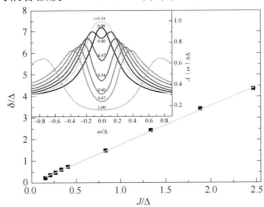

图 6.7 近藤双峰之间的能量差 δ 与反铁磁相互作用 J 的对比,离散点是双峰的能量差 δ;
实线是反铁磁相互作用 J 的解析结果。内插图为不同量子点之间耦合强度下的谱函数变化趋势。
参数为 $\varepsilon_{1,2}=-2$,$U_{1,2}=4$,$W=6.67$,$T=0.1$(以 $\Delta=0.3$ meV 为单位)(引自文献[35])

当量子点之间耦合强度为 0 时,分别与左右电极相连的两个量子点,被电极中的传导电子所屏蔽形成单量子点的近藤效应。借助于激发态的高阶虚过程,使基态的自旋发生反转,形成屏蔽过程,导致费米面处的谱函数(或者零偏微分电导)出现一个较强的共振峰。当温度升高时,费米面处近藤峰的高度将会对数地衰减,即 $A(\omega=0)\propto -\ln T$。而且费米面处近藤峰的半高位置的宽度与近藤温度 T_K 相关,从而可以从谱函数中近藤峰的半高宽度定性观测近藤温度的大小。

随着量子点之间耦合强度的增大,谱函数中的近藤峰会升高且变宽,出现了近藤效应的增强现象($0<t<0.34$)。随着量子点之间耦合强度的进一步增大($t>0.34$),谱函数中出现了劈裂的双峰结构,且劈裂的双峰以 $\omega=0$ 为中心逐渐向相反的方向移动,峰的高度逐渐降低。在较强的量子点之间耦合强度下,谱函数会在 $\omega=0$ 处形成谷。双量子点系统中谱函数的这一连续的变化行为揭示在双量子点系统中,随着量子点之间耦合强度的增强系统会从个别量子点的近藤单态逐渐转变为两个量子点的自旋单态[35]。

通过对角化求解孤立的双量子点系统的哈密顿量 H_s〔公式(6.5)〕,系统的基态为轨道自旋单重态,第一激发态为局域自旋三重态。最低的这两个能级之间的能量差为

$$J_{\text{eff}} = \sqrt{4t^2 + \frac{U^2}{4}} - \frac{U}{2} \tag{6.13}$$

在粒子-空穴对称点($\varepsilon_d=-U/2$)可以表示为 $J=\varepsilon_d+\sqrt{4t^2+\varepsilon_d^2}$,其定义了双量子点之间的反铁磁相互作用。该反铁磁相互作用将导致双量子点系统谱函数的劈裂的双峰结构,对应于分子中的成键态和反键态。这里可以定量给出反铁磁相互作用和谱函数双峰之间的关系。图 6.7 中给出了谱函数双峰之间的能量差 δ 和反铁磁相互作用 J 的对比图。可以发现,谱函数双峰之间的能量差就是反铁磁相互作用的大小。图中离散点是双峰的能量差 δ;实线是反铁磁相互作用 J 的解析结果。可以发现两者在不同的量子点之间耦合强度下都符合得很好。

双量子点系统的基态—轨道自旋单态(Orbital Spin Singlet,OSS)由局域自旋单态(Local Spin Singlet,LSS,$|\uparrow,\downarrow\rangle-|\downarrow,\uparrow\rangle$)和局域电荷单态(Local Charge Singlet,CS,$|\uparrow\downarrow,0\rangle-|0,\downarrow\uparrow\rangle$)组成。当量子点之间耦合强度为 0 时,局域自旋单态和第一激发态局域自旋三重态(Local Spin Triplet,LST)是简并的。当量子点之间耦合强度不为 0 时,局域自旋单态和第一激发态局域自旋三重态将不再简并,导致的能量差(即反铁磁相互作用)较小时会使得类似单量子点单峰的近藤效应保持;当能量差较大时将使得近藤峰发生劈裂行为。

为了研究双量子点系统中量子点之间耦合强度诱导的不同反铁磁相互作用下近藤效应的物理图像,图 6.8 给出了局域自旋单态(LSS)、局域电荷单态(CS)和第一激发态—局域自旋三重态(LST)的约化密度矩阵元 ρ 以及局域自旋单态(LSS)和局域电荷单态(CS)的隧穿矩阵元分别随反铁磁相互作用 J 的变化趋势。可以发现,反铁磁相互作用为 0 时,局域自旋单态(LSS)和局域自旋三重态(LST)简并,两个态的约化密度矩阵具有相同值(图 6.8 中上面两条曲线)。局域电荷单态(CS)的约化密度矩阵为 0,局域自旋单态和局域电荷单态的隧穿矩阵也为 0(图 6.8 中下面两条曲线)。随着反铁磁相互作用 J 的增加,只有局域自旋三重态(LST)的约化密度矩阵减小,其他态的约化密度矩阵都在线性增加。各量子态的密度矩阵元 ρ 随着 J 的线性变化行为,将导致基态与第一激发态的能量差值发生变化,最终导致系统的谱函数中近藤峰的劈裂行为。这也从另外一个角度说明了近藤峰的劈裂和双量子

点系统的基态能级的改变相关。另外,由于局域电荷单态(CS)导致有限温度下量子点上存在电荷涨落,从而随着量子点之间耦合强度的增加会出现从单个量子点的近藤单态到两个量子点之间形成的自旋单态的过渡,而不会发生量子相变(Quantum Phase Transition)行为。

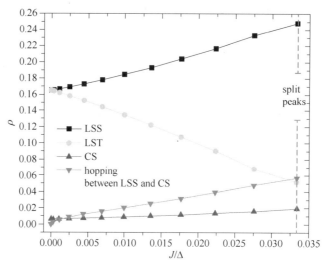

图 6.8　局域自旋单态(LSS)、局域电荷单态(CS)和局域自旋三重态(LST)的约化密度矩阵,以及 LSS 和 CS 的隧穿矩阵随反铁磁相互作用的变化趋势,参数为 $\varepsilon_{1,2}=-2,U_{1,2}=4,W=6.67,T=0.1$(引自文献[35])

　　这里进而研究了双量子点系统中近藤峰的宽度随着量子点之间耦合强度的变化趋势。这里用 $A(\omega,t)$ 表示量子点之间耦合强度依赖的谱函数,并计算了近藤峰的半高位置 $A(0,t)/2$ 的半宽度 ω_{HW},如图 6.9 方块虚线所示。随着量子点之间耦合强度的增加,该半宽度 ω_{HW} 出现了先减小后增加的非单调变化。这是由于在近藤峰劈裂成双峰之前,量子点之间耦合强度的增强不仅使得单峰的高度增加,而且使得宽度增宽。作为比较,这里也给出了用来定义单量子点($t=0$)近藤温度的半高 $A(0,0)/2$ 的大小在双量子点谱函数中所对应的半宽度,如图 6.9 圆点虚线所示,以及与双量子点系统的近藤峰的半高 $A(0,t)/2$ 位置的半宽度之间的差值,如图 6.9 三角虚线所示,随量子点之间耦合强度的变化趋势。可以发现,$A(0,0)/2$ 所对应的半宽度随着量子点之间耦合强度的增大单调增加,表示双量子点的近藤温度 T_K^W 随量子点之间耦合强度的增加而单调增大,且符合 $T_K^W \propto \exp[1.6\tan^{-1}(t/\Delta)t/\Delta]$ 的变化趋势,与文献中所报道的结果是一致的。$A(0,0)/2$ 的所对应的半宽度与 $A(0,t)/2$ 所对应的半宽度的差值则出现了先增大后减小的变化趋势,在差值的最大值处出现了近藤效应的增强现象。另外,随着量子点之间耦合强度的增加,系统的近藤峰出现先升高后劈裂成双峰结构的非单调行为。

　　综上所述,本节研究了有限温度下串联双量子点系统中量子点之间耦合强度依赖的近藤效应。量子点之间耦合强度为 0 时,每个量子点被邻近的电极中的传导电子所屏蔽,形成单量子点的近藤单态;随着量子点之间耦合强度的增加,近藤峰会迅速升高,近藤效应增强,出现 t-增强的近藤效应;量子点之间耦合强度进一步增强会增大两个量子点之间的反铁磁相互作用,使得近藤单峰劈裂为双峰结构,系统逐渐形成两个量子点的自旋单态。而且,基态中出现新的电荷单态会使得该过程是一个连续变化过程而不是量子相变行为。

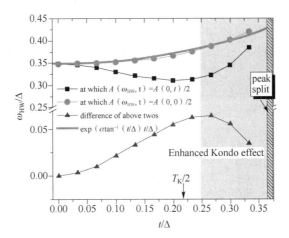

图 6.9　近藤峰的半高位置 $A(0,t)/2$ 和 $A(0,0)/2$ 所对应的半宽度 ω_{HW} 以及两者的

差值随量子点之间耦合强度的变化趋势,参数为 $\varepsilon_{1,2}=-2$, $U_{1,2}=4$, $W=6.67$, $T=0.1$(引自文献[35])

6.3　近藤辅助的含时输运特性

本节关注并联双量子点系统中的动力学电流的输运行为。其中,每一个单量子点都保持单占据和粒子-空穴对称。量子点系统的哈密顿量为

$$H_s = \sum_{i=1,2\sigma} \varepsilon_i \hat{d}_{i\sigma}^+ \hat{d}_{i\sigma} + U \sum_i n_{i\uparrow} n_{i\downarrow} + \gamma \sum_\sigma (\hat{d}_{1\sigma}^+ \hat{d}_{2\sigma} + \hat{d}_{2\sigma}^+ \hat{d}_{1\sigma}) \tag{6.14}$$

本节中,为了区分,所以用符号 γ 代表两个量子点之间的耦合强度,用符号 t 来代表时间。左(L)右(R)电极部分哈密顿量则为

$$H_B = \sum_{k\sigma\alpha=L,R} (\varepsilon_{k\sigma} + V(t)) \hat{c}_{k\sigma\alpha}^+ \hat{c}_{k\sigma\alpha} \tag{6.15}$$

式中,含时的外场定义为阶跃形式的偏压为

$$V(t) \begin{cases} 0 & (t<0) \\ V_0 & (t \geqslant 0) \end{cases} \tag{6.16}$$

图 6.10 中给出了阶跃形式的偏压施加到并联双量子点系统中,近藤区域的输运电流的变化行为。在计算中为了与第 5 章单量子点系统进行比较,双量子点系统中的两个量子点都保持粒子-空穴对称且与单量子点系统采取相同的参数设置:系统温度 $k_B T =$ 0.015 meV,量子点-电极耦合强度 $\Delta=0.2$ meV,电极带宽 $W=2$ meV,每个量子点的库仑相互作用 $U_1=U_2=2$ meV,每个量子点的在位能 $\varepsilon_{i\uparrow}=\varepsilon_{i\downarrow}=-1$ meV。其中,电极所施加的偏压分别是 $V_0=0.10$ mV,0.15 mV,0.20 mV 和 0.30 mV。这里采用较弱的两个量子点之间的耦合强度 $\gamma=0.1$ meV。正如前期工作中所描述的那样,较弱的量子点之间耦合强度将会使得每一个量子点保持独自的近藤单态,从而系统中会产生两条电子隧穿的输运通道。图 6.10 中给出了输运电流的以下特征:①并联双量子点系统中的稳态电流值(10 000~15 000 pA)是单量子点系统中的两倍(5 000~7 000 pA);②并联双量子点系统中电流 $I(t)$ 的振荡与单量子点系统中比较相似,但是拥有比较大(2~3 倍)的振荡振幅;③并联双量子点系统中电流 $I(t)$ 的振荡频率与单量子点系统中相同。

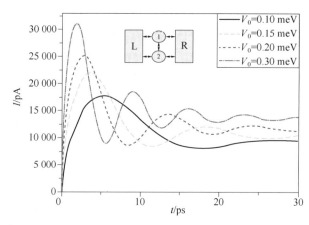

图 6.10　不同偏压下，并联双量子点系统中的 $I(t)-t$ 变化曲线。内插图为并联双量子点系统示意图，参数为 $k_B T=0.015$ meV，$\Delta=0.2$ meV，$W=2$ meV，$U_1=U_2=2$ meV，$\epsilon_i\uparrow=\epsilon_i\downarrow=-1$ meV，$\gamma=0.1$ meV(引自文献[36])

　　双量子点系统中比较有趣的现象是量子点之间耦合强度 γ 所导致的连续量子转变行为：由较小的量子点之间耦合强度下简并的每一个量子点的近藤单态向较强的量子点之间耦合强度下两个量子点形成的自旋单态的转变[35-36]。这里可以很容易地从量子输运的角度解释这一有趣物理现象。当系统中电极施加一定偏压后，计算了不同的量子点之间的耦合强度 γ 下的动力学输运电流。图 6.11 中给出了计算的数值结果，参数选择为：系统温度 $k_B T=0.015$ meV，量子点-电极之间耦合强度 $\Delta=0.2$ meV，电极带宽 $W=2$ meV，偏压 $V_L=-V_R=0.3$ mV，每个量子点的库仑相互作用 $U_1=U_2=2$ meV，每个量子点的在位能 $\epsilon_i\uparrow=\epsilon_i\downarrow=-1$ meV。同时，这里给出了图中 $I(t)-t$ 曲线所对应的零偏压($V_L=V_R=0$)下的谱函数，如图 6.11 内插图所示。量子点之间耦合强度 γ 导致了比较有趣的输运电流的振荡变化行为，该振荡行为同时描述了系统基态的转变过程。在较小的量子点之间耦合强度 γ 区域，直接的一阶耦合(γ)比二阶效应的反铁磁自旋耦合($J=4\gamma^2/U$)要强很多。所以，系统的基态为每个量子点的近藤单态，其平衡态的谱函数会在 $\omega=0$ 处出现一个近藤单峰。此时，系统中输运电流的振荡行为与单量子点系统中相似，其已经在图 6.10 中讨论和证实。再者，另外一个特性——被称为"γ－增强的近藤效应"在图 6.11 中被证实。这种"γ－增强的近藤效应"通过动力学电流的振荡振幅的增强表现出来。如图 6.11 中，对比 $I-t$ 曲线 $\gamma=0$ 和 $\gamma=0.1$ meV，输运电流的振荡频率保持不变而振荡振幅随着 γ 从 $\gamma=0$ 增加到 $\gamma=0.1$ meV 而增大。在 γ 较大的区域，自旋-自旋反铁磁相互作用 J 将会逐渐占据主导地位，使得系统的基态为两个量子点的自旋单态。谱函数中 $\omega=0$ 的近藤共振峰将会消失，电流中的振荡行为将会减弱。如图 6.11 所示，$\gamma=0.4$ meV 的 $I(t)-t$ 曲线表现出了输运电流中较弱的振荡行为。

　　最值得关注的是中间大小的量子点之间耦合强度 γ 下，并联双量子点系统中出现了上述两个基态之间的连续量子转变过程。输运电流的振荡行为出现了明显的以下两个特征：(1)γ 的逐渐增大会使得谱函数中 $\omega=0$ 的近藤峰逐渐转变为谷(谱函数表现双峰结构)。但是，处于导带窗口中的劈裂的双峰仍会辅助电子的隧穿，导致输运电流中仍有较小幅度的振荡行为；(2)双峰结构的基态下的振荡电流的频率与单峰基态下的相同，但是系统已经处于不同的基态区域(比较图 6.11 中的 $I(t)-t$ 曲线 $\gamma=0.1$ meV 和 0.2 meV)。该振荡频率随着量子点之间耦合强度的增强将逐渐减小,并最终消失。

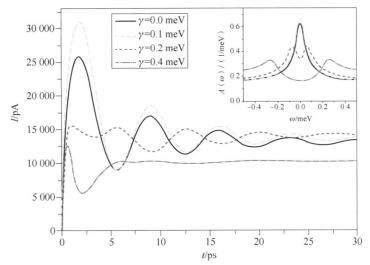

图 6.11 不同量子点之间耦合强度 γ 下,并联双量子点系统中的 $I(t)-t$ 曲线。内插图为相对应的谱函数变化曲线,参数为 $k_B T=0.015$ meV,$\Delta=0.2$ meV,$W=2$ meV,$V_L=-V_R=0.3$ mV,$U_1=U_2=2$ meV,$\epsilon_{i\uparrow}=\epsilon_{i\downarrow}=-1$ meV(引自文献[36])

综上所述,对并联双量子点系统,最终稳态的电流大约是单量子点系统的两倍。这是由于此时系统中出现了两条电子的隧穿输运通道。弱量子点之间耦合强度 γ 下,双量子点系统中含时输运电流的振荡行为与单量子点系统相类似,并且伴随着两到三倍的较大的振荡振幅。随着量子点之间耦合强度 γ 的增强,系统会经历一个连续的量子转变过程。从简并的每一个量子点近藤单态向两个量子点之间形成的自旋单态的转变。在动力学电流上的表现是:较小的 γ 条件下,由于"γ-增强的近藤效应"使得电流的振荡随着 γ 增大而加强;但是,当 γ 很大时,系统的基态将进入自旋单态区域,电流中的振荡行为将会被抑制。这些含时输运电流的特性可以在实验中得到证实,并对量子器件中的量子调控和量子计算起到一定的理论指导作用[36]。

需要指出的是,对于串联双量子点系统,量子点之间的耦合强度不仅会导致双量子点系统中近藤单态和自旋单态之间的变化,而且还会调控电子在两个量子点之间的隧穿过程。此时,量子点之间耦合强度、系统含时偏压、近藤单态、自旋单态会相互竞争,从而会导致更为复杂的输运行为[37-41]。特别是量子点之间耦合强度较小时,由于电子隧穿效应较小,导致串联双量子点系统中的电流很小。作为比较,在图 6.12 中给出不同量子点之间耦合强度下,串联双量子点系统含时输运电流的变化行为。可以发现,串联双量子点系统电流的幅度比并联双量子点系统中电流的幅度要小很多,而且振荡行为的持续时间变短。在 15 s 之后所有量子点之间耦合强度下的电流都会达到平衡稳态。而且平衡稳态的电流值随着量子点之间耦合强度 γ 的增加同样会出现先增加后减小的非单调变化行为,揭示了双量子点系统中存在的从简并的每一个量子点近藤单态向两个量子点之间形成的自旋单态的连续的量子转变过程。

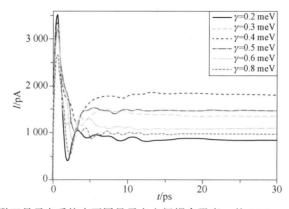

图 6.12　串联双量子点系统中不同量子点之间耦合强度 γ 的 $I(t)-t$ 曲线,参数为 $k_{\mathrm{B}}T=0.015\ \mathrm{meV},\Delta=0.2\ \mathrm{meV},W=2\ \mathrm{meV},V_{\mathrm{L}}=-V_{\mathrm{R}}=0.2\ \mathrm{mV},U_1=U_2=2\ \mathrm{meV},\epsilon_{i\uparrow}=\epsilon_{i\downarrow}=-1\ \mathrm{meV}$

6.4　近藤共振下的热电输运特性

对于强关联双量子点系统中的热电效应的研究,目前仍是一个比较有挑战性的课题。原因在于对双量子点系统中的强关联相互作用的非微扰处理和温度梯度带来的非线性效应处理都是比较困难的事情。特别是双量子点系统中丰富的近藤物理将会导致新奇的热电输运行为,如负微分热导等[42-52]。双量子点系统中的热电输运行为强烈地依赖系统中出现的新奇的欠屏蔽近藤效应、自旋极化、塞曼效应和单重态三重态转变等现象[53-60]。另外,对于量子点系统,发现库仑阻塞效应(coulomb blockade)、量子干涉效应等都可以显著提高系统的热电效率 $ZT=\sigma S^2 T/\kappa$[48-49]。系统中的库仑相互作用和量子干涉效应都会导致系统的电导偏离维德曼-弗朗茨(Wiedemann-Franz)定律 $\kappa/GT=(k_{\mathrm{B}}\pi)^3/3e^2$。

本节研究的并联双量子点系统如图 6.13(a)所示,中间双量子点部分可以用双杂质安德森模型来描述,双量子点的能级可以通过栅极电压调控,两个量子点之间的耦合强度为 t。左右电极为无相互作用的费米库,两个量子点都和左电极通过耦合强度 Γ_{L} 相连,都与右电极通过耦合强度 Γ_{R} 相连。左电极为高温热源,右电极为低温热源,左右电极存在一个温度差以使系统能够产生热电流 I_{th}。

这里给出了双量子点系统中热电流随着量子点能级 ε_i 和量子点之间耦合强度 t 变化的稳态图表,结果如图 6.13(b)所示。这里采用的参数为 $U_1=U_2=U=2.2\ \mathrm{meV},W=5.0$ meV, $\Gamma_{\mathrm{L/R}}=0.2\ \mathrm{meV}$ 分别表示量子点的库仑相互作用、电极带宽和量子点-电极耦合强度。左右电极的温度差为 $k_{\mathrm{B}}\Delta T=k_{\mathrm{B}}(T_{\mathrm{L}}-T_{\mathrm{R}})=0.002\ \mathrm{meV}$,系统的温度定义为 $k_{\mathrm{B}}T=k_{\mathrm{B}}(T_{\mathrm{L}}+T_{\mathrm{R}})=0.03\ \mathrm{meV}$。从前面的章节可知,对于孤立的双量子点体系,当量子点能级 $\varepsilon_i>0(i=1,2)$ 时,每一个量子点为空轨道态,伴随着占据数为 $N_i=0$;当量子点能级 $0>\varepsilon_i>-U$ 时,每一个量子点为单占据态,伴随着占据数为 $N_i=1$;当量子点能级 $\varepsilon_i<-U$ 时,每一个量子点为双占据态,伴随着占据数为 $N_i=2$。随着量子点能级的降低,系统中量子点的占据数逐渐由 $N_i=0$,变为 $N_i=1$,再变为 $N_i=2$,这为研究近藤关联的双量子点系统的热电输运问题提供了调控条件。随着量子点能级的降低,在占据数改变的边界(电荷简并点)热电流出现了较强的电流值。$N_i=0$ 和 $N_i=1$ 的边界出现了较强的正电

流,对应于空穴型的输运过程;$N_i=1$ 和 $N_i=2$ 的边界出现了较强的负电流,对应于粒子型的输运过程。随着量子点之间耦合强度的增加,热电流的幅度会逐渐降低[55]。

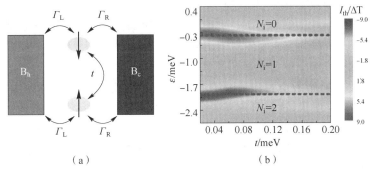

（a）   （b）

图 6.13 （a）并联双量子点示意图,每个量子点都与两边的左右电极耦合,有效耦合强度为 $\Gamma_{L/R}$,左电极为高温热源,右电极为低温热源;（b）热电流随着量子点之间耦合强度 t 和量子点能级 ε_i 的变化行为,随着量子点能级的降低,每个量子点上的占据数逐渐从 $N_i=0$ 到 $N_i=1$ 到 $N_i=2$。参数为 $U=2.2 \text{ meV}, W=5.0 \text{ meV}, \Gamma_{L/R}=0.2 \text{ meV}, k_B\Delta T=0.002 \text{ meV}, k_B T=0.03 \text{ meV}$（引自文献[55]）

为了描述近藤效应下热电流输运的清晰物理图像,这里给出了左右电极存在温度差 $k_B\Delta T=0.002 \text{ meV}$ 时,不同量子点之间耦合强度 t 下,热电流作为量子点能级的函数的变化行为,如图 6.14（a）所示。发现在量子点的能级 $\varepsilon_i=-U=-2.2 \text{ meV}$ 附近出现较强的负热电流峰,对应占据数 $N_i=2$ 向 $N_i=1$ 的转变;在量子点的能级 $\varepsilon_i=0$ 附近出现较强的正热电流峰,对应占据数 $N_i=1$ 向 $N_i=0$ 的转变。这里重点关注量子点占据数 $N_i=1$ 的区域（两个竖虚线之间的区域）,双量子点系统中产生的近藤多体共振将影响系统的热电输运行为。发现在弱量子点之间耦合强度和强量子点之间耦合强度下,热电流表现出了不同的输运行为。在弱量子点之间耦合强度 $t<0.15 \text{ meV}$ 下,热电流随量子点能级的升高会出现从负到正的变化行为。然而,热电流在强量子点之间耦合强度 $t>0.17 \text{ meV}$ 下会发生正负符号反转,电流随量子点能级的升高会出现从正到负的转变,并在整个能量区域呈明显的锯齿状结构,如图 6.14（a）所示。另外,在固定的量子点能级,如 $\varepsilon_i=-1.3 \text{ meV}<\varepsilon_{sym}$（$\varepsilon_{sym}=-U/2=-1.1 \text{ meV}$ 为每个量子点的粒子-空穴对称点）下,热电流随着量子点之间耦合强度 t 的增加会出现先负的增大后减小,最后变为正的较大值的非单调变化行为,图 6.14（a）中的插图所示。热电流从负值转变为正值的过程对应的是从粒子型输运过程向空穴型输运过程的转变。

该电荷极性反转行为可以通过弱量子点之间耦合强度下个别量子点的近藤单态与强量子点之间耦合强度下两个量子点形成的自旋单态的竞争机制来解释[55]。在现有参数下,双量子点系统的基态是轨道自旋单态,由局域自旋单态和局域电荷单态组成的混合态。第一激发态是局域自旋三重态。基态和第一激发态之间的能量差 $J_{eff}=\sqrt{4t^2+U^2/4}-U/2$,定义了两个量子点之间的反铁磁相互作用。系统中一阶的量子点之间耦合强度 t 和二阶的反铁磁相互作用 J_{eff} 之间的竞争将导致双量子点系统会经历一个从个别量子点的近藤单态到两个量子点形成的自旋单态的过渡。弱量子点之间耦合强度 t 下,每一个量子点与左右电极中的传导电子形成的近藤单态占据主导地位,系统中出现近藤多体共振辅助的热电输运行为。导致热电流在 $\varepsilon_i<\varepsilon_{sym}$（$\varepsilon_{sym}=-U/2=-1.1 \text{ meV}$）为电子近藤单态辅助输运的负

电流;同理在 $\varepsilon_i > \varepsilon_{sym}(\varepsilon_{sym} = -U/2 = -1.1\ \text{meV})$ 为空穴近藤单态辅助输运的正电流。粒子-空穴对称点 $\varepsilon_i = \varepsilon_{sym}$ 处,电子和空穴隧穿的概率是相等的,导致其所对应热电流在不同的量子点之间耦合强度 t 下都是零,如图 6.14(a) 所示。强量子点之间耦合强度 t 下,两个量子点之间形成的自旋单态主导系统的输运行为。此时,通过系统的热电流随着量子点能级的增加出现从正到负的转变,$\varepsilon_i < \varepsilon_{sym}$ 为空穴型输运的正电流,$\varepsilon_i > \varepsilon_{sym}$ 为电子型输运的负电流。该转变过程与单量子点系统中高温下的库仑阻塞区域的输运行为是相同的。

上述热电流的输运行为也可以通过不同量子点之间耦合强度 t 下的谱函数的变化行为来分析。如图 6.14(b) 所示,这里计算了 6.14(a) 参数下粒子-空穴对称点的谱函数随量子点之间耦合强度的变化。谱函数 $\omega = 0$ 处的近藤峰随着量子点之间耦合强度 t 的增大会出现先变高变宽,而后在较大量子点之间耦合强度 t 下发生劈裂成为双峰结构的变化行为。在近藤峰保持单峰结构下,每一个量子点都会与电极中的传导电子耦合形成近藤单态。并且,随着量子点之间耦合强度的增加出现了 $t-$增强的近藤效应,伴随 $\varepsilon_i = -1.3\ \text{meV}$ 处的热电流负的增大。在近藤峰为双峰结构下,两个量子点首先耦合形成自旋单态,使得 $\varepsilon_i = -1.3\ \text{meV}$ 处的热电流变为明显的正值。

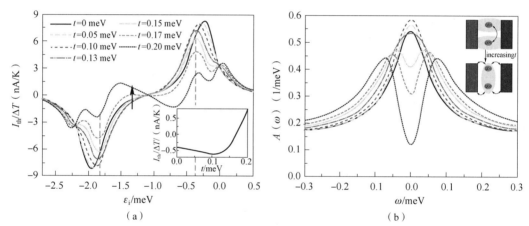

图 6.14 (a)不同量子点之间耦合强度 t 下,热电流随着量子点能级 ε_i 的变化行为。插图为黑箭头指示量子点能级为 $\varepsilon_i = -1.3\ \text{meV}$ 下的热电流随耦合强度 t 的非单调变化行为;(b)不同量子点之间耦合强度 t 下谱函数的变化行为。插图为双量子点系统从弱耦合强度下个别量子点的近藤单态向强耦合强度下两个量子点形成的自旋单态的变化示意图。参数为 $U = 2.2\ \text{meV}$,$W = 5.0\ \text{meV}$,$\Gamma_{L/R} = 0.2\ \text{meV}$,$k_B \Delta T = 0.002\ \text{meV}$,$k_B T = 0.03\ \text{meV}$(引自文献[55])

基于描述谱函数和电流之间关系的量子输运理论的郎道尔-比蒂克(Landauer-Buttiker)公式为

$$I_\alpha = \frac{2\pi}{h} \int d\omega\, \Delta_\alpha(\omega) \left[f_L(\omega) - f_R(\omega) \right] A(\omega) \tag{6.17}$$

热电流的符号可以通过第 5 章中定义的"粒子与空穴的占据差"[49]

$$\Delta N_d = \int_{-T}^{0} A(\omega) d\omega - \int_{0}^{T} A(\omega) d\omega \tag{6.18}$$

来分析。此时,$A(\omega)$ 为包含近藤信息的系统的平衡态谱函数。热电流的正值和负值分别对应于空穴型和粒子型的输运过程,此时粒子与空穴的占据差分别是 $\Delta N_d < 0$ 和 $\Delta N_d > 0$。

图 6.15 给出了并联双量子点系统中量子点能级分别是 $\varepsilon_i = -1.5$ meV $< \varepsilon_{sym}$(a)和$\varepsilon_i =$ -0.7 meV $> \varepsilon_{sym}$(b)下不同量子点之间耦合强度 t 下谱函数的变化趋势;(c)和(d)分别给出了对应的粒子与空穴的占据差 ΔN_d 的变化趋势。图中 6.15(a)和(b)中两条竖直的虚线给出了 ΔN_d 积分计算的温度窗口 $\omega = \pm k_B T$。对于量子点能级 $\varepsilon_i = -1.5$ meV $< \varepsilon_{sym}$,系统中的每一个量子点是电子占据态。弱量子点之间耦合强度 t 下,单峰的近藤效应使得系统中的热电流为多电子共振隧穿的负电流。随着量子点之间耦合强度的增加,两个量子点之间逐渐耦合形成自旋单态,对应系统中劈裂的双峰结构的谱函数。粒子与空穴的占据差 ΔN_d 在 $t = 0$,$t = 0.05$ meV,$t = 0.10$ meV,$t = 0.13$ meV,$t = 0.15$ meV 都为 $\Delta N_d > 0$,对应 $A(-\omega) > A(\omega)$,如图 6.15(c)所示。此时,电子型输运过程占据主导地位,系统中的热电流为负值。同理,粒子与空穴的占据差 ΔN_d 在 $t = 0.17$ meV 和 $t = 0.20$ meV 时 $\Delta N_d < 0$,对应 $A(-\omega) < A(\omega)$。此时,空穴型输运过程占据主导地位,系统中的热电流为正值。

对于量子点能级 $\varepsilon_i = -0.7$ meV $> \varepsilon_{sym}$,系统的每一个量子点是空穴占据态。弱量子点之间耦合强度 t 下,单峰的近藤效应使得系统中的热电流为多空穴共振隧穿的正电流。此时,粒子与空穴的占据差 ΔN_d 在 $t = 0$,$t = 0.05$ meV,$t = 0.10$ meV,$t = 0.13$ meV,$t = 0.15$ meV 时,$\Delta N_d < 0$,即 $A(-\omega) < A(\omega)$,如图 6.15(d)所示。同理,粒子与空穴的占据差 ΔN_d 在强量子点之间耦合强度 $t = 0.17$ meV 和 $t = 0.20$ meV 时 $\Delta N_d > 0$,对应 $A(-\omega) > A(\omega)$。此时,电子型输运过程占据主导地位,系统中的热电流为负值。因此,通过数值计算得到的粒子与空穴的占据差 ΔN_d 的正负与图 6.14(a)中热电流的符号转变完全一致。

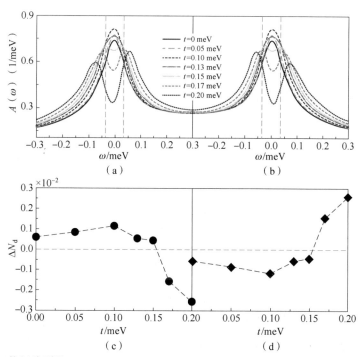

图 6.15　能级分别是 $\varepsilon_i = -1.5$ meV $< \varepsilon_{sym}$(a)和 $\varepsilon_i = -0.7$ meV $> \varepsilon_{sym}$(b)的不同量子点之间耦合强度 t 下谱函数的变化趋势;(c)和(d)分别是对应的粒子与空穴的占据差 ΔN_d 的变化趋势。参数为 $U = 2.2$ meV,$W = 5.0$ meV,$\Gamma_{L/R} = 0.2$ meV,$k_B \Delta T = 0.002$ meV,$k_B T = 0.03$ meV(引自文献[55])

下面进而研究弱量子点之间耦合强度和强量子点之间耦合强度条件下,两个量子点的能级 ε_1 和 ε_2 分别变化时,双量子点系统中热电流的变化行为,如图 6.16 所示。量子点能级 ε_i 的大小决定了量子点是电子占据态还是空穴占据态。可以发现弱量子点之间耦合强度和强量子点之间耦合强度下,系统的热电流出现了相反的变化行为。弱量子点之间耦合强度 $t=0.05$ meV 下,每个量子点的近藤单态主导系统的输运行为。热电流在两个量子点的能级都小于粒子-空穴对称点 $\varepsilon_{1,2}<\varepsilon_{\mathrm{sym}}$ 的区域出现明显的负值,如图 6.16(a) 所示。此时,两个量子点都是电子占据,近藤效应引起的多电子共振隧穿辅助系统的输运行为。而热电流在两个量子点的能级都大于粒子-空穴对称点时 $\varepsilon_{1,2}>\varepsilon_{\mathrm{sym}}$ 出现明显的正值。此时,两个量子点都是空穴占据,近藤效应引起的多空穴共振隧穿辅助系统的输运行为。系统中多电子和多空穴共振隧穿过程导致 $\varepsilon_1>\varepsilon_{\mathrm{sym}}, \varepsilon_2<\varepsilon_{\mathrm{sym}}$ 和 $\varepsilon_1<\varepsilon_{\mathrm{sym}}, \varepsilon_2>\varepsilon_{\mathrm{sym}}$ 两个区域的热电流非常微弱。

但是,强量子点之间耦合强度 $t=0.20$ meV 下,系统中热电流的变化行为和弱量子点之间耦合强度 $t=0.05$ meV 正好相反。热电流在两个量子点的能级都小于粒子-空穴对称点 $\varepsilon_{1,2}<\varepsilon_{\mathrm{sym}}$ 时出现明显的正值。热电流在两个量子点的能级都大于粒子-空穴对称点 $\varepsilon_{1,2}>\varepsilon_{\mathrm{sym}}$ 时出现明显的负值,如图 6.16(b) 所示。这是由于强量子点之间耦合强度下,系统中个别量子点的近藤单态已经转变为两个量子点耦合的自旋单态,系统中的成键态和反键态将主导热电流的输运行为。另外,热电流在弱量子点之间耦合强度比强量子点之间耦合强度时拥有更大的幅度。如图 6.16 所示,热电流的幅度在 $t=0.05$ meV 下可以达到 -2.5 nA/K$<I_{\mathrm{th}}<2.5$ nA/K,而在 $t=0.20$ meV 下只有 -1.4 nA/K$<I_{\mathrm{th}}<1.4$ nA/K。

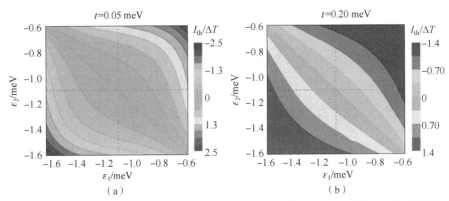

图 6.16 (a)弱量子点之间耦合强度 $t=0.05$ meV 下,热电流随着量子点 1 和量子点 2 的能级的变化趋势;(b)强量子点之间耦合强度 $t=0.2$ meV 下,热电流随着量子点 1 和量子点 2 的能级的变化趋势。

参数为 $U=2.2$ meV,$W=5.0$ meV,$\Gamma_{\mathrm{L/R}}=0.2$ meV,$k_{\mathrm{B}}\Delta T=0.002$ meV,$k_{\mathrm{B}}T=0.03$ meV(引自文献[55])

为进一步解释和理解近藤共振下的热电流输运特性,这里分别计算了低温和高温条件下,不同量子点之间耦合强度 t 依赖的热电流以及相应粒子-空穴对称点 $\varepsilon_{\mathrm{sym}}=-U/2$ 的谱函数的变化行为,如图 6.17 所示。低温 $k_{\mathrm{B}}T=0.05$ meV 下,由于近藤效应的调制,系统的热电流随着量子点能级的升高逐渐从负值变化为正值。且在固定量子点能级 $\varepsilon_i<\varepsilon_{\mathrm{sym}}$(如 $\varepsilon_i=-1.5$ meV)下,热电流随着量子点之间耦合强度出现负的先增大后减小的非单调变化行为。固定量子点能级 $\varepsilon_i>\varepsilon_{\mathrm{sym}}$(如 $\varepsilon_i=-0.7$ meV)下,热电流随着量子点之间耦合强度出现正的先增大后减小的非单调变化行为,如图 6.17(a) 所示。该热电流非单调的变化行为对应着谱函数中弱量子点之间耦合强度下近藤单峰和强量子点之间耦合强度下劈裂的双峰结构的变化,如图 6.17(b)所示。高温 $k_{\mathrm{B}}T=0.15$ meV 下,双量子点系统中近藤效应消失,热电流对所有不同的量子点之间耦合强度都表现出相同的变化趋势,随着量子点能级的升高逐渐从 $\varepsilon_{\mathrm{i}}<\varepsilon_{\mathrm{sym}}$ 时的正值转变为 $\varepsilon_{\mathrm{i}}>\varepsilon_{\mathrm{sym}}$ 时的负值,如图 6.17(c)所示。系统的谱函数中近藤峰消失,温度窗口内的谱函数对不同的量子点之间耦合强度几乎保持不变,如图 6.17(d)所示,导致双量子点系统的热电流在高温 $k_{\mathrm{B}}T>k_{\mathrm{B}}T_{\mathrm{K}}$ 下几乎不依赖于量子点之间耦合强度的大小。

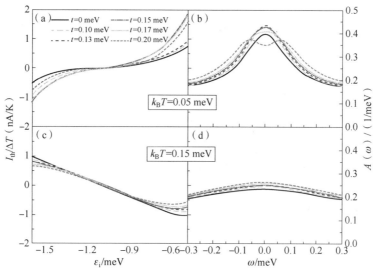

图 6.17　(a)低温 $k_{\mathrm{B}}T=0.05$ meV 下,不同量子点之间耦合强度 t 下热电流随量子点能级 ε_{i} 的变化趋势;
(b)低温 $k_{\mathrm{B}}T=0.05$ meV 下,不同量子点之间耦合强度 t 下谱函数 $A(\omega)$ 的变化趋势;(c)高温
$k_{\mathrm{B}}T=0.15$ meV 下,不同量子点之间耦合强度 t 下热电流随量子点能级 ε_{i} 的变化趋势;
(d)高温 $k_{\mathrm{B}}T=0.15$ meV 下,不同量子点之间耦合强度 t 下谱函数 $A(\omega)$ 的变化趋势。
参数为 $U=2.2$ meV,$W=5.0$ meV,$\Gamma_{\mathrm{L/R}}=0.2$ meV,$k_{\mathrm{B}}\Delta T=0.002$ meV(引自文献[55])

最后,这里给出了系统中两个量子点都为电子占据 $\varepsilon_{1,2}=-1.15$ meV 时,热电流随着量子点之间耦合强度 t 和温度 $k_{\mathrm{B}}T$ 变化的清晰相图,如图 6.18(a)所示。发现低温下,随着量子点之间耦合强度的增加,热电流先负的增大到极大值后会减小,并最终转变为正值。该有趣的热电流变化过程清晰地反映了量子点之间耦合强度调控的双量子点系统中个别量子点的近藤单态与两个量子点耦合形成的自旋单态的转变行为,且热电流的变化较容易地被实验所观测到。该热电流的非单调变化行为将随着双量子点系统温度的升高而逐渐消失,最终在较高的温度 $k_{\mathrm{B}}T>0.07$ meV 下保持一个有限的正值。在较高的温度下,系统的热电流不再依赖于量子点之间耦合强度,都表现为正的有限值,且随着系统温度的升高而单调增大,如图 6.18(b)所示。双量子点系统中电流为负的区域所对应的谱函数为近藤单峰结构,如图 6.18(c)所示。多电子共振隧穿辅助的热电流会随着系统温度的升高而减弱,伴随着较低的近藤峰。电流为正值的区域所对应的谱函数为劈裂的双峰结构,如图 6.18(d)所示。空穴隧穿辅助的热电流会随着系统温度的升高而减弱,伴随着较低的双峰。双量子点系统中的近藤单峰和劈裂的双峰都会随着系统温度的升高而逐渐减弱,并最终

在 $k_BT>0.07$ meV 时消失。该变化行为与双量子点系统中热电流符号转变的变化行为是一致的。

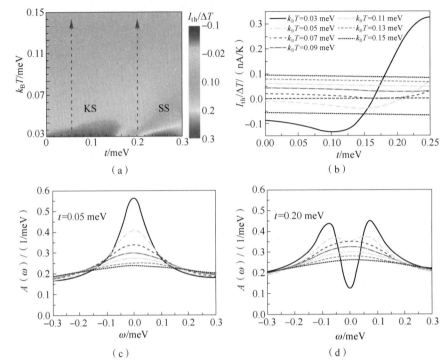

图 6.18　(a)热电流随着量子点之间耦合强度 t 和温度 k_BT 的变化相图。低温下,随着量子点之间耦合强度的增加,热电流先负的增加到最大值,后减小并最后变为正值;(b)不同温度下,热电流随着量子点之间耦合强度 t 的变化趋势;(c)弱量子点之间耦合强度下,不同温度依赖的谱函数的变化行为;(d)强量子点之间耦合强度下,不同温度依赖的谱函数的变化行为。参数为 $\varepsilon_{1,2}=-1.15$ meV,$U=2.2$ meV,$W=5.0$ meV,$\Gamma_{L/R}=0.2$ meV,$k_B\Delta T=0.002$ meV(引自文献[55])

　　总之,双量子点系统的热电输运行为表现出了比单量子点系统更为丰富的物理。弱量子点之间耦合强度下,热电流随量子点能级升高出现从负到正的变化行为。在强量子点之间耦合强度下,热电流出现符号的反转并且表现出锯齿形的振荡行为,随着量子点能级的升高出现从正到负的变化行为。该电流符号的变化可以通过弱量子点之间耦合强度下个别量子点的近藤单态和强量子点之间耦合强度下两个量子点之间形成的自旋单态的竞争机制来解释。系统的热电流和相应的谱函数随量子点之间耦合强度和温度的变化行为,清晰地给出了近藤热电输运的物理。

6.5　磁场调控下的近藤输运行为

　　当双量子点系统中施加磁场后,每个量子点中简并的能级将会由于塞曼效应而发生劈裂 $\varepsilon_{i\sigma}+\sigma\mu_B B$,这不仅对于系统的近藤效应而且对于系统的热电输运行为都将产生重要的影响[54,56]。本节内容研究磁场调控下的并联双量子点系统的近藤效应及其相关的热电输运特性,所研究的模型如图 6.19(a)所示。

这里采用的参数为 $U_1=U_2=U=2.2$ meV, $W=5.0$ meV, $\Delta_{L/R}=0.2$ meV, $k_B T=0.03$ meV 分别表示量子点的库仑相互作用、电极带宽、量子点-电极耦合强度和系统温度。这里给出系统中粒子-空穴对称点 $\varepsilon_i=-U/2$ 处零偏微分电导作为量子点之间耦合强度 t 和磁场 $\mu_B B$ 的函数的稳态图表,如图 6.19(b) 所示。发现零偏微分电导被分为三个参数区域(Ⅰ、Ⅱ 和 Ⅲ 区域)。在 Ⅰ 和 Ⅲ 区域,微分电导较弱;在 Ⅱ 区域,微分电导较强。由参数可计算系统的近藤温度为 $k_B T_K=0.076\ 5$ meV。这里所采用的系统温度 $k_B T=0.03$ meV 小于近藤温度,所以系统中将出现近藤共振现象。而且,发现上述新奇的输运行为是由系统中产生的近藤效应、量子点之间耦合强度和磁场之间的相互竞争所导致的。多体近藤共振的产生和湮灭对于系统的动力学输运行为具有重要的作用。

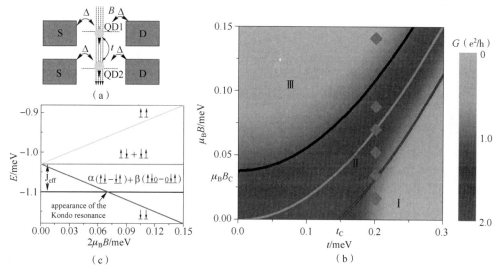

图 6.19　(a)磁场调控下的并联双量子点系统示意图;(b)粒子-空穴对称点处,零偏微分电导作为量子点之间耦合强度 t 和磁场 $\mu_B B$ 的函数的稳态图表,分为 Ⅰ、Ⅱ 和 Ⅲ 三个参数区域;(c)耦合强度 $t=0.2$ meV 下,系统的基态和第一激发态随磁场的变化行为。参数为 $W=5$ meV,$\Delta=0.2$ meV,$U=2.2$ meV,$k_B T=0.03$ meV(引自文献[56])

对于强关联双量子点系统,无论是量子点之间耦合强度 t 还是所施加的磁场 $\mu_B B$ 都会抑制系统中的近藤效应,单独一个参数都将使得谱函数(或者零偏微分电导)近藤单峰劈裂为双峰结构。对于量子点之间耦合强度 t,诱导的有效反铁磁相互作用 $J_{eff}=\sqrt{4t^2+U^2/2}-U/2$ 将使得两个量子点优先形成 $S=0$ 的轨道单重态。近藤峰开始发生劈裂的临界耦合强度 t_c 可以通过 $J_{eff}=k_B T_K/2$ 来确定,即

$$t_c=\frac{1}{2}\sqrt{\frac{(k_B T_K)^2}{4}+\frac{k_B T_K U}{2}} \tag{6.19}$$

此时,谱函数中劈裂的近藤双峰结构开始形成。对于只有磁场的情况,会使两个量子点优先形成 $S=1$ 的自旋三重态。谱函数的近藤峰随着磁场的增加也会发生劈裂行为,临界磁场定义为

$$\mu_B B_0=\frac{k_B T_K}{2} \tag{6.20}$$

上述两个临界物理量对双量子点系统是普适的,与是否为粒子-空穴对称点无关。

利用本节所采用的系统参数可以计算出上述两个临界物理量分别是:$t_c=0.146$ meV,$\mu_B B_0=0.038$ meV。同时,利用级联运动方程组方法(HEOM)可以计算出双量子点系统的谱函数。通过谱函数发生劈裂的行为也可以判断这两个临界物理量。图6.20(a)和(b)中分别给出了双量子点系统的谱函数随着量子点之间耦合强度和磁场的变化趋势。发现,临界耦合强度 t_c 定性地与近藤峰发生劈裂的行为一致。临界耦合强度 t_c 比使近藤峰劈裂的量子点之间耦合强度 t 要稍微大一些,图6.20(a)所示,这是由于在双量子点系统中存在有 t -增强的近藤效应出现的原因。另外,由谱函数发生劈裂的行为可以判断临界磁场 $\mu_B B_0$ 与近藤峰发生劈裂的磁场完全一致,图6.20(b)所示。

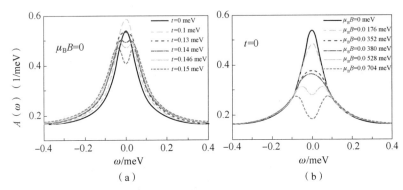

图 6.20　双量子点系统的谱函数随着量子点之间耦合强度 t(a)和磁场 $\mu_B B$(b)的变化趋势。

参数为 $W=5$ meV,$\Delta=0.2$ meV,$U=2.2$ meV,$k_B T=0.03$ meV(引自文献[56])

当双量子点系统中同时出现量子点之间耦合强度 t 和磁场 $\mu_B B$ 时,系统中会出现 $S=0$ 单重态-$S=1$ 三重态转变(S-T 转变)现象。该转变现象已经通过散射理论、费米液体理论和微扰论等理论方法证实和分析。在有限的量子点之间耦合强度(如 $t=0.2$ meV)下,双量子点系统的基态是轨道自旋单态,第一激发态是 $S_z=0,\pm1$ 的自旋三重态。当磁场施加到系统后,塞曼能将使得简并的自旋三重态发生劈裂。假设磁场方向和自旋向下的方向一致,则塞曼能使得 $S_z=-1$ 态的能量随磁场降低;$S_z=1$ 态的能量随磁场增大;$S_z=0$ 态的能量随磁场保持不变,如图6.19(c)所示。从而,不同的量子点之间耦合强度和磁场调控下会使得微分电导出现三个参数区域。在Ⅱ区域,磁场的大小与量子点之间耦合强度诱导的有效反铁磁相互作用 J_{eff} 相当。此时,系统是 $S=0$ 轨道单重态和其中一个 $S=1$ 三重态形成的混合态,使得系统中仍有部分局域磁矩能够被电极中的传导电子所屏蔽,从而形成新的近藤共振。此时,系统中具有较强的输运行为,伴随较大的微分电导。Ⅱ区域是发生 $S=0$ 单重态-$S=1$ 三重态转变的合适参数空间。但是,对于Ⅰ区域,较强的量子点之间耦合强度诱导的有效反铁磁相互作用 J_{eff} 使得两个量子点趋于形成轨道单重态,系统的谱函数形成 $\pm J_{eff}$ 处的双峰结构,伴随着较小的微分电导。对于Ⅲ区域,较强的磁场 $\mu_B B$ 使得两个量子点趋于形成自旋三重态,系统的谱函数形成 $\pm\mu_B B$ 处的双峰结构,同样伴随着较弱的微分电导。同时,这里给出微分电导稳态图表中Ⅱ区域的上下边界线为

$$J_\Delta=|J_{eff}-\mu_B B|=\frac{k_B T_K}{2} \tag{6.21}$$

图 6.19(b)中上面和下面边界线分别是

$$\mu_B B = J_{eff} + k_B T_K / 2 \qquad (6.22)$$

$$\mu_B B = J_{eff} - k_B T_K / 2 \qquad (6.23)$$

且微分电导最大值出现的条件为 $J_\Delta = 0$，匹配的磁场为

$$\mu_B B_0 = \sqrt{4t^2 + \frac{U^2}{2}} - \frac{U}{2} \qquad (6.24)$$

通过所采用的双量子点系统参数，可以求得匹配磁场为 $\mu_B B_0 = 0.070\ 4\ meV$。这里通过级联运动方程组方法（HEOM）的数值计算结果也验证了上述结果，在耦合强度为时 $t = 0.2\ meV$，磁场 $\mu_B B_0 = 0.070\ 4\ meV$ 处，系统的电导为最大。

为证明双量子点系统中量子之点间耦合强度 t 和磁场 $\mu_B B$ 之间的竞争会导致近藤效应的重现，这里计算了量子点之间耦合强度为 $t = 0.2\ meV$ 时，不同磁场下的谱函数的变化行为，如图 6.21(a)所示。可以发现，弱磁场下，量子点之间耦合强度诱导的有效反铁磁相互作用 J_{eff} 使得谱函数中出现明显的双峰结构，且双峰的高度随着磁场增加而降低，对应电导稳态图表中的 I 区域。当磁场增大到可以抵消该有效反铁磁相互作用时，即 $\mu_B B = 0.070\ 4\ meV$（满足条件 $J_\Delta = 0$），系统中的谱函数在 $\omega = 0$ 处出现了较强的近藤峰结构，与 $\pm J_{eff}$ 处的较低的双峰形成奇特的三峰结构。此时近藤效应产生，对应电导稳态图表中的 II 区域电导最强的位置。当磁场进一步增大时，磁场将抑制近藤效应并最终使得谱函数又变为较弱的双峰结构，如图 6.21(a)所示，对应电导稳态图表中的 III 区域。

上述谱函数在不同参数下的变化趋势明确说明了量子点之间耦合强度和磁场调控下近藤效应重现的物理现象，并验证了 $S = 0$ 单重态－$S = 1$ 三重态转变现象[56]。上述现象也可以通过微分电导峰的变化来获得，其可以较容易地被实验测得。这里进而给出量子点之间耦合强度为 $t = 0.2\ meV$ 时双量子点系统中不同磁场下微分电导作为偏压的函数的变化趋势，如图 6.21(b)所示。低磁场下，$V_{SD} = 0$ 处的零偏电导峰呈现典型的双峰结构，且峰的高度随着磁场增加而降低。当磁场达到 $\mu_B B = 0.070\ 4\ meV$ 与量子点之间耦合强度 $t = 0.2\ meV$ 诱导的反铁磁相互作用 J_{eff} 大小相等时，电导中出现了明显的单峰结构。电导的峰高随着磁场的进一步增加而降低，并最终在强磁场下劈裂成较弱的双峰结构。此时，系统的输运能力变得非常微弱。

这里进一步给出系统出现近藤效应重现时（$t = 0.2\ meV$，$\mu_B B = 0.070\ 4\ meV$），微分电导随温度的变化趋势，并把数值结果与解析的近藤标度曲线

$$\frac{G}{G_0} = \left(1 + \frac{c_T}{s} \times \left(\frac{T}{T_K}\right)^2\right)^{-s} \qquad (6.25)$$

进行了比较。式中 $G_0 = e^2/h$，参数取为 $s = 0.2$，$c_T = 6.2$。图 6.21(c)给出了相应的计算结果，图中圆圈表示级联运动方程组方法（HEOM）的数值结果，实线为解析近藤标度公式(6.25)的结果。可以发现数值结果与解析的近藤标度曲线符合得很好，微分电导随着温度的升高单调下降。上述单调的近藤标度行为证明了量子点之间耦合强度和磁场调控下双量子点系统中出现的近藤效应更类似自旋－1/2 的近藤效应，而不是双通道或双阶段近藤效应。

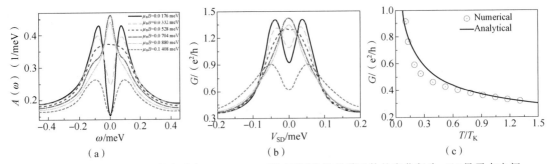

图 6.21　(a)量子点之间耦合强度 $t=0.2$ meV 下,不同磁场的谱函数的变化行为;(b)量子点之间耦合强度 $t=0.2$ meV 下,不同磁场的微分电导的变化行为;(c)量子点之间耦合强度 $t=0.2$ meV 和磁场 $\mu_B B=0.070\,4$ meV 下,零偏微分电导随温度的标度行为,参数为 $W=5$ meV,$\Delta=0.2$ meV, $U=2.2$ meV,$k_B T=0.03$ meV(引自文献[56])

　　作为近藤峰对系统温度的依赖会非常敏感,且会随着温度升高表现出普适的减弱行为。这里给出了磁场分别为 $\mu_B B=0.035\,2$ meV,$\mu_B B=0.070\,4$ meV,$\mu_B B=0.140\,8$ meV 下,不同温度下的谱函数的变化行为,如图 6.22 所示。三个磁场参数分别对应电导稳态图表中的Ⅰ、Ⅱ、Ⅲ区域。可以发现对应Ⅰ区域的低磁场 $\mu_B B=0.035\,2$ meV 下,由量子点之间耦合强度 t 诱导的反铁磁相互作用 J_{eff} 在双峰结构中起主导作用,劈裂的近藤双峰的高度较高。随着温度的升高,劈裂的近藤双峰逐渐降低,并最终在高温下消失。此时,系统中的近藤效应也在高温 $T>T_K$ 下消失,如图 6.22(a)所示。对应Ⅱ区域的中度磁场 $\mu_B B=0.070\,4$ meV 下,磁场和量子点之间耦合强度共同导致谱函数中出现三峰结构。$\omega=0$ 处的近藤峰在低温下峰高比较明显,近藤效应较强,伴随着双量子点系统中明显较强的输运行为。随着温度升高,三峰结构逐渐转变为 $\omega=0$ 处的单峰结构,且随温度升高而单调下降,这是典型的近藤峰的变化行为,如图 6.22(b)所示。这里进一步给出了强磁场 $\mu_B B=0.140\,8$ meV 下的谱函数随着温度的变化趋势,其对应电导稳态图表的Ⅲ区域,如图 6.22(c)所示。可以发现,在低温下的双峰随着温度升高而急剧消失。此时,温度对谱函数的影响几乎消失。在不同温度下,双量子点系统的谱函数几乎保持不变。

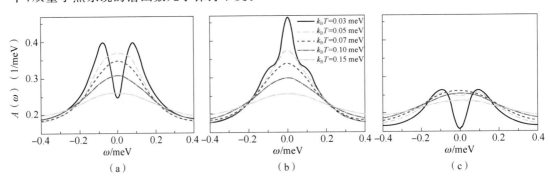

图 6.22　磁场分别为(a)$\mu_B B=0.035\,2$ meV,(b)$\mu_B B=0.070\,4$ meV 和(c)$\mu_B B=0.140\,8$ meV 时,不同温度下的谱函数的变化行为,参数为 $W=5$ meV,$\Delta=0.2$ meV,$U=2.2$ meV,$t=0.2$ meV

　　最后,为指导实验观测,这里讨论量子点之间耦合强度 t 和磁场 $\mu_B B$ 之间竞争下的热电输运特性。这里考虑系统电极施加温度差的情况,系统将产生热电流 $I_{\text{th}}=I_\uparrow+I_\downarrow$ 以及相

应的自旋极化流 $I_{sp}=I_\uparrow-I_\downarrow$。$S=0$ 单重态－$S=1$ 三重态转变的近藤共振将会对系统的热电输运特性起到重要影响。正如前面所讲,在粒子-空穴对称点 $\varepsilon_{sym}=-U/2=-1.1$ meV,系统的电子谱函数(态密度)和空穴谱函数(态密度)是一样的,电子隧穿和空穴隧穿相等,导致总的热电流为零。当系统偏离粒子-空穴对称点时,温度窗口内的电子谱函数和空穴谱函数的差值将导致系统中出现空穴型的正电流或者电子型的负电流。热电流符号的正负和幅值的大小主要决定于费米面处的近藤峰。图 6.23 分别给出了双量子点系统的热电流 I_{th} 和自旋极化流 I_{sp} 在 Ⅰ、Ⅱ、Ⅲ 三个区域随量子点能级的变化行为。系统的左右电极的温度差采用 $k_B\Delta T=0.002$ meV,量子点之间耦合强度为 $t=0.2$ meV。在参数范围在 -1.6 meV$<\varepsilon_i<$ -0.6 meV 内,双量子点系统的轨道自旋单态基态和局域自旋三重态第一激发态保持不变。定义两个量子点之间的反铁磁相互作用的基态和第一激发态之间的能量差 $J_{eff}=$ $\sqrt{4t^2+U^2/4}-U/2$ 同样保持不变。在Ⅰ区域,热电流随着量子点能级的增加表现出从正到负的变化行为,且随着磁场的增加热电流的幅值出现逐渐减小的单调变化行为,如图 6.23(a)所示。相应的自旋极化流为负值且幅值随着磁场的增加而增大,如图 6.23(d)所示。在Ⅲ区域,热电流随着量子点能级的增加同样表现从正到负的变化行为,但随着磁场的增加热电流的幅值出现逐渐增大的单调变化行为,如图 6.23(c)所示。相应的极化流也转变为正值且随着磁场的增加而减小,如图 6.23(f)所示。比较有趣的是由近藤效应占主导的Ⅱ区域,热电流随着量子点能级的增加表现从负到正的变化行为,且随着磁场的增加出现先增大后减小的非单调变化行为,如图 6.23(b)所示。相应的自旋极化流表现出小磁场下的负值到大磁场下的正值的变化行为,如图 6.23(e)所示。上述近藤效应重现现象所诱导的系统中的热电输运行为较容易地被实验观测到。

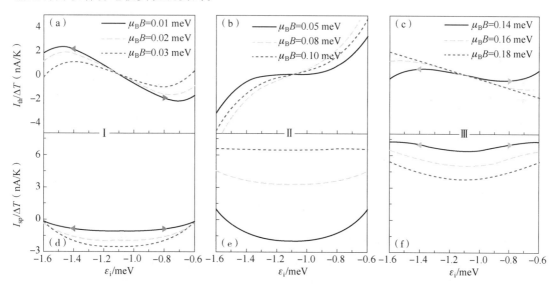

图 6.23 (a)、(b)、(c)分别为 Ⅰ、Ⅱ、Ⅲ 区域,不同磁场下热电流的变化行为;(d)、(e)、(f)分别为 Ⅰ、Ⅱ、Ⅲ 区域,不同磁场下自旋极化流的变化行为;参数为 $W=5$ meV,$\Delta=0.2$ meV,$U=2.2$ meV, $t=0.2$ meV,$k_B T=0.03$ meV(引自文献[56])

在Ⅱ区域出现丰富的热电输运行为的背后物理机制来源于近藤效应辅助的输运特性。对于 $\varepsilon_i<\varepsilon_{sym}$ 的区域,$\omega=0$ 处的近藤单峰会使得多电子共振隧穿过程辅助系统的输运行

为,导致系统出现较强的电子型的负电流。同理,对于 $\varepsilon_i > \varepsilon_{sym}$ 的区域,$\omega = 0$ 处的近藤单峰会使得多空穴共振隧穿过程辅助系统的输运行为,导致系统出现较强的空穴型的正电流。从而导致较明显的自旋极化流的变化行为。在 I 区域,较强的两个量子点之间的反铁磁相互作用 J_{eff} 会使得两个量子点趋于形成自旋单态,劈裂的双峰结构会导致热电流随着量子点能级的增加出现从正到负的变化行为。对于 III 区域,较强的磁场将使得两个量子点趋于形成自旋三重态。系统中输运热电流行为明显减弱,但是较强的磁场下会使得双量子点系统中出现明显的自旋极化流。

由郎道尔-比蒂克(Landauer-Büttiker)公式可知,电流主要有温度窗口及其窗口内的谱函数决定。由于我们选取的温度窗口非常小 $k_B \Delta T = 0.002$ meV,因此系统的热电流主要来自窗口内谱函数的贡献。这里可以定义不同自旋 σ 的电子电流 $I_{e\sigma}$ 和空穴电流 $I_{h\sigma}$ 分别为

$$I_{e\sigma} = C \int_{-k_B T}^{0} A_\sigma(\omega) \mathrm{d}\omega \tag{6.26}$$

$$I_{h\sigma} = C \int_{0}^{k_B T} A_\sigma(\omega) \mathrm{d}\omega \tag{6.27}$$

式中,C 为常数系数,$\sigma = +,-$ 分别对应系统中自旋 ↑ 和 ↓。则热电流 I_{th} 和自旋极化流 I_{sp} 分别为

$$I_{th} = I_{h\uparrow} + I_{h\downarrow} - I_{e\uparrow} - I_{e\downarrow} \tag{6.28}$$

$$I_{sp} = I_{h\uparrow} - I_{h\downarrow} - I_{e\uparrow} + I_{e\downarrow} \tag{6.29}$$

为了理解双量子点系统中上述热电流 I_{th} 和自旋极化流 I_{sp} 变化的物理机制,这里选取了 I 和 III 两个区域的两个磁场 $\mu_B B = 0.01$ meV 和 $\mu_B B = 0.14$ meV 条件下,计算了系统在量子点能级分别为 $\varepsilon_i = -1.4$ meV 和 $\varepsilon_i = -0.8$ meV 位置(图6.23(a)、(c)、(d)、(f)中三角标记)的谱函数,如图6.24所示。此时,量子点之间耦合强度为 $t = 0.2$ meV,出现较强近藤效应所对应的匹配磁场为 $\mu_B B = 0.0704$ meV。图6.24分别给出上述四个参数下自旋分别为 ↑ 和 ↓ 的谱函数,中间灰色方框表示被放大10倍的温度窗口 $k_B \Delta T = 0.002$ meV(以清晰表示其中物理)。从图中谱函数的变化可以看出,对于磁场 $\mu_B B = 0.01$ meV 和能级 $\varepsilon_i = -1.4$ meV,空穴电流 $I_{h\downarrow}$ 占主导;对于磁场 $\mu_B B = 0.01$ meV 和能级 $\varepsilon_i = -0.8$ meV,电子电流 $I_{e\uparrow}$ 占主导;对于磁场 $\mu_B B = 0.14$ meV 和能级 $\varepsilon_i = -1.4$ meV,空穴电流 $I_{h\uparrow}$ 占主导;对于磁场 $\mu_B B = 0.14$ meV 和能级 $\varepsilon_i = -0.8$ meV,电子电流 $I_{e\downarrow}$ 占主导。最终导致系统的 I 和 III 区域,热电流在 $\varepsilon_i < \varepsilon_{sym}$ 为正值,热电流在 $\varepsilon_i > \varepsilon_{sym}$ 为负值。弱磁场下,系统中出现的自旋极化流为负值,强磁场下,系统中出现的自旋极化流为正值。

最后,这里给出的磁场分别为 $\mu_B B = 0.03$ meV,$\mu_B B = 0.06$ meV,$\mu_B B = 0.10$ meV 和 $\mu_B B = 0.14$ meV,不同量子点之间耦合强度下的热电流的变化趋势,如图6.25所示。热电流正负符号的改变也是近藤共振出现和消失的强有力的信号。从电导稳态图表的边界线公式 $J_\Delta = |J_{eff} - \mu_B B| = k_B T_K / 2$ 可知,系统中出现近藤峰的条件:(1)$\mu_B B = 0.03$ meV 时,$t = 0.00$ meV,$t = 0.10$ meV,$t = 0.13$ meV,$t = 0.15$ meV 和 $t = 0.17$ meV;(2)$\mu_B B = 0.06$ meV 时,$t = 0.13$ meV,$t = 0.15$ meV,$t = 0.17$ meV 和 $t = 0.20$ meV;(3)$\mu_B B = 0.10$ meV 时,$t = 0.20$ meV。在上述条件下,系统的谱函数在 $\omega = 0$ 处出现较强的近藤峰结构,多体共振将辅助系统的输运行为,导致热电流随着量子点能级 ε_i 的升高会经历从负($\varepsilon_i < \varepsilon_{sym}$)到正($\varepsilon_i > \varepsilon_{sym}$)的变化行为。在其他的磁场和量子点之间耦合强度下,谱函数中 $\omega = 0$ 附近的明显的双峰结构将导致热电流在 $\varepsilon_i < \varepsilon_{sym}$ 时有空穴型的正电流,在 $\varepsilon_i > \varepsilon_{sym}$ 时有电子型的负电流。最终导致低磁场下,热电流随着量子点能级在弱量子点之间耦合强度下从负到正的变化行为转变为强量子点之间耦合

强度下的从正到负的变化行为,如图 6.25(a)所示。该行为随着磁场的增大将会被抑制,如图 6.25(b)和(c)所示。最终在较强磁场下,热电流几乎与量子点之间耦合强度无关,随着量子点能级的升高出现从正到负的变化趋势,如图 6.25(d)所示。

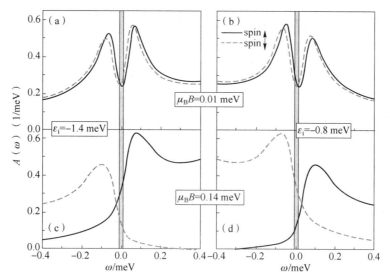

图 6.24　两个磁场(上栏)$\mu_B B = 0.01$ meV 和 $\mu_B B = 0.14$ meV(下栏)条件下,
在量子点能级分别为 $\varepsilon_i = -1.4$ meV(左栏)和 $\varepsilon_i = -0.8$ meV(右栏)位置的自旋为上和下的谱函数
变化趋势,参数为 $W = 5$ meV,$\Delta = 0.2$ meV,$U = 2.2$ meV,$t = 0.2$ meV,$k_B T = 0.03$ meV(引自文献[56])

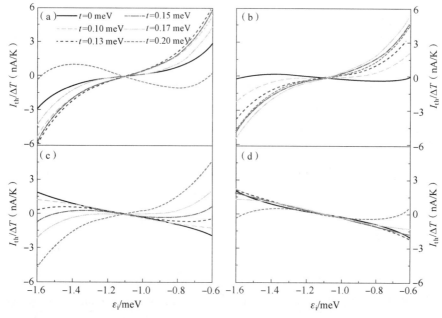

图 6.25　磁场分别为(a)$\mu_B B = 0.03$ meV,(b)$\mu_B B = 0.06$ meV,(c)$\mu_B B = 0.10$ meV 和(d)
$\mu_B B = 0.14$ meV 下,不同量子点之间耦合强度下热电流作为量子点能级的函数变化趋势,参数为
$W = 5$ meV,$\Delta = 0.2$ meV,$U = 2.2$ meV,$k_B T = 0.03$ meV(引自文献[56])

综上所述,本节研究了双量子点系统中磁场依赖的近藤热电输运行为。在量子点之间耦合强度和磁场竞争下,系统中的轨道单重态和自旋三重态会形成混合态。系统中部分局域磁矩被传导电子屏蔽形成近藤共振,并主导系统中的输运行为。通过微分电导、谱函数和热电流等给出了磁场诱导的近藤热电输运行为的清晰物理图像。

本章参考文献

[1]　WIEL W G V D, FRANCESCHI S D, ELZERMAN J M, et al. Electron transport through double quantum dots[J].Reviews of Modern Physics, 2003,75 : 1.

[2]　JEONG H, CHANG A M, MELLOCH M R. The Kondo effect in an artificial quantum dot molecule[J].Science,2001,293:2221-2223.

[3]　CHEN J C, Chang A M, MELLOCH M R. Transition between quantum states in a parallel-coupled double quantum dot[J].Physical Review Letters, 2004, 92: 176801.

[4]　ONO K, AUSTING D G, TOKURA Y, et al. Current rectification by pauli exclusion in a weakly coupled double quantum dot system[J].Science, 2002,297:1313.

[5]　FANG Tiefeng, LUO Honggang. Tuning the Kondo and Fano effects in double quantum dots[J].Physical Review B, 2010,81:113402.

[6]　SASAKI S, TAMURA H, AKAZAKI T, et al. Fano-Kondo interplay in a side-coupled double quantum dot[J].Physical Review Letters, 2009,103: 266806.

[7]　SUN FuLi, WANG YuanDong, WEI JianHua, et al. Capacitive coupling induced Kondo-Fano interference in side-coupled double quantum dots[J].China Physics B, 2020, 29: 067204.

[8]　Zhao Zhiyun, Min Y, Huang Yanyan. Photon-assisted transport through an Aharonov-Bohm ring with a side-coupled double quantum dots [J].Physica E, 2019, 114: 113589.

[9]　HATANO T, KUBO T, TOKURA Y, et al. Aharonov-Bohm oscillations changed by indirect interdot tunneling via electrodes in parallel-coupled vertical double quantum dots[J].Physical Review Letters, 2011,106:076801.

[10]　AGUADO R, LANGRETH D C. Out-of-Equilibrium Kondo Effect in Double Quantum Dots [J].Physical Review Letters,2000, 85:1946.

[11]　HATANO T, STOPA M, TARUCHA S. Single-electron delocalization in hybrid vertical lateral double quantum dots[J].Science, 2005,309:268.

[12]　OOSTERKAMP T H, FUJISAWA T, WIEL W G V D, et al. Microwave spectroscopy of a quantum-dot molecule [J].Nature, 1998, 395: 873.

[13]　FUJISAWA T, TARUCHA S. Multiple photon assisted tunneling between two coupled quantum dots[J].Japanese Journal of Applied Physics,1997, 36: 4000-4003.

[14]　WAUGH F R, BERRY M J, Mar D J, et al. Single-electron charging in double and triple quantum dots with tunable coupling[J].Physical Review Letters, 1995, 75: 705-708.

[15] BLICK R H, HAUG R J, WEIS J, et al. Single-electron tunneling through a double quantum dot: The artificial molecule[J].Physical Review B, 1996, 53: 7899-7902.

[16] BLICK R H, PFANNKUCHE D, HAUG R J, et al. Formation of a coherent mode in a double quantum dot[J]. Physical Review Letters, 1998, 80: 4032-4035.

[17] DICARLO L, LYNCH H J, JOHNSON A C, et al. Differential charge sensing and charge delocalization in a tunable double quantum dot[J].Physical Review Letters, 2004, 92: 226801.

[18] WANG Xin, YANG Shuo, SARMA S D. Quantum theory of the charge-stability diagram of semiconductor double-quantum-dot systems[J]. Physical Review B, 2011, 84:115301.

[19] IZUMIDA W, SAKAI O. Two-impurity Kondo effect in double-quantum-dot systems: Effect of interdot kinetic exchange coupling[J].Physical Review B, 2000, 62:10260.

[20] POTOK R M, RAU I G, SHTRIKMAN H, et al. Observation of the two-channel Kondo effect, Nature,2007, 446 :167-171.

[21] KELLER J, AMASHA S, WEYMANN I,et al.Emergent SU(4) Kondo physics in a spin-charge-entangled double quantum dot [J]. Nature Physics, 2014, 10: 145-150.

[22] ROCH N, FLORENS S, COSTI T A, et al. Observation of the underscreened Kondo effect in a molecular transistor [J]. Physical Review Letters, 2009, 103: 197202.

[23] PAN Lei, WANG YuanDong, LI ZhenHua, et al. Kondo effect in double quantum dots with ferromagnetic RKKY interaction. Journal of Physics: Condensed Matter, 2017, 29(2):025601.

[24] MEHTA P, ANDREI N, COLEMAN P, et al. Regular and singular Fermi-liquid fixed points in quantum impurity models[J].Physical Review B, 2005, 72: 014430.

[25] JONES B A, VARMA C M, WILKINS J W. Low-temperature properties of the two-impurity kondo hamiltonian[J].Physical Review Letters, 1988,61:125.

[26] GALPIN M R, LOGAN D E, KRISHNAMURTHY H R. Quantum phase transition in capacitively coupled double quantum dots[J].Physical Review Letters, 2005,94: 186406.

[27] MITCHELL A K, SELA E, LOGAN D E. Two-channel Kondo physics in two-impurity Kondo models[J].Physical Review Letters, 2012,108: 086405.

[28] OREG Y, GOLDHABER-GORDON D. Physics of zero- and one-dimensional nanoscopic systems[M].Heidelberg: Springer, Berlin, 2007.

[29] JAYAPRAKASH C, KRISHNA-MURTHY H R, J. W. Wilkins. Two-Impurity Kondo Problem[J].Physical Review Letters, 1981,47: 737.

[30] GARST M, KEHREIN S, PRUSCHKE T, et al. Quantum phase transition of Ising-coupled Kondo impurities[J].Physical Review B, 2004,69:214413.

[31] SIMON P, LÓPEZ R, OREG Y. Ruderman-Kittel-Kasuya-Yosida and magnetic-field interactions in coupled Kondo quantum dots[J]. Physical Review Letters, 2005,94: 086602.

[32] KONIK R M. Kondo physics and exact solvability of double dots systems[J]. Physical Review Letters, 2007,99: 076602.

[33] PETTA J R, JOHNSON A C, TAYLOR J M, et al. Coherent manipulation of coupled electron spins in semiconductor quantum dots[J].Science, 2005,309:2180.

[34] NADJ-PERGE S, FROLOV S M, BAKKERS E P A M, et al. Spin-orbit qubit in a semiconductor nanowire[J].Nature,2010, 468 :1084.

[35] LI ZhenHua, CHENG YongXi, WEI JianHua, et al. Kondo-peak splitting and resonance enhancement caused by interdot tunneling in coupled double quantum dots[J].Physical Review B, 2018, 98:115133.

[36] CHENG YongXi, HOU WenJie, WANG YuanDong, et al. Time-dependent transport through quantum-impurity systems with Kondo resonance[J].New Journal of Physics, 2015,17:033009.

[37] TÓTH A I, BORDA L, DELFT J V, et al. Dynamical conductance in the two-channel Kondo regime of a double dot system [J]. Physical Review B, 2007, 76:155318.

[38] NILSSON M, BOSTRÖM F V, LEHMANN S, et al. Tuning the two-electron hybridization and spin states in parallel-coupled InAs quantum dots[J]. Physical Review Letters, 2018,121: 156802.

[39] KRYCHOWSKI D, LIPIŃSKI S. Spin-orbital and spin Kondo effects in parallel coupled quantum dots[J].Physical Review B, 2016,93:075416.

[40] LÓPEZ R, AGUADO R, PLATERO G. Nonequilibrium transport through double quantum dots: Kondo effect versus antiferromagnetic coupling[J].Physical Review Letters, 2002,89:136802.

[41] FUJISAWA T, HAYASHI T, SASAKI S. Time-dependent single-electron transport through quantum dots[J].Reports on Progress in Physics, 2006,69:759-796.

[42] BEENAKKER C W J, STARING A A M. Theory of the thermopower of a quantum dot[J].Physical Review B, 1992,46:9667.

[43] STARING A A M, MOLENKAMP L W, ALPHENAAR B W, et al. Coulomb-blockade oscillations in the thermopower of a quantum dot[J].Europhysics Letters, 1993,22:57-62.

[44] DZURAK A S, SMITH C G, PEPPER M, et al. Observation of Coulomb blockade oscillations in the thermopower of a quantum dot[J].Solid State Communications, 1993, 87:1145.

[45] SIERRA M A, SÁNCHEZ D. Strongly nonlinear thermovoltage and heat dissipation in interacting quantum dots[J].Physical Review B, 2014,90:115313.

[46] SCHEIBNER R, NOVIK E G, BORZENKO T, et al. Sequential and cotunneling behavior in the temperature-dependent thermopower of few-electron quantum dots [J].Physical Review B, 2007,75:041301(R).

[47] SVILANS A, JOSEFSSON M, BURKE A M, et al. Thermoelectric characterization of the Kondo resonance in nanowire quantum dots[J]. Physical Review Letters, 2018, 121:206801.

[48] YE LvZhou, HOU Dong, WANG Rulin, et al. Thermopower of few-electron quantum dots with Kondo correlations[J].Physical Review B, 2014,90:165116.

[49] CHENG YongXi, LI ZhenHua, WEI JianHua, et al. Kondo resonance assisted thermoelectric transport through strongly correlated quantum dots [J]. Science China-Physics Mechanics & Astronomy, 2020,63:297811.

[50] JOHNSON A C, PETTA J R, TAYLOR J M, A. et al. Triplet-singlet spin relaxation via nuclei in a double quantum dot[J].Nature, 2005,435:925.

[51] SIERRA M A, LÓPEZ R, LIM J S. Thermally driven out-of-equilibrium two-impurity Kondo system[J].Physical Review Letters, 2018,121:096801.

[52] MAZAL Y, MEIR Y, DUBI Y. Nonmonotonic thermoelectric currents and energy harvesting in interacting double quantum dots [J]. Physical Review B 2019, 99:075433.

[53] MISIORNY M, WEYMANN I, BARNAŚ J. Underscreened Kondo effect in S=1 magnetic quantum dots: Exchange, anisotropy, and temperature effects [J]. Physical Review B, 2012, 86 :245415.

[54] MISIORNY M, WEYMANN I, BARNAŚ J. Interplay of the Kondo effect and spin-polarized transport in magnetic molecules, adatoms, and quantum dots[J]. Physical Review Letters, 2011,106:126602.

[55] CHENG YongXi, LI ZhenHua, WEI JianHua, et al. Thermoelectric transport through strongly correlated double quantum dots with Kondo resonance[J].Physics Letters A, 2021,415:127657.

[56] CHENG YongXi, LI ZhenHua, ZHENG Xiao, et al. Magnetic Field dependent Kondo Transport through Double Quantum Dots System[J].Annalen der Physik (Berlin), 2022,534:2100439.

[57] COSTI T A, ZLATIĆ V. Thermoelectric transport through strongly correlated quantum dots[J].Physical Review B, 2010,81:235127.

[58] WÓJCIK K P, WEYMANN I. Thermopower of strongly correlated T-shaped double quantum dots[J].Physical Review B, 2016,93:085428.

[59] DONSA S, ANDERGASSEN S, HELD K. Double quantum dot as a minimal thermoelectric generator[J].Physical Review B, 2014,89:125103.

[60] MAZAL Y, MEIR Y, DUBI Y. Nonmonotonic thermoelectric currents and energy harvesting in interacting double quantum dots [J]. Physical Review B, 2019, 99:075433.

第 7 章 三量子点系统中的近藤效应和输运特性

7.1 三量子点系统的研究进展

7.1.1 三量子点系统的实验研究

自 2006 年在实验上基于二维电子气制备出三量子点设备之后[1]，这个领域就更加吸引了众多的理论和实验工作者。原因在于三量子点系统除了具有单量子点和双量子点中类似的基本物理过程外，还具有后两者所没有的新奇物理现象和性质，例如不同耦合形状的拓扑性以及三角形耦合中的自旋阻挫等。当然，引人注目的还有其中的近藤问题和非费米液体行为。理论上，通过数值重整化群方法的计算已经预言了三角形耦合的三量子点系统中不同的两两之间自旋耦合可以导致出现双杂质近藤效应、双通道近藤效应和自旋阻挫反铁磁态等丰富的物理现象。所以，对于三量子点系统的研究，特别是三量子点系统中多体现象的研究必定会为实验上制备多量子点纳米器件提供理论基础和指导。

三量子点系统是研究多杂质问题的第一步，同时也是为研究量子比特、阻挫和量子隐形输运等量子现象提供理想平台的简单系统。对三量子点更多的应用在量子计算和量子信息领域，这是由于三量子点系统具有较多的耦合自由度和几何构型。三量子点系统将会导致更多的有趣的物理现象，比如法诺-近藤共振[2]、阿哈罗诺夫-玻姆（Aharonov-Bohm）振荡[3]、量子相变[4]、近藤效应[5]以及非费米液体行为[6]等。所以，三量子点系统将是研究近藤效应和非费米液体行为等多体物理问题的理想体系。最近，实验上研究了三量子点系统中的超交换阻塞和长程的自旋输运现象[7-8]。考虑自旋-轨道耦合相互作用，三量子点栅的自旋输运特性被研究和分析，自旋-轨道耦合相互作用会导致三量子点栅中自旋流的振荡行为[9]。

对于三量子点的实验研究，戈德罗（Gaudreau）等人于 2006 年在二维电子气上通过调节合适的栅压首次制备出了三量子点设备[1]，并利用电荷探测技术给出了四重简并点的稳态图表，如图 7.1 所示。此后，关于三量子点设备的实验研究大量涌现。2007 年，串联的三量子点在 GaAs/AlGaAs 异质结面上成功地被制备，该实验还描绘了该结构的稳态图表的三维特性[10-11]。能够调节电子个数的串联三量子点设备在 2009 年被制备成功，通过利用量子点接触技术作为探测器描述了不同电子数的电荷稳态图表，并发现了在特殊结构下比较复杂的电荷输运现象[12]。三个量子点侧联耦合分布或三角几何分布等构型的设备以及相应的稳态图表都通过实验方法可以得到[13-15]。等边的三角构型[16]和共线的三量子点[17]在双栅 GaAs/Al$_{0.3}$Ga$_{0.7}$As/GaAs/Al$_{0.3}$Ga$_{0.7}$As/GaAs 隧穿结构上被制备,并通过扫描源-漏电压和栅压测量出了电导的比较复杂的变化行为[18]。

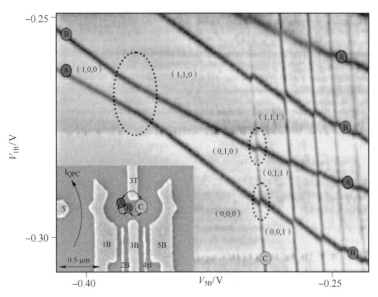

图 7.1　二维电子气上制备的三量子点设备及其四重简并点的稳定图表(引自文献[1])

　　三量子点系统因其较多的自由度和较多的几何构型,实验上出现了许多新奇的物理现象。在此,主要介绍最近的实验上观测到的电荷阻挫现象[19]和双极自旋阻塞现象[20]。如图 7.2(a)所示,在三角构型的三量子点系统中,量子点之间存在反铁磁耦合相互作用时,当量子点 1 和量子点 2 分别为自旋向上和向下的电子占据时,量子点 1 会使量子点 3 的电子自旋向下,而量子点 2 会使量子点 3 的电子自旋为上,同位旋的阻挫可以在量子点 3 上被观察到,称为电荷阻挫[19]。2013 年,电荷阻挫现象首次在三角构型的三量子点系统中被发现,量子点系统不同的几何结构会诱导电荷阻挫现象,从而会导致基态六重简并点存在相同方向的电荷输运,而在非平庸的三重简并点则只是在量子点 1 和量子点 2 上存在电流的输运,量子点 3 则表现为库仑阻塞,如图 7.2(b)所示。同时,当电极和量子点之间的耦合大小不同时,会表现出不同的输运性质。

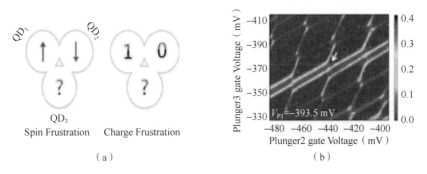

（a）　　　　　　　　　　（b）

图 7.2　(a)三角构型量子点中自旋和电荷阻挫示意图;
(b)三角构型量子点中电荷阻挫下的电导信号(引自文献[19])

由泡利不相容原理所导致的自旋阻塞现象在串联双量子点系统中已经被很好地观察和证实。通过测量不同门电压下的电流信号,描绘了自旋阻塞区域,并给出了实现自旋阻塞的条件。2013 年,通过调控磁场首次在实验上实现了串联三量子点系统中双极自旋阻塞现象[20]。在串联三量子点系统中自旋阻塞比双量子点系统的更强,电流被强烈地抑制。在无磁场时,奥佛豪塞(Overhauser)效应场会导致系统的单态和三重态的叠加,以及超精细诱导的自旋翻转过程,会辅助电流的输运,从而产生漏电流的信号。当存在磁场时,磁场将阻断单态与三重态的叠加,从而实现了自旋阻塞现象,系统中的隧穿电流被抑制,如图 7.3 所示。

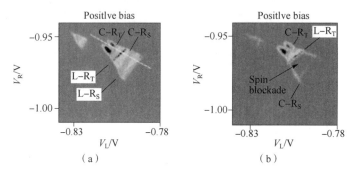

图 7.3 (a)无磁场下,串联三量子点中漏电流信号;
(b)加磁场下,串联三量子点中自旋阻塞现象(引自文献[20])

此外,关于三量子点系统中的自旋翻转的长程输运、双通道近藤效应和铁磁近藤共振等现象不断被实验工作者所关注和研究[21-29],并从理论上对三量子点系统中出现的新奇量子现象进行模拟和解释。

7.1.2 三量子点系统的理论研究

三量子点系统的理论研究也已成为凝聚态物理和量子信息领域的新热点。薛(C. Y. Hsieh)等人在 2012 年发表的物理学进展报告(Reports on Progress in Physics)(V75,P1-35)的综述文章对此进行了评述[23]。三量子点系统中丰富的物理正在被理论工作者所挖掘,包括:手征自旋态、自旋流、混合价键和超导等性质。研究的模型包括三杂质的哈伯德哈密顿量模型、类安德森模型和 t-J 模型等。方法上大都采用数值重整化群(NRG)、影响泛函理论(Influence Functional Theory)、非平衡格林函数(NEGF)和主方程(Master Qquation)等。研究内容大多集中在基态的稳定图表、拓扑性、输运性质和近藤问题等领域[30-33]。对于孤立的三量子点系统,理论上研究了不同几何结构、磁场等限制条件下的电子和自旋的性质。对二次量子化后的哈密顿量,采用实空间-相互作用组合(RSP-CI)方法和原子轨道线性组合(LCAO)方法研究不同电子个数、不同构型下的能谱特性。对于与电极耦合的三量子点系统,理论上关注和研究的领域比较广泛,包括:不同构型下的量子输运[30]和非费米液体行为[25]等。

目前,现有的微扰论方法(比如非平衡函数)和数值方法(比如密度矩阵重整化群)在研究三量子点系统的问题上还有困难,特别是对于电子强关联作用的处理仍需要近似。因此,发展精确求解多体薛定谔方程的数学方法来解决强关联问题具有重要意义。特别是解析手段和数值工具这两种方法结合来精确求解强关联电子系统,并深入研究三量子点系统中的相关物理性质仍是现阶段的重要研究课题之一。

7.2 三量子点中的近藤效应研究现状

目前,对于三量子点系统的近藤问题研究得还不算太多,理论工作有一些,而实验上在三量子点中研究近藤问题的还是较少。三量子点系统中的近藤物理的理论研究现状主要包括:国际上英国帝国理工学院的休森(C. Hewson)研究组和牛津大学的洛根(D. E. Logan)研究组,加拿大不列颠哥伦比亚大学的阿弗莱克(I. Affleck)研究组,德国哥廷根大学的 R. Žitko 研究组以及美国俄亥俄州立大学的 S. E. Ulloa 研究组等,目前国内有些课题组已经开展了三量子点系统的研究,如采用非平衡格林函数研究量子杂质模型的有北京大学课题组、山西大学课题组和兰州大学课题组等;采用数值重整化群方法研究的有中国人民大学课题组、清华大学课题组、兰州大学课题组和武汉大学课题组等;采用密度矩阵重整化群方法研究的有中科院物理所课题组和上海交通大学课题组等;采用量子蒙特卡洛方法研究的有北京计算科学研究中心课题组、浙江大学课题组、北京师范大学课题组和中国人民大学课题组等。特别是武汉大学的王为忠课题组对三量子点近藤问题进行了数值重整化群计算,华中科技大学的姚凯伦课题组对三量子点量子输运进行了非平衡格林函数计算等。

国内外的这些工作初步揭示了三量子点系统中近藤物理的一些新特征。库兹曼科(T. Kuzmenko)、基科因(K. Kikoin)和艾唯莎(Y. Avishai)在 2003 年理论上研究了弱耦合条件下串联三量子点系统中存在的双通道近藤效应,并提出处于双通道区域的量子点系统,在外加偏压条件下,会出现奇异的电流振荡行为[24]。凯文(Kevin Ingersent)等人利用共形场理论研究了三角-三杂质近藤模型,在半整数的杂质自旋中存在阻挫的反铁磁相互作用[25]。标志性的工作是 Rok Žitko. J 等人在 2006 年利用限制路径蒙特卡罗方法(constrained path Monte Carlo)给出三量子点系统中近藤区域的相图以及电导、电荷涨落和自旋-自旋关联函数的变化行为[5]。一个非费米液体相产生于磁阻挫和近藤物理的相互竞争下,该相具有稳定性、非粒子-空穴对称和各向异性的特点。另一理论工作利用数值重整化群方法讨论了串联三量子点中的费米液体和非费米液体行为[6]。在奇数电子占据的串联的三量子点系统中存在双通道的近藤物理,在较宽的温度范围内,系统显示双通道的近藤效应和一定参数下的非费米液体行为[34-35]。从局域磁矩向分子轨道行为的转变过程中将产生近藤物理,而且不同耦合参数下的零温相图被给出。但是由于其方法的局限性,对有限温度下的近藤物理的行为并没有研究。

江兆潭等人利用隶玻色子平均场近似方法研究了串联三量子点系统中边带量子点 1 的近藤单态和中间量子点 2 的裸态相干叠加形成的近藤效应,出现了电导的不对称峰和负电导等输运特性[26]。但是,当中间量子点 2 考虑有限的库仑相互作用时,隶玻色子平均场近似方法将会失效。同时,文献中对其他构型的三量子点系统中的近藤效应和谱特性也进行了广泛地研究,例如:平行三量子点[27]、三角构型三量子点[28-29]、镜像对称三量子点[30-31]等。米切尔(A. K. Mitchell)等人给出了三角构型的三量子点系统的相图,并且研究了阻挫和近藤效应的相互作用[32]。铁磁和反铁磁近藤物理相以及双通道的近藤物理在三角构型和镜面对称构型的三量子点系统中被研究[22,33,34,35]。同时,由于不同的电子数目,在三角构型的三量子点系统中还发现了有趣的 SU(3) 近藤效应[36]和 SU(4) 近藤效应[29]。上述这些工作初步揭示了三量子点系统中近藤物理的一些新特征,不过同时也受限于其方法的计算精度和难度,而难以开展更加系统和深入的研究。作为多体现象,近藤效应在多杂质的量子输运中具有重要的作用。所以,对三量子点系统中近藤问题的系统研究必将为实验提供理论指导。

本章将充分考虑三个量子点中不同的物理参量,利用级联运动方程组方法(HEOM)探究串联三量子点系统中的近藤效应、近藤云及其相关热力学和动力学输运特性。该三量子点系统中出现的不同于单量子点和双量子点的新奇的近藤物理也将会在本章中详细探讨。

7.3　对称串联三量子点系统中的近藤效应

图 7.4 给出了本节所研究的串联三量子点模型的示意图,两个边侧的量子点(1 和 3)直接与电极相连,中间量子点(2)并不与电极直接相连。这三个局域的量子点组成我们感兴趣的开放系统,巡游电子库被视为环境。该系统的总哈密顿量为 $H = H_{\text{dots}} + H_{\text{leads}} + H_{\text{coupling}}$,其中三个量子点部分:

$$H_{\text{dots}} = \sum_{\sigma, i=1,2,3} \epsilon_{i\sigma} \hat{a}_{i\sigma}^\dagger \hat{a}_{i\sigma} + U_i n_{i\sigma} n_{i\bar\sigma} + \sum_\sigma (t_{12} \hat{a}_{1\sigma}^\dagger \hat{a}_{2\sigma} + t_{23} \hat{a}_{2\sigma}^\dagger \hat{a}_{3\sigma} + \text{H.c.}) \quad (7.1)$$

这里 $\hat{a}_{i\sigma}^\dagger (\hat{a}_{i\sigma})$ 为量子点 i 上具有能量 $\epsilon_{i\sigma} (i=1,2,3)$ 的自旋 $-\sigma$ 电子的产生(湮灭)算符,$n_{i\sigma} = \hat{a}_{i\sigma}^\dagger \hat{a}_{i\sigma}$ 是量子点 i 上电子数算符,U_i 为量子点内电子 σ－电子 $\bar\sigma$(σ 的相反符号)库仑相互作用,$t_{12}(t_{23})$ 是量子点 1(3) 和量子点 2 直接的耦合强度,为计算方便,在模型中取 $t_{12} = t_{23} = t$。

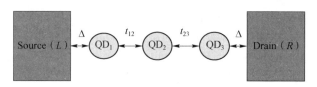

图 7.4　对称串联三量子点模型

接下来的计算中,电极被处理为无相互作用的费米库:

$$H_{\text{leads}} = \sum_{k,\mu,\alpha=\text{L,R}} \epsilon_{k\alpha} \hat{d}_{k\mu\alpha}^\dagger \hat{d}_{k\mu\alpha} \quad (7.2)$$

电极与量子点系统的耦合项为

$$H_{\text{coupling}} = \sum_{k\mu\alpha} t_{k\mu\alpha} \hat{a}_\mu^\dagger \hat{d}_{k\mu\alpha} + \text{H.c.} \quad (7.3)$$

式中,$t_{k\mu\alpha}$ 为传输矩阵元,$\epsilon_{k\alpha}$ 是 α 电极中具有波矢 k 的电子的能量,$\hat{d}_{k\mu\alpha}^\dagger (\hat{d}_{k\mu\alpha})$ 为 α 库中能量 $\epsilon_{k\alpha}$ 的电子的产生(湮灭)算符。为描述电极与量子点系统的耦合项的统计特性,利用该耦合哈密顿量在库 H_{leads} 的相互作用绘景下的描述,电极对量子点系统的作用可以通过杂化函数去描述。

7.3.1　孤立三量子点本征值求解

对于不考虑电极以及量子点系统和电极耦合部分的孤立三量子点体系,哈密顿量可以详细写为

$$H_{\text{dots}} = \epsilon_1 n_1 + \epsilon_2 n_2 + \epsilon_3 n_3 + U(n_{1\uparrow}n_{1\downarrow} + n_{2\uparrow}n_{2\downarrow} + n_{3\uparrow}n_{3\downarrow}) -$$
$$t(\hat{a}_{1\uparrow}^{\dagger}\hat{a}_{2\uparrow} + \hat{a}_{2\uparrow}^{\dagger}\hat{a}_{1\uparrow} + \hat{a}_{1\downarrow}^{\dagger}\hat{a}_{2\downarrow} + \hat{a}_{2\downarrow}^{\dagger}\hat{a}_{1\downarrow} + \hat{a}_{2\uparrow}^{\dagger}\hat{a}_{3\uparrow} +$$
$$\hat{a}_{3\uparrow}^{\dagger}\hat{a}_{2\uparrow} + \hat{a}_{2\downarrow}^{\dagger}\hat{a}_{3\downarrow} + \hat{a}_{3\downarrow}^{\dagger}\hat{a}_{2\downarrow}) \tag{7.4}$$

式中,令每个量子点内电子 σ—电子 $\bar{\sigma}$ 库仑相互作用相等,且都为 U。量子点 1(3) 和量子点 2 直接的耦合强度都相等 $t_{12} = t_{23} = t$。这里考虑系统中电子数为 3 的情况下,低能态的 9 个基矢分别取为

$$|\uparrow, \uparrow, \downarrow\rangle, |\uparrow, \downarrow, \uparrow\rangle, |\downarrow, \uparrow, \uparrow\rangle, |\uparrow\downarrow, \uparrow, 0\rangle, |\uparrow\downarrow, 0, \uparrow\rangle, |\uparrow, \uparrow\downarrow, 0\rangle,$$
$$|0, \uparrow\downarrow, \uparrow\rangle, |\uparrow, 0, \uparrow\downarrow\rangle, |0, \uparrow, \uparrow\downarrow\rangle$$

该子空间对应的哈密顿量矩阵为

$$\begin{pmatrix}
3\epsilon & 0 & 0 & 0 & 0 & t & 0 & -t & 0 \\
0 & 3\epsilon & 0 & 0 & t & t & -t & -t & 0 \\
0 & 0 & 3\epsilon & 0 & t & 0 & -t & 0 & 0 \\
0 & 0 & 0 & 3\epsilon+U & -t & t & 0 & 0 & 0 \\
0 & t & t & -t & 3\epsilon+U & 0 & 0 & 0 & 0 \\
t & t & 0 & t & 0 & 3\epsilon+U & 0 & 0 & 0 \\
0 & -t & -t & 0 & 0 & 0 & 3\epsilon+U & 0 & t \\
-t & -t & 0 & 0 & 0 & 0 & 0 & 3\epsilon+U & -t \\
0 & 0 & 0 & 0 & 0 & 0 & t & -t & 3\epsilon+U
\end{pmatrix} \tag{7.5}$$

通过对角化上述 9×9 的矩阵可近似得到孤立三量子点体系的本征值和本征能量。这里以参数: $\epsilon_{i=1,2,3} = -1.0$ meV, $U = 2.0$ meV,计算了孤立三量子点体系的本征能量随量子点之间耦合强度的变化趋势,如图 7.5 所示。发现体系的本征能量随着量子点之间耦合强度的增大会发生退简并,形成 18 条能级。且有 14 条能级(部分为简并能级)随着量子点之间耦合强度的增加会发生升高或者降低的变化趋势,使得系统在有限的量子点之间耦合强度下发生激发态能级的交叉行为。在所采取的参数范围内,系统基态的能级会保持不变,但是激发态能级发生了交叉。

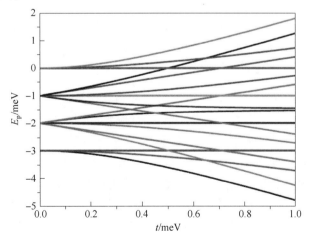

图 7.5　孤立三量子点体系的本征能量随量子点之间耦合强度的变化趋势,
参数为 $\epsilon_{i=1,2,3} = -1.0$ meV, $U = 2.0$ meV

7.3.2 三量子点系统中近藤效应的重现

这里利用级联运动方程组方法（HEOM）给出了图7.4中的串联开放三量子点系统的数值结果。该模型中，假设三个量子点为全同量子点，而且每一个量子点拥有粒子-空穴对称。在计算过程中，对于这三个量子点采用了以下相同的参数设置：$\epsilon_i(i=1,2,3)=-1.0$ meV和$U_i(i=1,2,3)=2.0$ meV。图7.6给出了不同量子点之间耦合强度t下，串联三量子点系统的每个量子点的谱函数$A(\omega)$作为频率ω的变化趋势。量子点-电极耦合强度为$\Delta=0.2$ meV，电极的带宽为$W=2.0$ meV，以及系统的温度为$k_BT=0.03$ meV。

可以发现在弱量子点之间耦合强度t下，三个量子点的谱函数都只在$\omega=0$处出现单近藤峰。随着量子点之间耦合强度t的增加，量子点1（3）的谱函数中出现了从单近藤共振峰向双峰结构的连续过渡变化。比较令人惊奇的是，在强量子点之间耦合强度t下，量子点1（3）中出现了近藤效应的重现现象，如图7.6（a）所示，即谱函数中出现了三峰结构。而且随着t的增加，在$\omega=0$处的中心近藤峰的宽度和高度都会增大。但是，对于中间量子点2，随着t的增加，近藤峰逐渐消失，如图7.6（b）所示。当在量子点之间耦合强度t非常大的情况下，串联三量子点模型中态密度中只有$\omega=0$处的单峰结构，另外两个峰会被猝灭，如图7.7所示。

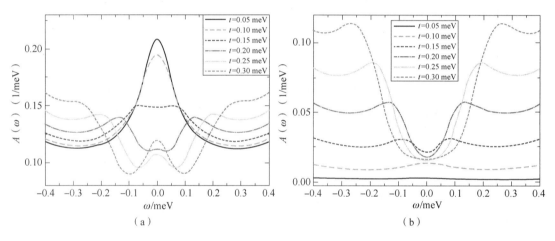

（a）　　　　　　　　　　　　　　　　　（b）

图7.6　不同量子点之间耦合强度t下，量子点1（3）[图（a）]和量子点2[图（b）]的谱函数$A(\omega)$的变化趋势，参数为$\epsilon_i(i=1,2,3)=-1.0$ meV，$U_i(i=1,2,3)=2.0$ meV，$W=2.0$ meV，$\Delta=0.2$ meV，$k_BT=0.03$ meV（引自文献[37]）

下面分析并描绘三量子点系统中整个变化的物理图像。在量子点之间耦合强度比较弱时，例如量子点之间耦合强度$t=0.05$ meV，量子点-电极之间的耦合相对比较强（$\Delta=0.2$ meV），量子点1（3）倾向于被电极中的传导电子所屏蔽，从而形成各自的近藤单态。如图7.8（a）中的上半部分所示，分别被左右电极的传导电子所屏蔽的量子点1（3）的磁矩在整个系统中占主导地位。从而谱函数显示类似于单量子点的近藤行为，一个近藤单峰出现在量子点1和量子点3上。同时，左右电极分别和量子点1、3形成有效的环境来屏蔽量子点2的自旋，从而在量子点2上也出现了比较低的单峰结构[37]。对于量子点2来说，这个环境比较微弱，所以该近藤单峰也比较小。例如：在耦合强度$t=0.10$ meV时，量子点1（3）的近藤峰的高度为0.19 meV^{-1}，而量子点2的近藤峰高仅为0.02 meV^{-1}。

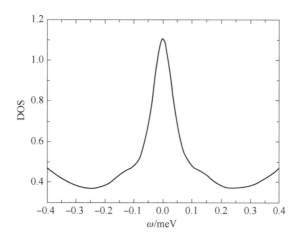

图 7.7　极大耦合强度 $t=4.00$ meV 下，对称串联三量子点体系的态密度，参数为 $\epsilon_i(i=1,2,3)=$ -1.0 meV，$U_i(i=1,2,3)=2.0$ meV，$W=2.0$ meV，$\Delta=0.2$ meV，$k_B T=0.03$ meV(引自文献[37])

　　随着量子点之间耦合强度 t 的增加，相邻量子点的自旋逐渐形成反平行排列，三个量子点逐渐形成反铁磁序的$|\downarrow,\uparrow,\downarrow\rangle$或$|\uparrow,\downarrow,\uparrow\rangle$结构。如图 7.8(a)的下半部分所示，三个局域磁矩通过 $J_{eff}=4t^2/U$ 形成一个非常稳固的反铁磁自旋链。当量子点 1 中的一个电子发生自旋翻转后，会使得三量子点系统产生一个高能激发态。当电极中与量子点 1 自旋相反的电子跃迁到量子点系统上时，会打破该反铁磁自旋链并且使得整个三量子点系统的能量增加 $J_{eff}=4t^2/U$。从而导致在 $\omega\sim\pm J_{eff}$ 处出现两个劈裂的双峰。这是量子点之间的反铁磁序与量子点 1(3)的近藤单态竞争的结果。为了证明上述过程，图 7.8(b)给出了孤立串联三量子点系统的基态(G)与第一激发态(E_1)的能量差。可以发现该能量差随着耦合强度 t 的变化与 $J_{eff}=4t^2/U$ 比较一致。从而证明量子点中谱函数在 $\omega\sim\pm J_{eff}$ 处发生劈裂的物理来源。

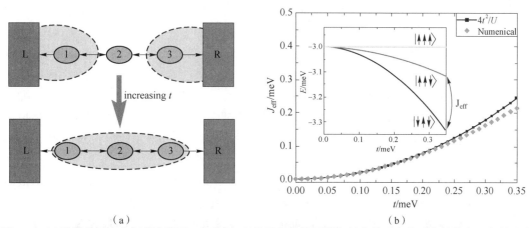

图 7.8　(a)随着量子点之间耦合强度 t 的增加，三量子点结构逐渐由每个量子点的近藤单态向三个量子点形成的束缚态的变化；(b)孤立串联三量子点系统的基态(G)与第一激发态(E_1)的能量差和 $J_{eff}=4t^2/U$ 的比较。内插图为孤立系统最低的三个能级随耦合强度 t 的变化，参数为 $\epsilon_i(i=1,2,3)=-1.0$ meV，$U_i(i=1,2,3)=2.0$ meV

当量子点之间耦合强度 t 继续增加后,在量子点 1(3) 谱函数的 $\omega = 0$ 处出现了另外的单峰近藤共振。这个近藤共振重现的现象可以通过以下物理机制来理解:作为反铁磁序的自旋链,整个体系拥有一局域磁矩。由于该自旋链的量子点个数为奇数,使得在整个系统中有剩余自旋 $-\frac{1}{2}$。该剩余的自旋 $-\frac{1}{2}$ 仍可以被电极中的巡游电子所屏蔽。最终,作为整体屏蔽的结果,在 $\omega = 0$ 处出现了近藤效应的重现。量子点 1(3) 的近藤单态和屏蔽的剩余的自旋 $-\frac{1}{2}$ 的局域磁矩是形成谱函数中三峰结构的原因。这时,欠屏蔽近藤效应出现,该系统的基态被称为奇异费米液体。当然,当量子点之间耦合强度非常大时,局域电子属于整个三量子点系统,并且趋于巡游性。每一个量子点的谱函数不再能够准确地描述该系统的物理图像。这里给出了较大量子点之间耦合强度($t = 4.00$ meV)下整个系统的态密度,如图 7.7 所示。可以发现表示部分屏蔽效应的 $\omega \sim \pm J_{\text{eff}}$ 处的两个峰被猝灭,只有整体屏蔽的 $\omega = 0$ 处的单个近藤共振峰的存在。此时,正常的近藤屏蔽再次出现,整个体系表现出正常的费米液体行为[38]。

对于强量子点之间耦合强度区域,量子点 2 的谱函数在费米面处产生一个近藤谷并最终消失。该近藤谷对应于量子点 2 的局域磁矩的欠屏蔽状态,而且导致在费米面处的谱函数有一个完全被压制的行为。随着量子点之间耦合强度 t 的增大,该近藤谷的宽度增加,近藤共振被压制。该近藤谷的变化行为可以用由强量子点之间耦合强度 t 下量子点 2 和量子点 1(3) 形成的近藤穴来解释和理解。更为重要的是,可以发现谱函数的这种变化是平缓和连续的,并没有出现突然的量子相变行为。串联三量子点中这种近藤重现的行为将会使得三量子点系统中拥有比单量子点和双量子点系统更为新奇的物理特性。

7.3.3 重现近藤效应的性质

本节关注谱函数为三峰结构的重现近藤效应,研究了温度、量子点-电极耦合强度和磁场的变化对重现近藤效应的影响,并深入探讨这种三峰结构在不同条件的变化趋势及其背后的物理意义。

首先,本节研究了重现近藤效应对温度的依赖关系。图 7.9 给出了不同温度下,量子点 1(3)[图(a)]和量子点 2[图(b)]的谱函数的变化趋势。为了能够清晰地研究这种三峰结构,这里采用了较大的量子点-电极耦合强度 $\Delta = 0.3$ meV 和较强的量子点之间耦合强度 $t = 0.25$ meV,其他的参数与图 7.6 中相同。可以发现,在低温下,这三个劈裂的近藤共振峰都是比较坚挺的,且随着温度的降低,三个近藤共振峰都会升高。例如,在温度为 $k_B T = 0.04$ meV 时,$\omega = 0$ 处的重现的近藤峰高为 0.225 meV^{-1},而在更低的温度 $k_B T = 0.03$ meV 下,该峰的高度会增加到 0.245 meV^{-1}。由此可见该重现的近藤效应随着温度的下降出现普适的增强现象。让人更加感兴趣的是,随着温度的升高,该三峰结构会逐渐形成一个比较宽的包(如 $k_B T = 0.15$ meV 的曲线)。这与单双量子点系统的单近藤共振峰是完全不同的。对于单量子点系统的单峰结构的谱函数,其对应的是单量子点的近藤单态,体系的基态是正常的费米液体行为。而该三峰形成的包形状的谱函数对应于量子点 1(3) 的近藤单态和屏蔽整体三量子点剩余自旋 $-\frac{1}{2}$ 的共存状态,该体系的基态是欠屏蔽近藤效应所对应的奇异费米液体行为。当这种谷形状的峰完全被温度压制后,该三量子点系统将不再处于近藤区域。这时所需的温度 $T > T_{KT}$,其中 T_{KT} 是串联三量子点的近藤温度。由于需要更高的温度来压制这种三劈裂峰结构的近藤效应,所以推测三量子点的近藤温度 T_{KT} 要比单量子点的近藤温度高。从而,为更容易在实验上观测到近藤效应提供了理论借鉴。图 7.9(b) 为量子点 2 的谱函数随着温度的变化趋势。可以发现,温度的升高会压制由量子点 2 和量子点 1(3) 间的耦合强度所导致的近藤谷的高度。当温度进一步升高时,近藤谷被逐渐拉平,谱函数中的双峰结构消失。在较大温度下,比如 $k_B T = 0.15$ meV 和 $k_B T = 0.20$ meV,整个三量子点系统不再处于近藤区域,量子点 2 的谱函数中不再体现近藤效应的相关信息。

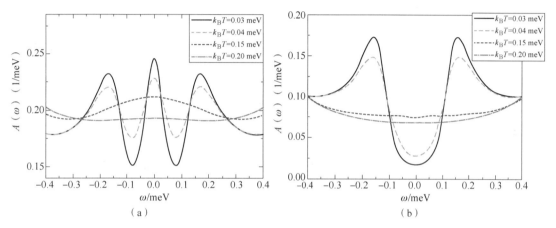

图 7.9　量子点 1(3)[图(a)]和量子点 2[图(b)]的谱函数在不同温度下的变化,参数为 $\epsilon_i(i=1,2,3) = -1.0$ meV,$U_i(i=1,2,3) = 2.0$ meV,$W = 2.0$ meV,$t = 0.25$ meV,$\Delta = 0.3$ meV(引自文献[37])

　　其次,本节研究了不同量子点-电极间耦合强度 Δ 依赖的重现近藤效应。图 7.10 分别给出了量子点之间耦合强度为 $t = 0.10$ meV[图 7.10(a) 和图 7.10(b)]和 $t = 0.20$ meV[图 7.10(c) 和图 7.10(d)]条件下,三量子点系统中的量子点 1(3)[图 7.10(a) 和图 7.10(c)]和量子点 2[图 7.10(b) 和图 7.10(d)]的谱函数随着量子点-电极间耦合强度 Δ 的变化趋势。当量子点之间耦合强度为 $t = 0.10$ meV 时,系统中量子点之间的耦合强度比较小,三量子点系统中三个量子点未形成稳定的束缚态,被电极中传导电子屏蔽的单量子点效应占据主导地位。由此,在量子点 1(3) 上产生明显的单峰近藤效应。且随着量子点-电极间耦合强度 Δ 的增加,近藤效应急剧增强,近藤峰急剧增高。同时,左右电极分别屏蔽量子点 1 和量子点 3 后会对量子点 2 也形成有效间接的屏蔽作用。从而,量子点 2 上同样会出现单峰的近藤效应。但是,由于串联三量子点系统中,量子点 1 和量子点 3 直接与电极相连,当量子点-电极间耦合强度 Δ 较小时,电极中传导电子首先要对量子点 1 和量子点 3 进行屏蔽,而量子点 2 只能通过量子点 1 和量子点 3 间接受到电极中传导电子的屏蔽效应。所以,量子点 2 的近藤效应要比量子点 1 小很多。重要的是,在此条件下($t = 0.10$ meV),量子点-电极间耦合强度 Δ 的增加只会使得近藤单峰增高,并不能产生重现近藤效应。这是由于在量子点之间耦合强度为 $t = 0.10$ meV 的条件下,系统中的三个量子点始终未形成稳定的束缚态,从而未有重现近藤效应现象的产生。

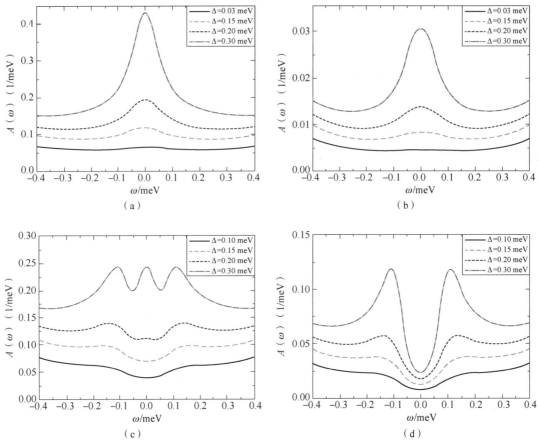

图 7.10　图(a)和图(b)是量子点之间耦合强度为 $t=0.10$ meV 下量子点 1(3)[图(a)]和量子点 2[图(b)]
的谱函数的变化。图(c)和图(d)是量子点之间耦合强度为 $t=0.20$ meV 下量子点 1(3)[图(c)]
和量子点 2[图(d)]的谱函数的变化,参数为 $\epsilon_i(i=1,2,3)=-1.0$ meV,
$U_i(i=1,2,3)=2.0$ meV,$W=2.0$ meV,$k_B T=0.03$ meV

　　当量子点之间耦合强度增加到 $t=0.20$ meV 时,由于单峰的近藤共振已经被劈裂的双峰结构所代替。在此条件下,三个量子点逐渐向自旋配对成反平行排列的反铁磁自旋链过渡。该系统已经具备了产生整体自旋屏蔽的条件,当量子点-电极间耦合强度 Δ 增加后,电极中传导电子对整体屏蔽效应增强,逐渐达到量子点 1(3)的近藤单态和屏蔽整体三量子点剩余自旋 $-\dfrac{1}{2}$ 的共存状态,从而逐渐产生了 $\omega=0$ 处的重现的近藤峰。此时,量子点 1 的谱函数中出现了人们所期待的三峰结构,如图 7.10(c)所示。可以进一步发现,重现的近藤峰随着量子点-电极间耦合强度 Δ 的增加而急剧升高。这种升高的物理机制可以通过单量子点的单峰近藤物理图像类似理解。单量子点系统的近藤温度作为量子点-电极间耦合强度 Δ 的函数为 $T_K=\sqrt{\dfrac{U\tilde{\Delta}}{2}}e^{-\pi U/8\tilde{\Delta}+\pi\tilde{\Delta}/2U}$ ($\tilde{\Delta}=2\Delta$ 由于在模型中有两个电极)。近藤温度随着量子点-电极间耦合强度 Δ 的增加而升高[38-39]。当该体系的温度固定在 $k_B T=0.03$ meV时,近藤温度的升高会使得近藤峰逐渐升高并增宽。通过以上分析也同样证实了重现的近藤效应来源于电极对三量子点系统的整体束缚态的屏蔽效果。

最后,本节研究了重现近藤效应对磁场的依赖。图7.11给出了量子点1(3)的三峰结构的谱函数在不同磁场下的变化。我们知道对于单量子点系统,当在量子点上施加磁场后,塞曼劈裂能使得量子点的基态简并消除,从而会导致$\omega = 0$处近藤单峰发生劈裂。在费米面上下产生劈裂的双峰会随着磁场的增加而远离$\omega = 0$处(详见第5章内容)。在图7.11中可以通过调节外加磁场的大小,在量子点1(3)的谱函数中发现了三峰劈裂成六峰的变化行为($\mu_B B = 0.02$ meV)。且随着磁场的改变,六峰结构会发生劈裂峰的重整化。当磁场增加到$\mu_B B = 0.04$ meV时,三峰结构的谱函数演变为四峰结构。这种磁场调节下,重现近藤效应的复杂变化依赖于三量子点系统中磁场调控的重整化的准量子点能级的变化。

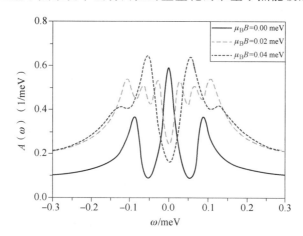

图7.11 量子点1的三峰谱函数在不同磁场下的变化,参数为$\epsilon_i (i=1,2,3) = -1.0$ meV,
$U_i (i=1,2,3) = 2.0$ meV,$W = 2.0$ meV,$t = 0.2$ meV,$\Delta = 0.5$ meV,$k_B T = 0.03$ meV

7.3.4 重现近藤区域的热力学特性

为了进一步研究重现近藤效应的物理,本节给出了重现近藤区域的热力学性质。图7.12中给出了重现近藤区域中,串联三量子点系统的磁化率随着量子点之间耦合强度t的变化。为了对比,本节采用了和图7.6相同的参数。发现三量子点系统的总磁化率随着量子点之间耦合强度t的增加单调下降并最终趋于一定值。这是由于在比较强的量子点之间耦合强度t下,整个系统形成稳定的束缚态,当局域磁矩完全被电极的传导电子所屏蔽后,磁化率逐渐降为一个定值。相类似的,量子点1(3)(曲线Ⅰ)和量子点2(曲线Ⅱ)的局域磁化率与总磁化率具有一样的变化趋势,同样随着量子点之间耦合强度t的增加而降低。重要的是,量子点2的局域磁化率比量子点1(3)对量子点之间耦合强度t的依赖更加敏感。比较有趣的现象是,随着量子点之间耦合强度t的增加,量子点2的磁化率会有一个逐渐从正向负的变化过程。该变化过程说明量子点2上存在一个局域自旋方向的改变,这也从另一方面证明了图7.8(a)的物理图像。在比较小的量子点之间耦合强度t下,与电极临近的量子点被电极中的传导电子所屏蔽而形成单量子点的近藤单态在系统中占主导地位,量子点2趋于孤立的量子点行为,具有一自由的自旋$-\frac{1}{2}$。正如图7.8(a)中上半部分所描述一样,这时,三个量子点对磁场的响应都是正的。但是,随着量子点之间耦合强度t的增强,三个量子点

将趋于形成稳定的束缚态,这时,相邻两个量子点之间的自旋会形成反平行排列。正如图 7.8(a)中下半部分所示,该能量最低的简并的基态在外加磁场后会发生退简并,最终只有一种结构($|\downarrow,\uparrow,\downarrow\rangle$ 或者 $|\uparrow,\downarrow,\uparrow\rangle$)存在。所以,量子点 2 对外加磁场的响应与量子点 1 和量子点 3 不同,当量子点 1(3)的自旋方向平行于外加磁场时,量子点 2 的自旋方向反平行于外加磁场排列。导致量子点 2 的局域磁化率会在量子点之间耦合强度 t 比较大的情况下变为负值。该负的局域磁化率表征了整体系统中逐渐形成的剩余自旋 $-\frac{1}{2}$ 的磁矩,其被传导电子屏蔽,从而出现重现的近藤现象。但是,值得指出的是,只有该体系的总磁化率能够被实验测得,量子点 1(3)和量子点 2 的局域磁化率并不能被实验直接观察到。此处,给出个别量子点的局域磁化率仅仅为了说明所要研究的近藤物理。

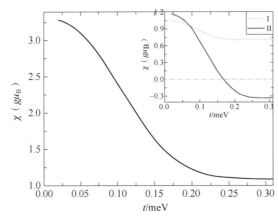

图 7.12　三量子点系统的磁化率随着量子点之间耦合强度 t 的变化,内插图分别为量子点 1(3)（曲线 Ⅰ）和量子点 2（曲线 Ⅱ）的磁化率随着 t 的变化,参数为 $\epsilon_i(i=1,2,3)=-1.0$ meV,$U_i(i=1,2,3)=2.0$ meV,$W=2.0$ meV,$\Delta=0.2$ meV,$k_{\mathrm{B}}T=0.03$ meV（引自文献[37]）

图 7.13(a)给出了不同量子点之间耦合强度 t 下,串联三量子点系统中的总磁化率随着温度变化的曲线。高温条件下三量子点系统总磁化率满足居里外斯(Curie-weiss)形式 $\chi=C/(T+\theta)$。T 为三量子点系统的温度,θ 为热能量区的定量参数($0<\theta<300$ K),$C=(g\mu_{\mathrm{B}})^2S(S+1)/3$ 为居里常量。但是低温区域,磁化率对于不同的量子点之间耦合强度的变化行为是新奇的。当量子点之间耦合强度比较小时（例如 $t=0.05$ meV）,直到温度较低的条件下($k_{\mathrm{B}}T=0.03$ meV),三量子点系统的总磁化率对温度都是 T^{-1} 的依赖。这是由于在量子点之间耦合强度较小时（特别是与温度相比耦合能量较大）,整个系统不在束缚态区域,三个量子点对外加磁场的响应都是正的。系统的总自旋为 $S=\frac{3}{2}$,所以总磁化率对温度的依赖呈 T^{-1} 的关系。

随着量子点之间耦合强度的增加,总磁化率的倒数 $1/\chi$ 在低温区域逐渐偏离原来的直线行为。而且这种偏离直线行为发生的温度随着耦合强度的增加而增高。这种偏离行为来源于量子点 2 的局域磁化率从正向负的转变。图 7.14(a)和(b)分别给出了量子点 1(3)和量子点 2 的局域磁化率的变化行为。可以发现随着系统温度的升高,量子点 1(3)的局域磁化率单调降低,直到非常高的温度下,局域磁化率趋于零。而量子点 2 的局域磁化率产生了新奇的变化行为。在量子点之间耦合强度较小时（例如 $t=0.03$ meV）,量子点 2 的局域磁

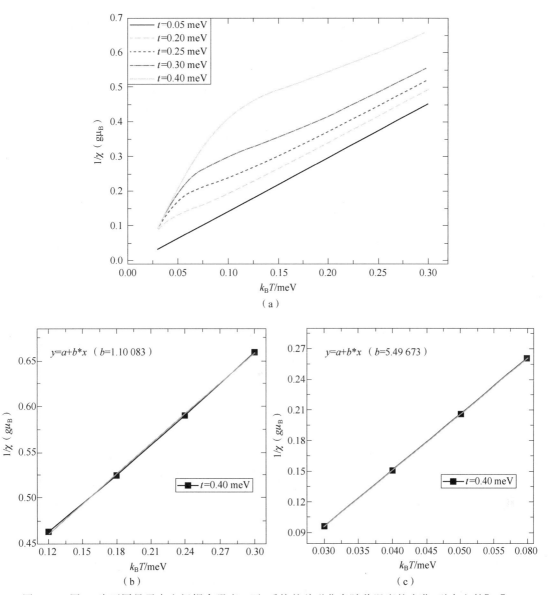

图 7.13　图(a)为不同量子点之间耦合强度 t 下，系统的总磁化率随着温度的变化(引自文献[37])；
图(b)和图(c)分别为量子点之间耦合强度 $t=0.40$ meV 下，高温和低温磁化率的拟合，
参数为$\epsilon_i(i=1,2,3)=-1.0$ meV，$U_i(i=1,2,3)=2.0$ meV，$W=2.0$ meV，$\Delta=0.20$ meV

化率对温度的依赖关系与量子点 1 相同。但是，当量子点之间耦合强度增大时，高温下量子点 2 的局域磁化率为正值，且随着温度升高而降低。但是在低温区量子点 2 的局域磁化率变为负值。这也是总磁化率的倒数 $1/\chi$ 在低温区域偏离直线行为的原因。在此条件下，该串联三量子点系统逐渐进入重现的近藤区域。整个系统处于稳定的反铁磁自旋链基态，总自旋由 $S=\dfrac{3}{2}$ 变为 $S=\dfrac{1}{2}$。为了证明上述过程，图 7.13(b)和图 7.13(c)分别给出了耦合强度 $t=0.40$ meV 时，高温和低温下总磁化率曲线的拟合图。我们知道，高温下整个三量子点

系统不再处于近藤区域,系统的总自旋为 $S=\dfrac{3}{2}$。当随着温度降低时,系统逐渐形成稳定的

反铁磁自旋链。整个系统的总自旋将改变为 $S=\dfrac{1}{2}$,由磁化率公式可以推导得出,高温下磁

化率曲线的斜率是低温下的 5 倍。通过图 7.13(b) 和图 7.13(c) 的拟合,能清楚地得出这两
条磁化率曲线的斜率之比为 5。从而,证明这时的三量子点系统处于稳定的反铁磁自旋链的
状态。这为研究和实验观测重现的近藤效应提供了另外一种视角。

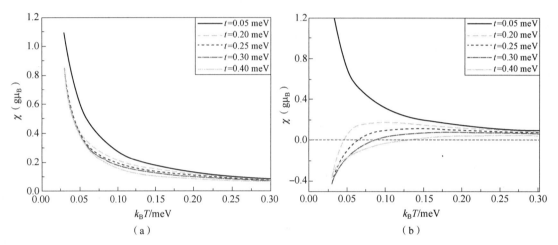

图 7.14   不同量子点之间耦合强度 t 下,量子点 1[图(a)] 和量子点 2[图(b)] 的局域磁化率随着温度的变化,
参数为 $\epsilon_i(i=1,2,3)=-1.0$ meV, $U_i(i=1,2,3)=2.0$ meV, $W=2.0$ meV, $\Delta=0.20$ meV

在较低温度下,系统的局域磁矩将会完全被电极中的传导电子所屏蔽,从而磁化率将会
成为一定值。需要特别强调的是,极低温度($T\sim0$)下的三量子点系统的磁化率在本章节
中并没有给出。这是因为级联运动方程组方法(HEOM)只能够处理有限温度的情况,对零
温情况是无效的。而且,随着系统温度的降低,计算的代价急剧增大。对比较低温度的三量
子点系统的计算,这里需要比较高的截断阶数以保证数值结果的收敛性和精确性,导致计算
机的内存需求急剧增加。

7.3.5   重现近藤区域的输运特性

本节研究重现近藤区域的输运特性。量子点系统中,能够通过实验观测的主要的输
运信号是系统的电导。在图 7.15 中分别给出了量子点-电极耦合强度为 $\Delta=0.2$ meV 和
$\Delta=0.3$ meV 时,不同量子点之间耦合强度 t 下三量子点系统的微分电导 dI/dV 的变化趋
势。可以发现零偏电导峰随着量子点-电极之间耦合强度 Δ 的增加而增大。例如在量子
点之间耦合强度为 $t=0.25$ meV,当量子点和电极之间有效耦合强度在较小 $\Delta=0.2$ meV
时,零偏电导峰高为 0.038 e^2/h;当量子点和电极之间有效耦合强度增大到 $\Delta=0.3$ meV
时,零偏电导峰高会急剧增加到 0.155 e^2/h。这里值得关注的是随着量子点之间耦合强
度 t 的增大,串联三量子点系统的零偏电导峰单调上升,这与串联双量子点系统的输运性
质是不一样的。

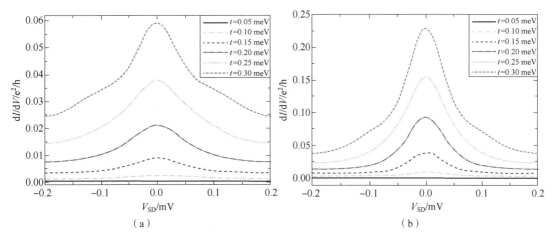

图 7.15　三量子点系统的微分电导 dI/dV 在不同量子点之间耦合强度 t 下的变化趋势
[图(a)$\Delta=0.2$ meV]和[图(b)$\Delta=0.3$ meV],参数为$\epsilon_i (i=1,2,3)=-1.0$ meV,
$U_i (i=1,2,3)=2.0$ meV,$W=2.0$ meV,$k_B T=0.03$ meV

在串联双量子点系统中,微分电导 dI/d$V-V$ 曲线和谱函数曲线 $A(\omega)$ 对量子点之间耦合强度 t 的依赖行为是相同的。微分电导(谱函数)对量子点之间耦合强度 t 具有一个非单调的变化行为。随着量子点之间耦合强度的增加,$\omega=0$ 处的零偏电导峰逐渐增大变宽。当耦合强度达到一定值后,零偏电导峰达到最大值后发生劈裂,劈裂的电导双峰随着量子点之间耦合强度的增加远离 $\omega=0$。此过程中,串联双量子点系统经历了一个由每个量子点的简并的近藤单态向两个量子点之间形成的自旋单态的连续变化过程(详见第 6 章内容)。与双量子点系统不同的是,在串联三量子点系统中,虽然谱函数对量子点之间耦合强度 t 表现出了非单调的变化行为,但是系统的零偏电导峰随着量子点之间耦合强度 t 的增加出现了展宽和单调增加的变化行为。这种三量子点系统中近藤关联的输运特性可以通过两次的近藤效应来解释。在量子点之间耦合强度比较小时,每个量子点的近藤单态辅助电子的输运过程;当量子点之间耦合强度增大时,三个量子点趋于形成的稳定反铁磁链束缚态中,仍有剩余自旋$-\frac{1}{2}$被电极中传导电子所屏蔽。即重现近藤效应对电子输运的增强效果,使得零偏电导峰进一步升高,而不会发生劈裂。这也为实验上获得相应的输运特性提供了理论依据。

最后,这里给出了串联三量子点系统中重现近藤效应关联的输运电流的变化行为,如图 7.16(a)所示。当外加偏压施加到三量子点系统的电极上后,流过系统的电流产生并且急剧地增大。另外,电流对量子点之间耦合强度的依赖非常敏感。当量子点之间耦合强度 t 增大后,输运电流也出现了增强的效果。这种电流的增强效果是由三量子点系统中的近藤效应和量子点之间耦合强度辅助的电子隧穿所共同导致的。在重现近藤区域,态密度中的近藤峰主导了系统中的共振隧穿输运。对于系统施加的比较大的偏压窗口,态密度中更多的近藤峰落入偏压窗口中。图 7.16(b)中给出了不同量子点之间耦合强度 t 下三量子点系统的态密度的变化行为。在图 7.16(a)的最大偏压窗口为 $V_{SD}=0.8$ mV,此时,在区间 -0.4 meV$\leqslant\omega\leqslant0.4$ meV 的系统的态密度将会落入偏压窗口中,如图 7.16(b)所示。最终使得系统中出现输运电流急剧增大的现象。该输运电流的变化行为将为研究近藤多体中量子相干输运提供令人兴奋的前景。

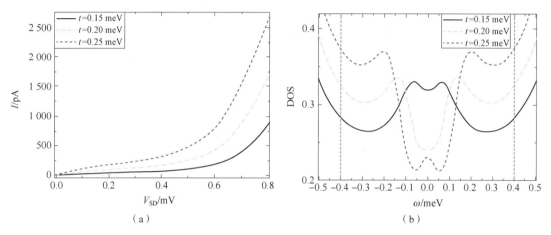

（a）　　　　　　　　　　　　　　　　（b）

图 7.16　图（a）为不同量子点之间耦合强度 t 下 $I-V$ 曲线的变化（引自文献［37］）。图（b）为所对应的三量子点系统的态密度的变化行为，参数为 $\epsilon_i(i=1,2,3)=-1.0$ meV，$U_i(i=1,2,3)=2.0$ meV，$W=2.0$ meV，$\Delta=0.2$ meV，$k_B T=0.03$ meV

本节所给出的串联对称三量子点系统中的谱函数特性，描绘了由量子点之间耦合强度 t 诱导的重现近藤效应的清晰的物理图像。在量子点之间耦合强度比较弱时，电极中的传导电子屏蔽其临近的量子点的磁矩，导致系统的谱函数显示类似于单量子点的近藤行为。随着量子点之间耦合强度的增加，系统逐渐从个别量子点的近藤单态向三量子点的反铁磁链的束缚态过渡。同时，电极对系统的屏蔽作用，也从部分局域的近藤屏蔽向整体局域磁矩的屏蔽的转变。最终，使得量子点 1（3）的谱函数中出现了一个连续的变化，从单近藤峰向三峰结构的转变。通过给出该重现的近藤效应对温度、量子点-电极耦合强度和磁场的依赖，发现串联三量子点系统中拥有比单量子点更高的近藤温度 T_{KT}。

该重现的近藤效应产生了非常有趣的热力学和量子输运特性。随着量子点之间耦合强度的增加，系统的总磁化率的倒数 $1/\chi$ 随着温度的降低会逐渐偏离原来的直线行为。这是由量子点 2 的局域磁化率随着量子点之间耦合强度的增加会出现由正到负的连续变化所致。作为两次近藤效应总的结果，零偏电导峰和输运电流会随着量子点之间耦合强度的增加而急剧地单调增大。该三量子点系统中这些新奇的物理现象都有可能在实验上被观测到，且为研究和理解更为复杂的多体问题（如近藤格子）提供了先决条件。

7.4　三量子点系统中近藤云的交叠现象

三量子点系统既可以调节量子点之间的有效耦合强度，又可以通过栅压调控体系的近藤温度，还可以调节电极中的偏压和温度，这些参数调控为研究近藤云现象提供了理想条件［40-43］。量子点系统中的局域自旋与电极中一群导带电子的自旋匹配形成了多体的近藤单态。处于量子点周围的匹配电子所形成的近藤云具有特征尺度 $\xi_K=\hbar v_F/T_K$（v_F 为费米速度，T_K 为系统的近藤温度）［42］。观测和测量近藤云现象是研究量子杂质和量子点系统中近藤多体问题的重要课题之一。近藤云的空间分布将导致近藤云的交叠等现象,从而诱导丰富的物理[44-50]。因近藤云在典型的金属激发的近藤效应中能够达到 $0.1\sim1\ \mu m$ 之大,实验上直接探测近藤云现象比较困难。本节利用级联运动方程组方法(HEOM)系统研究串联三量子点系统(1,0,1)结构的近藤云的长程交叠现象。

这里所关注的模型如图 7.17 所示,两个边带的量子点 1 和量子点 3 分别和左右电极直接相连,耦合强度为 Δ;中间量子点 2 对称地与量子点 1 和量子点 3 相连,量子点之间耦合强度为 $t_{12}=t_{23}=t$。量子点 1 和量子点 3 保持粒子-空穴对称($\varepsilon_1=\varepsilon_3=-U/2$),具有占据数为 $N_1=N_3=1$ 的局域磁矩。量子点 2 无电子占据,保持空轨道态 $\varepsilon_2>\varepsilon_F(\varepsilon_F=0$ 为量子点的费米面能级)。此时,三量子点系统的结构保持在 $(N_1,N_2,N_3)=(1,0,1)$。可以通过量子点的谱函数、自旋关联、量子点占据数、磁化率等物理量来描述量子点 1 和量子点 3 形成的近藤云在量子点 2 上的交叠现象[46]。

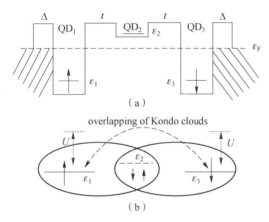

图 7.17　(a)(1,0,1)结构的串联三量子点示意图;(b)近藤云在中间量子点 2 上的
交叠将导致量子点 2 上有效的占据和量子点 1 和量子点 3 之间的长程关联(引自文献[46])

这里计算了上述 $(N_1,N_2,N_3)=(1,0,1)$ 结构的开放三量子点系统的谱函数。为简单记,令量子点 1 和量子点 3 具有相同的参数:$\varepsilon_{1,3}=-0.6\ meV,U_{1,3}=1.2\ meV$。量子点 2 为空占据状态,参数为 $\varepsilon_2=0.3\ meV,U_2=0\ meV$,系统的其他参数为电极带宽 $W=5.0\ meV$,系统的温度 $T=0.348\ K$,量子点-电极耦合强度 $\Delta=0.3\ meV$。

上述参数下三量子点的近藤温度可以通过公式

$$T_K=\sqrt{\frac{U\Delta}{2}}\ e^{-\pi U/8\Delta+\pi\Delta/2U} \tag{7.6}$$

计算为 $T_K=1.508\ K$。由此,系统的温度 $T=0.348\ K$ 使得开放三量子点系统会一直保持在近藤区域。图 7.18(a)和(b)分别给出了量子点之间耦合强度为弱耦合($t=0.15\ meV$)和强耦合($t=0.25\ meV$)的三个量子点的谱函数。可以发现,弱量子点之间耦合强度($t=0.15\ meV$)下量子点 1 和量子点 3 的谱函数中出现了单近藤峰。此时,类似于单量子点的近藤行为,量子点 1 和量子点 3 倾向于与电极中的传导电子形成各自的近藤单态。令人惊奇的是,空轨道量子点 2($\varepsilon_2=0.3\ meV$)上的谱函数也出现了一单峰结构。该单峰来源于量子点 1 与左电极形成的近藤云和量子点 3 与右电极形成的近藤云在量子点 2 上的交叠。这是量子点 1 近藤准粒子和量子点 3 近藤准粒子之间的长程关联现象,如图 7.17(b)所示,导致量子点 2 上出现传导电子的积累效应。

为进一步确定量子点 2 的谱函数的峰为传导电子形成的峰，这里进一步增加了量子点之间耦合强度 t，并给出了三个量子点的谱函数，如图 7.18(b)所示。由于量子点 1 和量子点 3 之间长程的反铁磁相互作用的增加，量子点 1 和量子点 3 的单近藤峰将会劈裂成双峰结构。电子峰和空穴峰将不再简并，彼此分离。电子峰的位置在费米面以下($\omega_e < 0$)，而空穴峰的位置将会上移到费米面以上($\omega_h > 0$)。可以发现量子点 2 上的峰也移动到了费米面以下，与量子点 1(3)的电子峰的位置是一致的。更重要的是，随着量子点之间耦合强度的增加，量子点 2 上的传导电子峰会增高和增宽。这是由于量子点之间耦合强度的增大，会使得电子在三个量子点之间的跃迁增强，从而量子点 2 上传导电子的积累增多，谱函数的峰会变高和增宽，如图 7.18(b)所示。

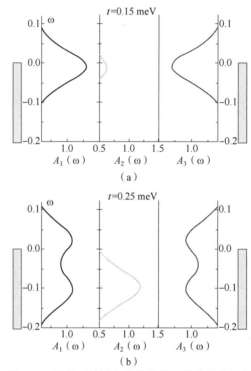

图 7.18　开放三量子点系统的谱函数的变化趋势

(a)量子点之间耦合为 $t=0.15$ meV；(b)量子点之间耦合为 $t=0.25$ meV，参数为 $\varepsilon_{1,3}=-0.6$ meV，$U_{1,3}=1.2$ meV，$\varepsilon_2=0.3$ meV $U_2=0$ meV，$W=5.0$ meV，$T=0.348$ K，$\Delta=0.3$ meV，该参数下的近藤温度为 $T_K=1.508$ K(引自文献[46])

上述近藤云的长程交叠物理图像还可以通过自旋关联和量子点的占据数来描述。这里计算了量子点 i 和 j 的自旋关联 $C_{ij} \equiv \langle \boldsymbol{S}_i \cdot \boldsymbol{S}_j \rangle - \langle \boldsymbol{S}_i \rangle \cdot \langle \boldsymbol{S}_j \rangle$。图 7.19(a)给出了近邻量子点之间(量子点 1 和量子点 2)的自旋关联 C_{12} 和非相邻量子点之间(量子点 1 和量子点 3)的自旋关联 C_{13} 随量子点之间耦合强度 t 的变化趋势。可以发现系统的自旋关联 C_{12} 和 C_{13} 都是负的。这说明在该开放三量子点系统中存在两种反铁磁相互作用。一种是量子点 1 和量子点 3 之间的长程反铁磁相互作用($C_{13}<0$)；一种是近藤云在量子点 2 的交叠导致的量子点 2 上传导电子和量子点 1(3)之间的反铁磁相互作用($C_{12}<0$)。随着量子点之间耦合强度的增加，近邻两个量子点 1 和量子点 2 之间的自旋关联 C_{12} 逐渐增强并最终趋于一稳定值。增大的自旋关联 C_{12} 表示量子点 1 和量子点 3 形成的左右两个近藤云在量子点 2 上交叠的增强。

这也可以通过量子点 2 上的占据数来解释。图 7.19(b) 给出了量子点之间耦合强度依赖的量子点占据数的变化行为。随着量子点之间耦合强度的增加,量子点 2 上的占据数 N_2 逐渐增大并最终趋于一稳定值。空轨道量子点 2 上出现的有效的占据同样表明左量子点 1 和右量子点 3 形成的两个近藤云在量子点 2 上的交叠现象。

另外,量子点 1 和量子点 3 之间的自旋关联 C_{13} 随着量子点之间耦合强度的增加,出现了非单调变化行为。自旋关联 C_{13} 先在较小的量子点之间耦合强度下($t<0.25$ meV)增大,后在较大的量子点之间耦合强度下($t>0.25$ meV)减小并最终趋于零。这是由于 (1,0,1) 结构的三量子点系统随着量子点之间耦合强度的增加会经历一个从弱量子点之间耦合强度下个别量子点的简并的近藤单态向强量子点之间耦合强度下量子点 1 和量子点 3 之间的长程自旋单态的过渡。简并的近藤单态和长程自旋单态之间的竞争将会导致量子点 1 和量子点 3 之间的自旋关联 C_{13} 的非单调变化行为。同时,量子点 1(3) 的占据数随着量子点之间耦合强度的增加始终保持在 $N_d=1$。随着量子点之间耦合强度的增加,三量子点系统中总的占据数(N_{Total})的增加来源于中间量子点 2 上的近藤云交叠的增强,如图 7.19(b) 所示。该变化行为可以通过实验手段如电荷耦合设备、自旋读出设备以及量子点接触技术等较容易地观察到。

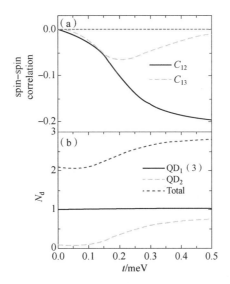

图 7.19 (a) 自旋关联 C_{12} 和 C_{13} 随量子点之间耦合强度的变化趋势;(b) 三个量子点的占据数随
量子点之间耦合强度的变化趋势,参数为 $\varepsilon_{1,3}=-0.6$ meV,$U_{1,3}=1.2$ meV,$\varepsilon_2=0.3$ meV,
$U_2=0$ meV,$W=5.0$ meV,$T=0.348$ K,$\Delta=0.3$ meV(引自文献[46])

为进一步研究近藤云的长程交叠现象的物理图像,这里研究了温度 T 和量子点-电极之间耦合强度 Δ 对谱函数 $A_i(\omega)$ 影响。图 7.20(a) 和 (b) 给出了不同温度下量子点 1(3) 的谱函数和量子点 2 的谱函数的变化趋势。可以发现,低温下,量子点 1(3) 谱函数的近藤单峰是比较高和尖锐的。随着温度的升高,量子点 1(3) 谱函数的近藤单峰的高度逐渐降低并最终在 $T>T_K$ 后消失,如图 7.20(a) 所示。温度对量子点系统中的近藤效应具有抑制作用。低温下,增强的近藤效应将会使得量子点 2 上的传导电子峰的高度随着温度的降低而升高。当温度升高到 $T>T_K$,系统中的近藤效应消失(如 $T=3.480$ K),从而量子点 2 上来自于量子点 1 和量子点 3 的近藤云的交叠的电子峰也湮灭了,如图 7.20(b)所示。另外,同一温度下,量子点 2 上电子峰的高度比量子点 1(3)上近藤单峰的高度要低很多。

图 7.20(c)和(d)分别给出了量子点-电极耦合强度 Δ 依赖的量子点 1(3)的谱函数和量子点 2 的谱函数的变化趋势。随着量子点-电极耦合强度 Δ 的增大,量子点 1(3)谱函数的近藤单峰的高度逐渐升高,宽度逐渐变宽。这是由于系统的近藤温度随着量子点-电极耦合强度 Δ 的增大而升高。当系统的温度不变时($T=0.348$ K$<T_K$),近藤温度的升高会使得量子点 1(3)的近藤效应增强,从而量子点 1(3)的谱函数中的近藤单峰升高变宽,图 7.20(c)所示。同时,量子点 1(3)上增强的近藤效应将导致近藤云在空间的扩展增大,从而导致量子点 2 上近藤云的交叠效应增强,传导电子峰随着量子点-电极耦合强度的增大而升高,如图 7.20(d)所示。

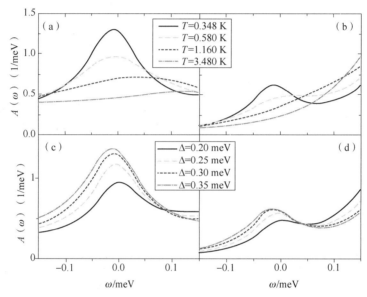

图 7.20 不同温度下量子点 1(3)的谱函数(a)和量子点 2 的谱函数(b)的变化趋势,不同量子点-电极耦合强度下量子点 1(3)的谱函数(c)和量子点 2 的谱函数(d)的变化趋势,参数为 $\varepsilon_{1,3}=-0.6$ meV, $U_{1,3}=1.2$ meV,$\varepsilon_2=0.3$ meV,$U_2=0$ meV,$t=0.15$ meV,$W=5.0$ meV(引自文献[46])

这里进一步研究了温度对近藤云依赖的自旋关联(C_{12} 和 C_{13})和占据数($N_{d1(3)}$ 和 N_{d2})的影响。图 7.21(a)和(b)分别给出了不同温度下自旋关联 C_{12} 和 C_{13} 随量子点之间耦合强度的变化趋势。图 7.21(c)和(d)分别给出了相应的量子点 1(3)的占据数 $N_{d1(3)}$ 和量子点 2 的占据数 N_{d2} 随量子点之间耦合强度的变化趋势。可以发现在低温下(如 $T=0.348$ K),自旋关联 C_{12} 和 C_{13} 都保持明显的较大的负值。随着温度的升高,近邻量子点(量子点 1 和量子点 2)之间和非近邻量子点(量子点 1 和量子点 3)之间的自旋关联都在减弱。在较高温度下(如 $T=3.480$ K),量子点 1 和量子点 3 之间的自旋关联 C_{13} 将会消失,如图 7.21(b)所示。量子点 1 和量子点 2 之间的自旋关联 C_{12} 将会保持在一有限值,如图 7.21(a)所示。原因是低温下,较强的近藤效应将会使得量子点 1 和量子点 3 的近藤云在空间扩展交叠,从而量子点 2 上会有传导电子的有效占据且随着温度的降低而增大,如图 7.21(d)所示。所以,量子点 1 和量子点 2 之间的自旋关联 C_{12} 随着温度的降低而增大。但是,量子点 1(3)的占据数在不同温度下都几乎保持在 $N_d=1$,如图 7.21(c)所示。量子点 1 和量子点 3 之间的长程反铁磁相互作用随着量子点之间耦合强度的增加而增大,导致系统会从弱量子点之间耦合强度下个别量子点简并的近藤单态向强量子点之间耦合强度下量子点 1 和量子点 3 之间的长程自旋单态过渡。从而,量子点 1 和量子点 3 之间的长程自旋关联 C_{13} 随着量子点之间耦合强度的增加先增大后减小为一稳定值。在较高温度下($T>T_K$),三量子点系统将不再处于近藤区域,导致与近藤效应关联的量子点 1 和量子点 3 之间的长程关联消失 $C_{13}=0$。三量子点系统中只有高温下的电荷涨落占据主导地位,导致量子点 2 具有较大的虚占据,伴随着量子点 1 和量子点 2 之间保持一个有限关联 C_{12}。

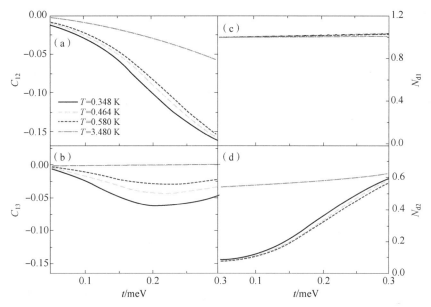

图 7.21　不同温度下自旋关联 C_{12}(a)和 C_{13}(b)随量子点之间耦合强度的变化趋势,不同温度下量子点 1(3)的占据数(c)和量子点 2 的占据数(d)随量子点之间耦合强度的变化趋势,参数为 $\varepsilon_{1,3}=-0.6$ meV,$U_{1,3}=1.2$ meV,$\varepsilon_2=0.3$ meV,$U_2=0$ meV,$\Delta=0.3$ meV,$W=5.0$ meV(引自文献[46])

量子点-电极耦合强度 Δ 会使得系统的近藤温度改变,进而影响三量子点系统的近藤效应。这里进一步给出在不同温度下,自旋关联作为量子点-电极耦合强度 Δ 的变化趋势,数值结果如图 7.22 所示。在近藤区域内($T<T_K$),近邻量子点之间的关联 C_{12} 随着量子点-电极耦合强度 Δ 的增加而单调增大。较强的量子点-电极耦合强度会使得电极中的传导电子对于量子点 1 和量子点 3 有较强的屏蔽效应,形成近藤云空间较强的扩展,导致自旋关联 C_{12} 的增强。该趋势会随着温度的升高而减弱,并在高温下变得非常微弱,如图 7.22(a)所示。量子点-电极耦合强度 Δ 对量子点 1 和量子点 3 之间的长程的自旋关联 C_{13} 的影响比较小。在低温下,随着量子点-电极耦合强度 Δ 的增加,自旋关联 C_{13} 会发生先增大后减小的变化行为。其原因来自电极中传导电子对量子点 1 和量子点 3 的屏蔽效果与量子点 1 和量子点 3 之间的长程耦合之间的竞争。随着温度的升高,自旋关联几乎与量子点-电极耦合强度 Δ 无关,如图 7.22(b)所示。

最后,为指导实验观测,在图 7.23 中给出了三量子点系统中不同温度下近藤云依赖的磁化率 χ 随量子点之间耦合强度 t 的变化趋势。在近藤区域(如低温 $T=0.348$ K),磁化率

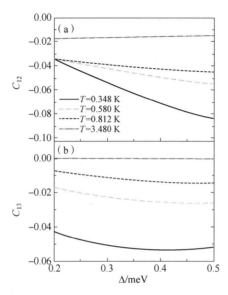

图 7.22　不同温度下自旋关联 C_{12}(a)和 C_{13}(b)随量子点-电极耦合强度 Δ 的变化趋势,参数为 $\varepsilon_{1,3}=-0.6$ meV,$U_{1,3}=1.2$ meV,$\varepsilon_2=0.3$ meV,$U_2=0$ meV,$t=0.15$ meV,$W=5.0$ meV(引自文献[46])

随着量子点之间耦合强度的增加出现了明显的非单调变化行为。该非单调行为的变化趋势与量子点 1 和量子点 3 之间的长程自旋关联 C_{13} 的变化趋势一致,如图 7.21(b)所示。在弱量子点之间耦合强度区域($t<0.25$ meV),三量子点系统的磁化率随着量子点之间耦合强度的增加急剧降低;在强量子点之间耦合强度区域($t>0.25$ meV),系统的磁化率随着量子点之间耦合强度的增加缓慢地增大到一稳定值。该行为是由于量子点 1 和量子点 3 的近藤云的交叠在量子点 2 上形成的有效的传导电子的占据所导致。弱量子点之间耦合强度区域($t<0.25$ meV),三量子点系统中量子点 1 和量子点 3 的近藤云的交叠现象占据主导。量子点 2 上有效的占据会使得系统的磁化率降低。在强量子点之间耦合强度区域($t>0.25$ meV),量子点 1 和量子点 3 之间将会趋于形成长程的自旋单态。此时,量子点 1 和量子点 3 上局域磁矩的自旋趋于反平行,导致系统的磁化率将逐渐趋于一稳定值。随着温度的升高,磁化率的非单调变化行为将会被抑制,并最终在 $T>T_{\mathrm{K}}$ 消失。但是,系统的磁化率在低温下比高温下要大,这也为实验上观测和研究近藤云的交叠问题提供了一种可能。

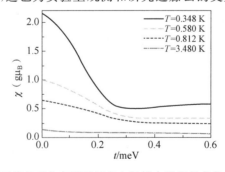

图 7.23　不同温度下三量子点系统的磁化率随量子点之间耦合强度的变化趋势,参数为 $\varepsilon_{1,3}=-0.6$ meV, $U_{1,3}=1.2$ meV,$\varepsilon_2=0.3$ meV,$U_2=0$ meV,$t=0.15$ meV,$\Delta=0.3$ meV,$W=5.0$ meV(引自文献[46])

综上所述,通过研究(1,0,1)结构的串联三量子点系统,给出了清晰的近藤云的长程交叠现象。量子点 1 与左电极形成的近藤云和量子点 3 与右电极形成的近藤云在量子点 2 上的交叠,将会使得中间空轨道量子点 2 上出现传导电子的有效占据,谱函数产生传导电子峰。从而,导致近邻量子点(量子点 1 和量子点 2)之间和非近邻量子点(量子点 1 和量子点 3)之间的自旋关联都为反铁磁关联,且随着温度的升高而减小。系统的磁化率在近藤区域将会随着量子点之间耦合强度的增加出现明显的非单调行为。

需要指出的是,虽然(1,0,1)结构的三量子点系统与双量子点系统比较类似,都有随着量子点之间耦合强度增加会发生从个别量子点的近藤单态到两个量子点形成的自旋单态的过渡。但是在该模型中发现了比双量子点系统更为丰富的近藤物理。可以通过该(1,0,1)结构模型系统地研究近藤云交叠的现象,以及系统中存在的自旋关联、磁化率的变化行为都与双量子点系统是不同的。甚至,可以通过该模型系统研究量子点系统中的长程关联。第 8 章将详细讨论三量子点系统中的长程相互作用。

本章参考文献

[1]　GAUDREAU L, STUDENIKIN S A, SACHRAJDA A S, et al. Stability diagram of a few-electron triple dot[J].Physical Review Letters, 2006, 97: 036807.

[2]　TANAMOTO T, NISHI Y. Fano-Kondo effect in a two-level system with triple quantum dots[J].Physical Review B, 2007, 76: 155319.

[3]　DELGADO F, SHIM Y P, KORKUSINSKI M, et al. Spin-selective Aharonov-Bohm oscillations in a lateral triple quantum dot[J].Physical Review Letters, 2008, 101: 226810.

[4]　ŽITKO R, BONCA J. Multiple-impurity Anderson model for quantum dots coupled in parallel[J].Physical Review B, 2006, 74: 045312.

[5]　ŽITKO R, BONCA J, RAMŠAK A, et al. Kondo effect in triple quantum dots[J].Physical Review B, 2006,73: 153307.

[6]　ŽITKO R, BON CA J.Fermi-Liquid versus Non-Fermi-Liquid behavior in triple quantum dots[J].Physical Review Letters, 2007, 98:047203.

[7]　SÁNCHEZ R, GALLEGO-MARCOS F, PLATERO G. Super exchange blockade in triple quantum dots[J].Physical Review B, 2014,89: 161402.

[8]　SÁNCHEZ R, GRANGER G, GAUDREAU L, et al. Long-range spin transfer in triple quantum dots[J].Physical Review Letters, 2014,112: 176803.

[9]　VILLAVICENCIO J, MALDONADO I, COTA E, et al. Spin-orbit effects in a triple quantum dot shuttle[J].Physical Review B, 2013, 88: 245305.

[10]　SCHRÖER D, GREENTREE A D, GAUDREAU L, et al. Electrostatically defined serial triple quantum dot charged with few electrons[J]. Physical Review B, 2007, 76: 075306.

[11]　GRANGER G, GAUDREAU L, KAM A, et al. Three-dimensional transport diagram of a triple quantum dot[J].Physical Review B, 2010, 82: 075304.

[12] GAUDREAU L, KAM A, GRANGER G, et al. A tunable few electron triple quantum dot[J].Applied Physics Letters, 2009,95: 193101.

[13] ROGGE M C, HAUG R J. Two-path transport measurements on a triple quantum dot[J].Physical Review B, 2008, 77: 193306.

[14] ROGGE M C, HAUG R J. Star shaped triple quantum dot with charge detection [J].Physica E, 2008,40: 1656-1658.

[15] MÜHLE A, WEGSCHEIDER W, HAUG R J, et al. Quantum dots formed in a GaAs/AlGaAs quantum ring[J].Applied Physics Letters, 2008,92: 013126.

[16] AMAHA S, Hatano T, KUBO T, et al. Fabrication and characterization of a laterally coupled vertical triple quantum dot device [J]. Physica E, 2008, 40: 1322-1324.

[17] AMAHA S, Hatano T, TAMURA H, et al. Charge states of a collinearly and laterally coupled vertical triple quantum dot device [J]. Physica E, 2010, 42: 899-901.

[18] AMAHA S, Hatano T, KUBO T, et al. Stability diagrams of laterally coupled triple vertical quantum dots in triangular arrangement[J].Applied Physics Letters, 2009, 94: 092103.

[19] SEO M, CHOI H K, LEE S Y, et al.Charge frustration in a triangular triple quantum dot[J].Physical Review Letters, 2013, 110: 046803.

[20] BUSL M, GRANGER G, GAUDREAU L, et al. Bipolar spin blockade and coherent state superpositions in a triple quantum dot[J].Nature Nanotechnology, 2013, 8: 261-265.

[21] OGURI A, AMAHA S, NISHIKAWA Y, et al. Kondo effects in a triangular triple quantum dot with lower symmetries [J]. Physical Review B, 2011, 83: 205304.

[22] BARUSELLI P P, REQUIST R, FABRIZIO M, et al. Ferromagnetic Kondo effect in a triple quantum dot system[J].Physical Review Letters, 2013,111: 047201.

[23] HSIEH C Y, SHIM Y P, KORKUSINSKI M,et al. Physics of triple quantum dot molecule with controlled electron numbers[J].Reports on Progress in Physics, 2012, 75: 114501.

[24] KUZMENKO T, KIKOIN K, AVISHAI Y. Towards two-channel Kondo effect in triple quantum dot[J].Europhysics Letters, 2003, 64: 218-224.

[25] INGERSENT K, LUDWIG A W W, AFFLECK I. Kondo screening in a magnetically frustrated nanostructure: Exact results on a stable Non-Fermi-Liquid phase[J].Physical Review Letters, 2005, 95: 257204.

[26] JIANG Zhao-tan, SUN Qing-feng, WANG Yupeng. Kondo transport through serially coupled triple quantum dots[J].Physical Review B, 2005,72:045332.

[27] WANG Wei-zhong. Spectral properties and quantum phase transitions in parallel triple quantum dots[J].Physical Review B, 2007, 76: 115114.

[28] NUMATA T, NISIKAWA Y, OGURI A, et al. Kondo effects in a triangular triple quantum dot: Numerical renormalization group study in the whole region of the electron filling[J].Physical Review B, 2009, 81: 155330.

[29] OGURI A, AMAHA S, NISHIKAWA Y, et al. Kondo effects in a triangular triple quantum dot with lower symmetries[J].Physical Review B, 2011,83: 205304.

[30] KUZMENKO T, KIKOIN K, AVISHAI Y. Tunneling through triple quantum dots with mirror symmetry[J].Physical Review B, 2006, 73: 235310.

[31] VERNEK E, ORELLANA P A, ULLOA S E. Suppression of Kondo screening by the Dicke effect in multiple quantum dots[J].Physical Review B, 2010,82: 165304.

[32] MITCHELL A K, JARROLD T F, GALPIN M R, et al. Local moment formation and Kondo screening in impurity trimers[J].The Journal of Physical Chemistry B, 2013, 117:12777-12786.

[33] MITCHELL A K, JARROLD T F, LOGAN D E. Quantum phase transition in quantum dot trimers[J].Physical Review B, 2009,79:085124.

[34] MITCHELL A K, LOGAN D E. Two-channel Kondo phases and frustration-induced transitions in triple quantum dots[J].Physical Review B, 2010, 81: 075126.

[35] MITCHELL A K, LOGAN D E, KRISHNAMURTHY H R. Two-channel Kondo physics in odd impurity chains[J].Physical Review B, 2011, 84: 035119.

[36] LOPEZ R, REJEC T, MARTINEK J, et al.SU(3) Kondo effect in spinless triple quantum dots[J].Physical Review B, 2013, 87: 035135.

[37] CHENG YongXi, WEI JianHua, YAN YiJing. Reappearance of Kondo effect in serially coupled symmetric triple quantum dots[J].Europhysics Letters, 2015, 112: 57001.

[38] HEWSON A C. The Kondo Problem to Heavy Fermions[M].Cambridge: Cambridge University Press, 1993.

[39] CHENG YongXi, HOU WenJie, WANG YuanDong, et al. Time-dependent transport through quantum-impurity systems with Kondo resonance[J].New Journal of Physics, 2015, 17: 033009.

[40] PRÜSER H, WENDEROTH M, DARGEL P E, et al. Long-range Kondo signature of a single magnetic impurity[J].Nature Physics,2011,7:203-206.

[41] BERGMANN G. Quantitative calculation of the spatial extension of the Kondo cloud[J].Physical Review B, 2008, 77: 104401.

[42] SIMONIN J. Looking for the Kondo cloud[J].2007,arXiv:0708.3604.

[43] AFFLECK I, SIMON P. Detecting the Kondo screening cloud around a quantum dot[J].Physical Review Letters, 2001, 86: 2854.

[44] KISELEVA M N, KIKOIN K A. Correlations between Kondo clouds in nearly antiferromagnetic Kondo lattices [J]. Journal of Magnetism and Magnetic Materials,2004,272:e23-24.

[45] LEE S S B, PARK J, SIM H S. Macroscopic quantum entanglement of a Kondo cloud at finite temperature[J].Physical Review Letters, 2015,114: 057203.

[46] CHENG YongXi, WANG YuanDong, WEI JianHua, et al. Long-range overlapping of Kondo clouds in open triple quantum dots[J]. Journal of Physics: Condensed Matter, 2019, 31:155302.

[47] WAGNER C, CHOWDHURY T, PIXLEY J H, et al. Long-Range Entanglement near a Kondo-Destruction Quantum Critical Point[J]. Physical Review Letters, 2018, 121: 147602.

[48] NUSS M, GANAHL M, ARRIGONI E, et al. Nonequilibrium spatiotemporal formation of the Kondo screening cloud on a lattice[J]. Physical Review B, 2015, 91: 085127.

[49] MITCHELL A K, BECKER M, BULLA R. Real-space renormalization group flow in quantum impurity systems: Local moment formation and the Kondo screening cloud[J]. Physical Review B, 2011, 84: 115120.

[50] BÜSSER C A, MARTINS G B, RIBEIRO L C, et al. Numerical analysis of the spatial range of the Kondo effect[J]. Physical Review B, 2010, 81: 045111.

第8章 三量子点系统中的长程超交换作用

8.1 长程超交换作用研究现状

长程相互作用作为高阶相互作用起源于非直接耦合态的叠加。作为一种自然现象,长程相互作用普遍存在于化学作用[1]、生物过程[2]和固体物理中[3-5]。近年来,长程关联相互作用通过纳米介观体系被广泛研究,并由此导致了一些新奇现象的发生。可调节长度的伊辛(Ising)自旋链模型和可调节长度的 XY 自旋链模型被用来研究量子多体系统中空间和时间依赖的长程关联[6]。相互作用的长程特性对长程自旋比特[7],量子相变和关联的非局域输运都具有重要作用。量子点系统中,非直接相连的量子点之间同样存在这种有效的耦合相互作用。这种长程的相互作用对开拓量子多体链中容错的量子计算和量子模拟具有非常重要的意义[6]。因此,研究长程相互作用对量子体系中量子信息输运和量子计算都有重要的价值。

超交换作用首次是由鲍林(Pauling)在其分子键的共振理论中提出[8]。在固体物理中,超交换描述了某些过渡族金属的硫族化合物、氟族化合物以及铁氧体中,距离较大的磁性离子之间的相互作用。这类阳离子被具有闭合壳层电子结构的抗磁性阴离子隔开,直接交换作用非常微弱,超交换作用成为磁有序的主导作用。超交换作用的机制首次是由克拉默斯(Kramers)于 1934 年提出,并解释了顺磁性的化合物[9]。另外,更多的工作由齐纳(Zener)和安德森(Anderson)做出来解释化合物中的输运和磁有序等性质[10,11]。引人注目的是,近期的实验观测了 GaAs/AlGaAs 异质结中量子点系统的长程输运。文献中指出,三量子点系统中,两个与电极直接相连的边上的量子点的长程的相互作用为输运电流提供了一条直接的输运通道[12,13]。长程的电荷输运使中间量子点上电子的自旋在输运过程中不断发生翻转。但是,一种不同的输运过程——单电子共振隧穿输运通过实验被观察到。电流谱的共振线表明三量子点系统中非局域化的电子扮演了量子车的角色,把电子从左量子点直接输运到右量子点,中间量子点在整个过程中保持空占据态[14]。这种边上两个量子点之间直接的隧穿过程可以通过长程交换作用理解和解释。

基于以上实验,一理论工作被提出,其利用主方程方法研究了三量子点中长程超交换输运[15]。输运电流的共振峰显示电荷从一端量子点向另一端的直接转移,而中间量子点只是虚占据。该输运机制通过高阶的超交换输运来描述。另外,有文献利用运动方程对三角三量子点模型中相干输运特性进行了研究。产生于量子点中电子相干隧穿的相干和相消的量子干涉行为可以通过长程相干隧穿机制描述[16]。扩展的哈伯德-安德森模型被用来解释 $Al_x Ga_{1-x}As$ 材料中三 GaAs 量子点结构中长程的相干隧穿效应[17]。

本章通过三量子点系统中占据数的调节来研究与电极直接相连的边上两个量子点之间

的自旋关联。通过解析和数值方法给出边上两量子点之间的长程关联相互作用[18]，并进一步探讨长程相互作用对系统中的近藤输运的调制作用。

8.2　量子点系统中的长程超交换作用

8.2.1　模型与自旋关联

本节采用的模型如图 8.1 所示，量子点 1 和量子点 3 直接与电极相连，量子点 2 通过量子点之间的耦合强度 t 与电极间接有相互作用。为简单记，假设量子点 1 和量子点 3 为相同的两个量子点，并在具体计算中取相同的参数。这种串联的三量子点系统很容易被实验制备，而且是研究量子点之间长程关联相互作用的最简单实验平台。这里，可以通过在量子点 2 上施加栅极电压来方便地调节量子点 2 上的电子占据数，以实现操控与电极相连的量子点 1 和量子点 3 之间的长程关联相互作用。

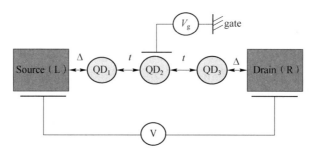

图 8.1　可调控量子点 2 上电子占据数的串联三量子点模型

该模型可以研究量子点 2 上从有电子占据向无电子占据的整个逐渐转变的过程。整个三量子点系统的结构从 $(N_1,N_2,N_3)=(1,1,1)$ 向 $(N_1,N_2,N_3)=(1,0,1)$ 逐渐转变，其中 N_i 为量子点 i 上的电子占据数。图 8.2 给出了每个量子点上的电子占据数随着量子点 2 的能级 ϵ_2 的变化。其中量子点 1 和量子点 3 始终保持粒子-空穴对称。当量子点 2 的能级为 $\epsilon_2=-1.0$ meV 时，由于 $U_2=2.0$ meV，量子点 2 拥有粒子-空穴对称。此时，量子点 2 的电子占据数为 $n_d=1$。随着量子点 2 的能级 ϵ_2 逐渐接近费米面 $\epsilon_F=0$，量子点 2 的电子占据数逐渐下降。当量子点 2 的能级超过费米面并继续逐渐升高时，量子点 2 上的电子占据数急速地下降为 $n_d=0$，量子点 2 成为空轨道状态。但是，在量子点 1 和量子点 3 上的电子占据数始终为 $n_d=1$ 左右。只是在量子点 2 的能级 ϵ_2 到达费米面处，电子占据数有微弱的涨落。由此，可以发现通过调节中间量子点 2 的栅压，可以获得三量子点系统的两电子 $(N_1,N_2,N_3)=(1,0,1)$ 和三电子 $(N_1,N_2,N_3)=(1,1,1)$ 构型[19-20]。这为下面研究量子点 1 和量子点 3 之间的长程关联相互作用提供了基础。

本节研究了在量子点 2 的能级 ϵ_2 逐渐变化的过程中，量子点 1、2 之间的自旋关联 $\langle S_1 S_2 \rangle$ 和量子点 1、3 之间的自旋关联 $\langle S_1 S_3 \rangle$ 的变化趋势。图 8.3 给出了级联运动方程组方法（HEOM）计算的数值结果。可以发现，在量子点 2 的能级低于费米面（$\epsilon_2<0$）时，量子点 1、2 之间由于耦合跃迁项 t 使得其自旋关联为反铁磁性，即自旋关联为负值 $\langle S_1 S_2 \rangle<0$。此时量子点 2 上占据一个电子，三量子点系统处于 $(N_1,N_2,N_3)=(1,1,1)$ 结构。当量子

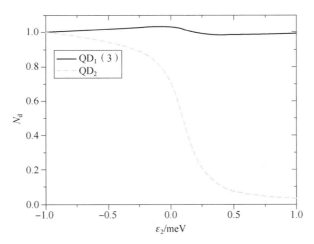

图 8.2 三个量子点的电子占据数 N_d 随着量子点 2 的能级ϵ_2 的变化趋势,参数为
$\epsilon_{1,3}=-1.0$ meV,$U_i=2.0$ meV,$W=2.0$ meV,$\Delta=0.2$ meV,$t=0.25$ meV,$k_B T=0.03$ meV

点 2 的能级超过费米面($\epsilon_2>0$)后,随着量子点 2 的能级ϵ_2 的升高,量子点 1、2 之间的自旋关联$\langle S_1 S_2\rangle$陡然下降,并最终趋向于 0,如图 8.3(a)所示。而量子点 1、3 之间的自旋关联$\langle S_1 S_3\rangle$随着量子点 2 的能级的变化描述出了三量子点系统中长程关联相互作用的清晰的物理图像。如图 8.3(b)所示,当量子点 2 的能级低于费米面($\epsilon_2<0$)时,此时量子点 2 上有一个电子占据,该三量子点系统处于$(N_1,N_2,N_3)=(1,1,1)$结构。量子点 1、3 之间的自旋关联为铁磁性,即自旋关联为正值$\langle S_1 S_3\rangle>0$,且随着量子点 2 的能级的升高,自旋关联$\langle S_1 S_3\rangle$增强。值得关注的是,当量子点 2 的能级高过费米面为空轨道后,此时三量子点系统处于$(N_1,N_2,N_3)=(1,0,1)$结构,量子点 1、3 之间的自旋关联突然急剧转变为反铁磁性($\langle S_1 S_3\rangle<0$)。且在量子点 2 的能级高过费米面的一定高度期间($\epsilon_2<1.0$ meV),这种关联能够一直保持,而此时量子点 1、2 之间的反铁磁关联$\langle S_1 S_2\rangle$已经消失。量子点 1 和量子点 3 之间通过量子点 2 有一个间接的有效的反铁磁相互作用,这就是量子点系统中长程的超交换相互作用。

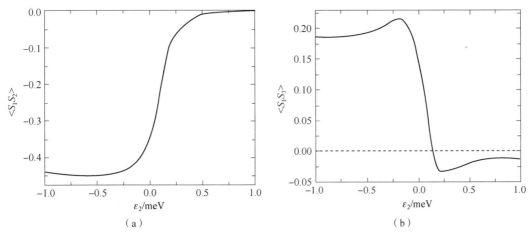

图 8.3 (a)量子点 1 和量子点 2 之间的自旋关联$\langle S_1 S_2\rangle$随量子点 2 的能级的变化趋势;
(b)量子点 1 和量子点 3 之间的自旋关联$\langle S_1 S_3\rangle$随量子点 2 的能级的变化趋势,参数为
$\epsilon_{1,3}=-1.0$ meV,$U_i=2.0$ meV,$W=2.0$ meV,$\Delta=0.2$ meV,$t=0.25$ meV,$k_B T=0.03$ meV

为进一步研究三量子点系统中这种长程关联相互作用。考虑$(N_1, N_2, N_3) = (1, 0, 1)$结构,这里给出了边带上两个量子点(量子点 1 和量子点 3)之间的自旋关联$\langle S_1 S_3 \rangle$的相图。如图 8.4(a)所示,自旋关联作为量子点 2 的能级ϵ_2和量子点之间耦合强度t的函数的变化趋势。可以发现,当量子点之间耦合强度t比较小时,自旋-自旋关联$\langle S_1 S_3 \rangle$对于不同的量子点 2 的能级都比较弱。随着量子点之间耦合强度t的增大和量子点 2 的能级的升高,伴随着量子点 1 和量子点 3 之间的负的自旋-自旋关联$\langle S_1 S_3 \rangle$的增强,长程关联现象逐渐产生。这种长程关联相互作用的物理图像描述如下:当量子点之间耦合强度t比较小($t <$ 0.15 meV)时,量子点 1(3)的局域磁矩被左(右)电极中的传导电子所屏蔽占主导。特别是量子点-电极之间的耦合强度较大($\Delta = 0.3$ meV)时,量子点 1(3)倾向于与电极中的传导电子形成各自的近藤单态(KS)。因此,量子点 1(3)的谱函数表现出类似于单量子点系统的变化行为,$\omega = 0$处出现了单峰结构,如图 8.4(b)所示。此时,量子点 1 和量子点 3 之间的自旋关联非常微弱$\langle S_1 S_3 \rangle \approx 0$。令人兴奋的是,随着量子点之间耦合强度的增大,量子点 1 和量子点 3 之间出现了长程关联。当量子点 2 的能级高于费米面进入空轨道区域(对应$(N_1, N_2, N_3) = (1, 0, 1)$结构)后,自旋-自旋关联$\langle S_1 S_3 \rangle$随着量子点之间耦合强度$t$的增大变为较明显的负值。此时,该过程描述了量子点 1 和量子点 3 之间的长程有效反铁磁(LR-AFM)相互作用的清晰的物理图像。负的自旋-自旋关联$\langle S_1 S_3 \rangle$随着量子点之间耦合强度t的增大而增强,随着量子点 2 的能级ϵ_2的升高先增强后减弱。当量子点之间的耦合强度非常大($t >$ 0.5 meV)时,两个边带量子点(量子点 1 和 3)由于长程的反铁磁相互作用逐渐形成自旋单态(SS)。从而,使得量子点 1(3)的谱函数中的单近藤峰逐渐劈裂成双峰结构,如图 8.4(b)所示。这一连续的变化行为表明了三量子点系统中由量子点之间耦合强度t和量子点 2 的栅压V_g所调控的长程关联现象。

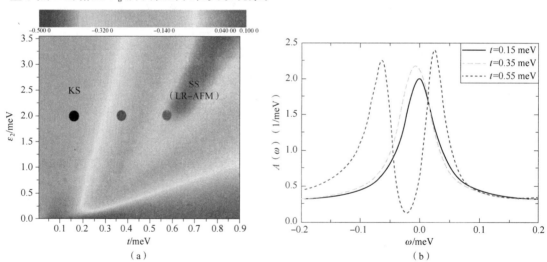

图 8.4　(a)量子点 1 和量子点 3 之间的自旋关联$\langle S_1 S_3 \rangle$的相图。当量子点之间耦合强度较弱时($t <$ 0.2 meV),系统为量子点 1(3)中的电子与左(右)电极中的传导电子所形成的近藤单态(KS);当量子点之间耦合强度非常大时($t >$ 0.5 meV),系统为两个量子点所形成的长程的自旋单态(SS)。量子点 1 和量子点 3 之间存在着长程的有效反铁磁相互作用(LR-AFM)(引自文献[18])。(b)不同量子点之间耦合强度下量子点 1(3)谱函数的变化趋势。参数为$\epsilon_{1,3} = -0.6$ meV,$U_i = 1.2$ meV,$W = 5.0$ meV,$\Delta = 0.3$ meV,$k_B T = 0.03$ meV

8.2.2　系统中长程反铁磁相互作用解析推导

本节通过二阶非简并微扰理论推导孤立三量子点系统的量子点 1 和量子点 3 之间的长程超交换作用——高阶的有效反铁磁相互作用。为了研究这种长程的超交换相互作用，这里考虑量子点 2 上无电子占据即为空轨道情况，量子点 1 和量子点 3 上分别为 1 个电子占据。如图 8.5(a)所示，由于量子点 2 与量子点 1(3)之间的耦合强度 t，使得电子在该系统中会产生高阶的隧穿过程。该三量子点系统的电子结构为 $(N_1,N_2,N_3)=(1,0,1)$。孤立三量子点系统的哈密顿量为

$$H_{\mathrm{dots}}=\sum_{\sigma i=1,2,3}\epsilon_{i\sigma}\hat{a}_{i\sigma}^{\dagger}\hat{a}_{i\sigma}+U_i n_{i\sigma}n_{i\bar{\sigma}}+\sum_{\sigma}(t_{12}\hat{a}_{1\sigma}^{\dagger}\hat{a}_{2\sigma}+t_{23}\hat{a}_{2\sigma}^{\dagger}\hat{a}_{3\sigma}+\mathrm{H.c.}) \quad (8.1)$$

这里 $\hat{a}_{i\sigma}^{\dagger}(\hat{a}_{i\sigma})$ 为量子点 i 上具有能量 $\epsilon_{i\sigma}(i=1,2,3)$ 的自旋-σ 电子的产生(湮灭)算符，$n_{i\sigma}=\hat{a}_{i\sigma}^{\dagger}\hat{a}_{i\sigma}$ 是量子点 i 上电子数算符，U_i 为量子点内电子 σ-电子 $\bar{\sigma}$(σ 的相反符号)库仑相互作用，$t_{12}(t_{23})$ 是量子点 1(3)和量子点 2 之间的耦合强度，为计算方便，在模型中取 $t_{12}=t_{23}=t$。

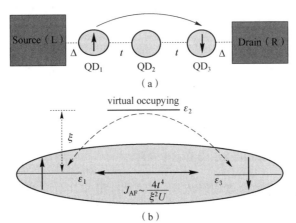

图 8.5　(a)$(N_1,N_2,N_3)=(1,0,1)$结构的串联三量子点模型；(b)系统中高阶的电子隧穿过程和量子点 1、3 之间的有效反铁磁相互作用(引自文献[18])

设孤立系统的初态为 $|1,0,1\rangle$，且量子点之间耦合强度 t 比较小($t\ll\min\{U_i,\xi\}$，其中 ξ 为量子点 2 与量子点 1(3)之间的能量差 $\xi=\epsilon_2-\epsilon_1$)。将量子点之间耦合强度 t 视为微扰项，则孤立系统哈密顿量为 $H_{\mathrm{dots}}=H_0+H'$。

式中：

$$H_0=\sum_{\sigma i=1,2,3}\left[\epsilon_{i\sigma}\hat{a}_{i\sigma}^{\dagger}\hat{a}_{i\sigma}+U_i n_{i\sigma}n_{i\bar{\sigma}}\right] \quad (8.2)$$

$$H'=\sum_{\sigma}(t_{12}\hat{a}_{1\sigma}^{\dagger}\hat{a}_{2\sigma}+t_{23}\hat{a}_{2\sigma}^{\dagger}\hat{a}_{3\sigma}+\mathrm{H.c.}) \quad (8.3)$$

一阶近似为

$$E^1=\langle 1,0,1|H'|1,0,1\rangle=0 \quad (8.4)$$

二阶近似为

$$E^2=\sum_{n\neq 0}\frac{\langle 1,0,1|H'|n\rangle\langle n|H'|1,0,1\rangle}{E_0-E_n} \quad (8.5)$$

由于二阶过程所涉及的中间态为量子点 2 上占据 1 个电子，而量子点 1 和量子点 3 上总共

占据 1 个电子情况,所以中间态与初态的能量差为 $E_n - E_0 = \xi$。又由一阶近似条件,利用 $\sum_n |n\rangle\langle n| - 1$ 可得

$$E^2 = -\frac{1}{\xi}\langle 1,0,1 | H'^2 | 1,0,1\rangle \tag{8.6}$$

由此,仅需要计算微扰项 H'^2 在基态 $|1,0,1\rangle$ 上的平均值。通过考虑该系统的物理过程,H'^2 中的四算符项,包含某个量子点的两次产生或湮灭算符项(例如 $\hat{a}_{1\sigma}^\dagger \hat{a}_{2\sigma} \hat{a}_{1\bar\sigma}^\dagger \hat{a}_{2\sigma}$)为 0,以及以算符 $\hat{a}_{2\sigma}^\dagger$ 开头的四算符项都为 0。则哈密顿量中不为零项仅剩

$$\sum_\sigma \hat{a}_{3\sigma}^\dagger \hat{a}_{2\sigma} \hat{a}_{2\sigma}^\dagger \hat{a}_{1\sigma} = \sum_\sigma \hat{a}_{3\sigma}^\dagger (1 - n_{2\sigma}) \hat{a}_{1\sigma} = \sum_\sigma \hat{a}_{3\sigma}^\dagger \hat{a}_{1\sigma} \tag{8.7}$$

和

$$\sum_\sigma \hat{a}_{3\sigma}^\dagger \hat{a}_{2\sigma} \hat{a}_{2\sigma}^\dagger \hat{a}_{3\sigma} = n_3 \tag{8.8}$$

由此得到有效的哈密顿量为

$$H_{eff} = -\frac{t^2}{\xi} \sum_\sigma (\hat{a}_{1\sigma}^\dagger \hat{a}_{3\sigma} + \text{H.c.}) \tag{8.9}$$

类似于双量子点的情形,该系统的量子点 1 和量子点 3 之间的有效的反铁磁相互作用为

$$J_{AF} = \frac{t^2}{2\xi}\left[\sqrt{(\xi U/t^2)^2 + 16} - \frac{\xi U}{t^2}\right] \tag{8.10}$$

当量子点之间耦合强度 $t \ll \min\{U_i, \xi\}$ 且每个量子点上为单占据条件下,量子点 1 和量子点 3 之间的有效反铁磁相互作用约为 $J_{AF} \sim \frac{4t^4}{\xi^2 U}$。

8.2.3 解析结果与数值结果的比较

本节通过数值的级联运动方程组方法(HEOM)研究开放三量子点系统中量子点 1 和量子点 3 之间的长程有效反铁磁相互作用,并与解析公式(8.10)的结果进行比较。对于该系统的低温下的近藤区域,由于近藤关联和长程有效反铁磁相互作用的竞争,会导致量子点 1(3)的谱函数发生变化:从较小量子点之间耦合强度 t 下的单峰结构向较大量子点之间耦合强度 t 下的劈裂的双峰结构的转变。该物理过程可以通过以下机制理解:当量子点之间耦合强度 t 较小时,量子点 1、3 之间的长程的有效反铁磁相互作用很小,与电极相连的量子点 1(3)被电极中巡游电子所屏蔽形成的类似单量子点的近藤单态在系统中占主导地位。所以,量子点 1(3)的谱函数中出现 $\omega = 0$ 处的单峰结构。随着量子点之间耦合强度 t 的增大,长程有效反铁磁相互作用将逐渐增大并最终导致量子点 1(3)的谱函数中的单峰劈裂成双峰结构,如图 8.6(a)所示。谱函数中劈裂的双峰结构正是由于量子点 1、3 之间的长程有效反铁磁相互作用 $J_{AF} \sim \frac{4t^4}{\xi^2 U}$ 导致,其劈裂的两个峰的位置在 $\omega = \pm J_{AF}/2$ 处。这时量子点 1 和量子点 3 通过长程有效反铁磁相互作用形成了长程的束缚态。同时,这也为研究量子点 1、3 之间的长程有效反铁磁相互作用提供了方法。

图 8.6(b)-(d)分别给出了量子点 1 和量子点 3 之间的长程有效反铁磁相互作用随着量子点之间耦合强度 t、电子-电子库仑相互作用 U 和量子点 1、2 之间能量差 ξ 的变化趋势。其中,实线为解析公式(8.10)的结果,星点为级联运动方程组方法的数值计算结果。可以发现,解析公式(8.10)的结果与级联运动方程组方法计算的结果对于不同的量子点之间耦合

强度 t、电子-电子库仑相互作用 U 和量子点 1、2 之间能量差 ξ 都符合得很好。从而,证明了上述解析公式的结果的正确性。同时,该结果也给出了量子点 1 和量子点 3 之间长程有效反铁磁相互作用的比较重要的性质:(1)三量子点系统中这种长程有效反铁磁相互作用 ($J_{AF} \propto t^4$)比双量子点系统的反铁磁交换作用($J_{AF} \propto t^2$)要弱很多。所以,在实验上很难观察到。其需要更强的量子点之间耦合强度 t 才能使得三量子点系统发生量子临界现象——从每个量子点的个别自旋的近藤单态到整个体系的多体束缚态。(2)这种三量子点系统中的长程有效反铁磁相互作用与双量子点的反铁磁交换作用对电子-电子库仑相互作用 U 具有相同的依赖关系($J_{AF} \propto 1/U$)。(3)除了以上两点之外,该理论结果还提供了另外一种实验上操控这种长程有效相互作用的方法——调控量子点 1、2 之间的能量差 ξ。量子点 1 和量子点 3 之间的长程有效反铁磁相互作用 $J_{AF} \propto 1/\xi^2$。可以通过调节中间量子点 2 上的栅极电压 V_g 来操控量子点 2 的能级 ϵ_2 的位置,从而实现调控长程有效反铁磁相互作用 J_{AF} 的目的。通过以上三种手段,为实验上操控三量子点系统中的长程交换相互作用提供了理论指导,从而可以实现可调节的长程交换相互作用。这为研究长程交换相互作用下的热力学性质和输运性质提供了基础。

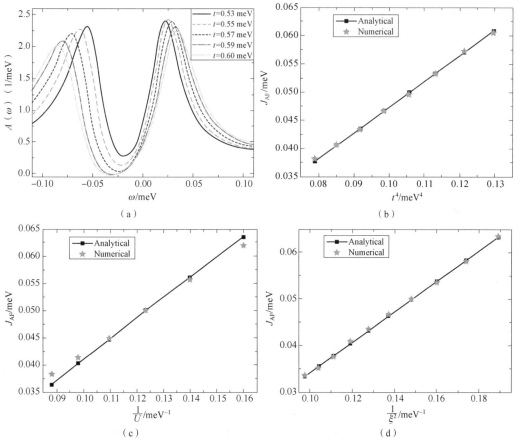

图 8.6 (a)量子点 2 为空轨道时($\epsilon_2 = 2.0$ meV),不同量子点之间耦合强度 t 下的量子点 1(3) 的谱函数 $A(\omega)$ 的变化。量子点 1 和量子点 3 之间有效的反铁磁相互作用随着量子点之间耦合强度 t[图(b)]、量子点的电子-电子库仑相互作用 U[图(c)]和量子点 1、2 之间能量差 ξ[图(d)]的变化趋势。

星点为级联运动方程组方法(HEOM)的数值结果,实线为解析公式(8.10)的结果。参数为:$\epsilon_{1,3} = -0.6$ meV, $U_i = 1.2$ meV, $W = 5.0$ meV, $\Delta = 0.3$ meV, $k_B T = 0.03$ meV(引自文献[18])

8.3　长程交换相互作用下的热力学特性

本节通过研究三量子点系统的磁化率给出该系统中长程交换相互作用依赖下的热力学性质。如图 8.7 所示为量子点 1(3) 的局域磁化率随着量子点 2 能级的变化趋势。随着量子点 2 能级的升高,量子点 1(3) 的局域磁化率出现了非单调性的变化趋势。当量子点 2 的能级低于费米面($\epsilon_2 < 0$)时,随着量子点 2 能级的升高,量子点 1(3) 的局域磁化率逐渐减小。但是,当量子点 2 的能级高于费米面($\epsilon_2 > 0$)时,随着量子点 2 能级的升高,量子点 1(3) 的局域磁化率逐渐增大。

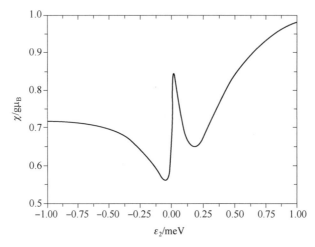

图 8.7　量子点 1(3) 的局域磁化率随着量子点 2 能级的变化趋势,参数为
$\epsilon_{1,3} = -1.0$ meV, $U_i = 2.0$ meV, $W = 2.0$ meV, $\Delta = 0.2$ meV, $t = 0.25$ meV, $k_B T = 0.03$ meV

在量子点 2 上有电子占据时,该系统为 $(N_1, N_2, N_3) = (1,1,1)$ 结构。此时,量子点 1、2 之间的自旋关联为反铁磁性且关联性较大;量子点 1、3 之间的自旋关联为铁磁性。随着量子点 2 能级的升高,量子点 1、2 之间的反铁磁性自旋关联逐渐增强,如图 8.3(a) 所示。这使得能够被电极中巡游电子所屏蔽的量子点 1 的局域磁矩逐渐减小,其局域磁化率逐渐减小。但是,当量子点 2 上无电子占据为空轨道时,系统处于 $(N_1, N_2, N_3) = (1,0,1)$ 结构。量子点 1、2 之间的反铁磁关联将不存在,如图 8.3(a) 所示。而量子点 1、3 之间的长程反铁磁相互作用将占主导地位,且随着量子点 2 能级的升高该长程反铁磁相互作用将会减弱,如图 8.3(b) 所示。从而,导致量子点 1 的局域磁化率会随着量子点 2 的能级的升高而增大。

图 8.8 给出了三量子点系统为 $(N_1, N_2, N_3) = (1,0,1)$ 结构下,系统的总磁化率 χ 随着量子点之间耦合强度 t 的变化趋势。系统的总磁化率对量子点之间耦合强度 t 的依赖关系与串联双量子点系统中相同。随着量子点之间耦合强度的增大,双量子点系统和 $(N_1, N_2, N_3) = (1,0,1)$ 结构的三量子点系统的磁化率都会减小。如图 8.8 所示,内插图为串联双量子点系统的磁化率随量子点之间耦合强度的变化曲线。我们知道,对于量子点之间耦合强度 t 比较小时,串联双量子点系统为个别量子点的简并的近藤单态。此时,被电极中巡游电子所屏蔽的单个量子点的局域磁矩比较明显,系统的磁化率较大。当量子点之间耦合强度逐渐增大时,自旋-自旋关联 $J_{AF} \sim 4t^2/U$ 逐渐增大,并使得双量子点系统逐渐从个别

量子点的简并的近藤单态向两个量子点之间形成的自旋单态的转变。此时,两个量子点的电子的自旋方向反平行排列。所以,该系统的总磁化率会随着量子点之间耦合强度 t 的增大逐渐从一有限值降低为 0,如图 8.8 内插图所示。相类似地,对于 $(N_1, N_2, N_3)=(1, 0, 1)$ 结构的三量子点系统,在量子点之间耦合强度比较小时,边上量子点 1 和量子点 3 被近邻的电极所屏蔽形成的近藤单态占主导地位,磁化率比较大。三量子点系统中长程的有效反铁磁相互作用 $J_{AF} \sim \dfrac{4t^4}{\xi^2 U}$ 的增加同样会使得三个量子点逐渐形成稳定的长程的多体束缚态。从而,导致系统的总磁化率随着量子点之间耦合强度的增加而减小。但是,相对于三量子点系统,需要更大的量子点之间耦合强度 t 才能使系统的总磁化率降为 0。

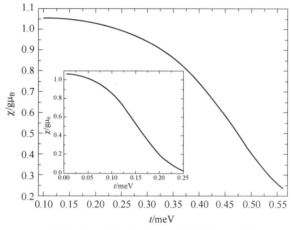

图 8.8　$(N_1, N_2, N_3)=(1, 0, 1)$ 结构下,三量子点系统的总磁化率 χ 随着量子点之间耦合强度 t 的变化趋势,内插图为相同参数下串联双量子点系统的总磁化率随着量子点之间耦合强度的变化趋势,参数为 $\epsilon_{1,3}=-1.0$ meV, $U_i=2.0$ meV, $W=2.0$ meV, $\Delta=0.2$ meV, $t=0.25$ meV, $k_B T=0.03$ meV

8.4　长程交换相互作用下的近藤输运特性

本节研究该三量子点系统在低温近藤区域长程交换相互作用下的输运性质。为了有效突出长程交换作用对输运电流的调制效应,本节仍采用 $(N_1, N_2, N_3)=(1, 0, 1)$ 结构的三量子点系统,利用级联运动方程组方法计算了长程超交换作用依赖的输运电流。可以发现,当量子点 2 上电子为空占据时,在外加偏压条件下,仍能观察到长程的输运电流。这说明系统中双端量子点 1 和量子点 3 之间存在长程的电子隧穿过程,使得电极中的电子通过量子点 1 直接跃迁到量子点 3 而进入右电极。并且文献[14]中的长程电流输运的实验结果也可以通过该模型计算给出理论上比较好的解释。

本节研究了不同量子点之间耦合强度 t 下,输运电流对长程交换相互作用的依赖。图 8.9 给出了在量子点 2 的能级高过费米面而进入空轨道区域后,不同量子点之间耦合强度 t 下 $I-V_{SD}$ 曲线的变化趋势。此时,量子点 1(3) 与电极的耦合为 $\Delta=0.2$ meV,系统的温度为 $k_B T=0.03$ meV,量子点 2 的能级为 $\epsilon_2=1.0$ meV(量子点 1、2 之间的能级差 $\xi=2.0$ meV)。当三量子点系统的电极上施加一偏压后,系统中出现了输运电流。随着偏压的增大,输运电流出现较快的增加后逐渐达到稳定值。同时,由长程关联效应所导致系统的输运能力对量子点之间耦合强度呈单调性依赖关系。系统的输运电流随着量子点之间耦合强度的增加单调增大。例如:在系统所加偏压为 $V_{SD}=0.05$ mV 条件下,当量子点之间耦合强度为 $t=0.15$ meV 时,输运电流为 $I=4$ pA,当量子点之间耦合强度增加到 $t=0.25$ meV 后,系统的输运电流增大到 $I=23$ pA。

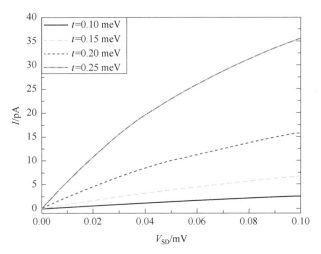

图 8.9 不同量子点之间耦合强度 t 下,三量子点系统的输运特性 $I-V_{SD}$ 曲线的变化趋势。参数为 $\epsilon_{1,3}=-1.0$ meV,$\epsilon_2=1.0$ meV,$U_i=2.0$ meV,$W=2.0$ meV,$\Delta=0.2$ meV,$k_B T=0.03$ meV

系统中出现的这种输运电流的变化行为是由量子点 1 和量子点 3 之间的电子通过高阶隧穿效应导致的。长程交换作用的增强会极大地增加电子的隧穿概率并使得通过该系统的电流增加。更值得人们关注的是,在整个隧穿过程中,并没有出现电子自旋的翻转现象。与电极相连的边带上两个量子点(1 和 3)提供了电子输运的直接通道。电荷的输运是通过高阶的隧穿过程,其中量子点 2 上是电子虚占据。从而,说明量子点 1 和量子点 3 之间存在的长程的交换作用会影响系统的输运性质。量子点之间耦合强度 t 会增强量子点 1 和量子点 3 之间的长程反铁磁相互作用,继而通过长程的 (1,0,1) 隧穿过程而增强系统的输运性质。

为了更深入研究量子点之间耦合强度 t 对系统中输运性质的调制作用。在图 8.10 给出了微分电导 dI/dV 随偏压 V_{SD} 的变化曲线。零偏电导峰随着量子点之间耦合强度的增加急剧增大,例如:当量子点之间耦合强度为 $t=0.35$ meV 时,电导峰高只有 $dI/dV=0.07e^2/h$,而当量子点之间耦合强度增大到 $t=0.55$ meV 后,电导峰高会急剧增大到 $dI/dV=0.66$ e^2/h。这种输运能力的增强强烈依赖于量子点 1、3 之间的长程超交换相互作用。在整个过程中,电荷的输运通过量子点 2 上的电子虚占据而实现高阶的隧穿过程。

对于相同量子点之间耦合强度 t 下,量子点 1、2 之间能级差 ξ 越大,系统的输运能力越弱。如图 8.11 所示,给出了不同量子点 1 和量子点 2 之间能级差 ξ 下的 $I-V_{SD}$ 的变化趋势。此时,系统的量子点之间耦合强度保持在 $t=0.25$ meV。当系统电极所施加偏压为 $V_{SD}=0.05$ mV 时,通过系统的输运电流会出现从 $\xi=1.8$ meV 条件下的 $I=37$ pA 向 $\xi=2.0$ meV 条件下的 $I=23$ pA 的转变。随着量子点 1 和量子点 2 之间能级差 ξ 的增大,量子点 1、3 之间的长程超交换作用减小,使得该三量子点系统中的输运能力减弱,输运电流减小。

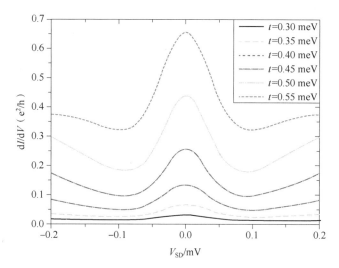

图 8.10　不同量子点之间耦合强度 t 下，三量子点系统的微分电导 $\mathrm{d}I/\mathrm{d}V$ 随偏压 V_{SD} 的变化趋势，参数为 $\epsilon_{1,3}=-1.0\ \mathrm{meV}$，$\epsilon_2=1.0\ \mathrm{meV}$，$U_i=2.0\ \mathrm{meV}$，$W=2.0\ \mathrm{meV}$，$\Delta=0.2\ \mathrm{meV}$，$k_\mathrm{B}T=0.03\ \mathrm{meV}$

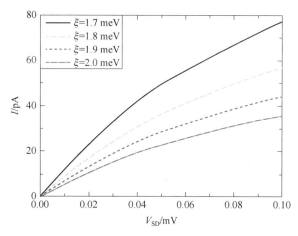

图 8.11　不同量子点 1 和量子点 2 能级差 ξ 下，三量子点系统的输运特性 $I-V_{\mathrm{SD}}$ 曲线的变化趋势，参数为 $\epsilon_{1,3}=-1.0\ \mathrm{meV}$，$U_i=2.0\ \mathrm{meV}$，$t=0.25\ \mathrm{meV}$，$W=2.0\ \mathrm{meV}$，$\Delta=0.2\ \mathrm{meV}$，$k_\mathrm{B}T=0.03\ \mathrm{meV}$

　　总之，量子点之间耦合强度 t 能够增强系统的输运能力，而量子点 1、2 之间能级差 ξ 会压制系统的输运能力，使得系统的电流随着量子点之间耦合强度的增加而增大，随着量子点 1、2 之间能级差 ξ 的减小而增强。

　　最后，本节研究了不同温度下的长程超交换作用对近藤输运的影响。如图 8.12 所示，给出了不同温度 $k_\mathrm{B}T$ 下，三量子点系统的 $I-V_{\mathrm{SD}}$ 曲线的变化趋势。当增加系统的温度时，通过系统的电流被抑制。且当系统温度进一步增大时，电流对电极所加偏压的响应成为简单的线性行为。其物理机制可以通过以下分析来理解：三量子点系统中拥有和单量子点、双量子点系统相同的近藤效应对温度的依赖关系，特别是中间量子点 2 上无电子占据为空轨道时，近藤效应随着温度的变化出现经典普适的变化趋势：降低温度会增强系统的近藤效应，使得系统中谱函数 $\omega=0$ 处的近藤共振峰随着温度的降低而升高，如图 8.12 内插图所示。因此,由近藤共振隧穿使得通过系统的输运电流也同样随着温度的升高而减小,这与库仑阻塞区的输运性质是完全不同的。在库仑阻塞区,当温度 $k_B T$ 远大于量子点-电极之间的耦合强度 Δ 和有效的量子点 1、3 之间的隧穿 $t_{eff}(k_B T > \Delta > t_{eff})$ 时,系统的输运能力随着温度的降低而降低,电导峰高随着温度的降低而减小。

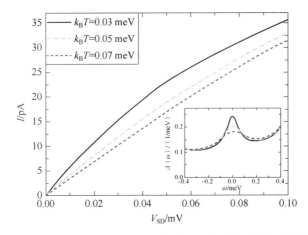

图 8.12　不同温度 $k_B T$ 下,三量子点系统的 $I - V_{SD}$ 曲线的变化趋势,内插图为所对应的量子点 1(3) 的谱函数,参数为:$\epsilon_{1,3} = -1.0$ meV, $\epsilon_2 = 1.0$ meV, $U_i = 2.0$ meV, $W = 2.0$ meV, $\Delta = 0.2$ meV, $t = 0.25$ meV

本章内容是利用可调节中间量子点电子占据数的串联三量子点系统研究了长程关联相互作用。利用二阶非微扰理论推导出了孤立的 $(N_1, N_2, N_3) = (1, 0, 1)$ 结构下量子点 1 和量子点 3 之间的长程有效反铁磁相互作用。利用数值的级联运动方程组方法求解开放三量子点系统验证了上述结果。同时,对长程关联相互作用下的热力学特性和近藤输运特性进行了详尽地研究和探讨。

8.5　结　　语

科学研究是一个长期攻坚克难的过程,科学的发现往往伴随着思想的跳跃,且是合理的过程。耗散系统的耗散问题是普遍存在的,但是求解该问题时目前的方法都需要做合理的时间截断。大家从前人的科学研究工作中也应当体会到严谨求实的科学精神并贯穿于自己的科研生涯中。从卢瑟福实验到玻尔模型,从薛定谔波动力学到海森伯矩阵力学,从粒子的波粒二象性到测不准原理,从狄拉克符号到量子力学绘景。量子力学的发展为研究微观粒子提供了强有力的工具,特别是高温超导、重费米子等量子多体问题一直是凝聚态物理中的研究重点和难点。基于此,发展了诸多的理论方法和数值计算方法开展了量子多体问题的研究,如:郎道尔费米液体理论、非平衡格林函数、共形场论、微扰论、精确对角化、量子门特卡洛、隶玻色子平均场理论、数值重整群方法、密度矩阵重整化群、量子主方程等。每种方法的发展都倾注了科研工作者们大量的心血,希望能够对量子多体问题窥豹一斑。

目前,对强关联电子现象的发现还只是强关联电子体系研究的冰山一角,凝聚态物理领域中仍有巨大的未知奥秘等待有志于物理工作的物理学者去研究和探索。近藤问题,特别是多量子点系统中的近藤物理的探讨与研究将为理解强关联电子体系提供有益的帮助。首先,研究方法的发展将会使得对量子点系统近藤区域的物理量的计算更加精确,更能为实验进展提供理论基础;其次,现在制造工业的发展为制造多量子点设备提供了可能,同时也为实现研究多量子点系统的近藤输运提供了可操控的平台。对于不同的构型(例如:三角构型、并联构型和侧联构型等)中的多量子点设备,其与电子库耦合方式的不同以及量子点之间耦合方式的不同将会使得系统出现不同的奇异的物理现象。我们将进一步探讨其中所能够体现的有趣的平衡和非平衡态的物理现象。对于量子点系统中的近藤物理的研究必将促进对多体问题特别是强关联多体问题的深入研究。

本章参考文献

[1] GRAY H B, WINKLER J R. Long-range electron transfer[J]. Proceedings of the National Academy of Sciences of the United States of America, 2005, 102: 3534-3539.

[2] LAMBERT N, CHEN Yueh-nan, CHENG Yuan-chung, et al. Quantum biology[J]. Nature Physics, 2013, 9: 10-18.

[3] SENN M S, KEEN D A, LUCAS T C A, et al. Emergence of long-range order in BaTiO3 from local symmetry-breaking distortions [J]. Physical Review Letters, 2016, 116: 207602.

[4] FAZEKAS P. Lecture notes on electron correlation and magnetism[M]. Singapore: World Scientific, 1999.

[5] ANDERSON P W. Local moments and localized states[J]. Reviews of Modern Physics, 1978, 50: 191-201.

[6] RICHERME P, GONG Zhexuan, LEE A, et al. Non-local propagation of correlations in quantum systems with long-range interactions[J]. Nature Letter, 2014, 511: 198-201.

[7] SZUMNIAK P, PAWLOWSKI J, BEDNAREK S, et al. Long-distance entanglement of soliton spin qubits in gated nanowires[J]. Physical Review B, 2015, 92: 035403.

[8] PAULING L. The nature of the chemical bond. Application of results obtained from the quantum mechanics and from a theory of paramagnetic susceptibility to the structure of molecules[J]. Journal of the American Chemical Society, 1931, 53: 1367-1400.

[9] KRAMERS H A. L'interaction entre les atomes magnétogènes dans un cristal paramagnétique [J]. Physica, 1934, 1: 182-192.

[10] ZENER C. Interaction between the d-shells in the transition metals. II. ferromagnetic compounds of manganese with perovskite structure[J]. Physical Review, 1951, 82: 403.

[11] ANDERSON P W. New approach to the theory of superexchange interactions[J]. Physical Review, 1959, 115: 2.

[12] BRAAKMAN F R, BARTHELEMY P, REICHL C, et al. Long-distance coherent coupling in a quantum dot array[J]. Nature Nanotechnology, 2013, 8: 432-437.

[13] BUSL M, GRANGER G, GAUDREAU L, et al. Bipolar spin blockade and coherent state superpositions in a triple quantum dot[J]. Nature Nanotechnology, 2013, 8: 261-265.

[14] SÁNCHEZ R, GRANGER G, GAUDREAU L, et al. Long-range spintransfer in triple quantum dots[J]. Physical Review Letters, 2014, 112: 176803.

[15] SÁNCHEZ R, GALLEGO-MARCOS F, PLATERO G. Superexchange blockade in triple quantum dots[J].Physical Review B, 2014, 89:161402(R).

[16] CHEN ChihChieh, CHANG Yiachung, KUO D M T. Quantum interference and electron correlation in charge transport through triangular quantum dot molecules [J].Physical Chemistry Chemical Physics, 2015,17: 6606.

[17] KUO D M T, CHANG Yia-chung. Long-distance coherent tunneling effect on the charge and heat currents in serially coupled triple quantum dots [J]. Physical Review B, 2014, 89: 115416.

[18] CHENG Yongxi, WANG Yuandong, WEI JianHua, et al. Long-range exchange interaction in triple quantum dots in the Kondo regime[J]. Physical Review B, 2017,95: 155417.

[19] HEWSON A C. The Kondo problem to heavy fermions[M].Cambridge: Cambridge University Press, 1993.

[20] CHENG Yongxi, WEI Jianhua, YAN Yijing. Reappearance of Kondo effect in serially coupled symmetric triple quantum dots[J]. Europhysics Letters, 2015, 112:57001.